"十四五"职业教育国家规划教材

"十三五"职业教育国家规划教材

"十二五"职业教育国家规划教材
经全国职业教育教材审定委员会审定
高等院校"互联网+"系列精品教材

国家资源库课程
和学校精品课
配套教材

电工基础与技能训练
（第3版）

吕　黎　沈许龙　主　编

崔金魁　王　晶　郭　兴　副主编

电子工业出版社
Publishing House of Electronics Industry
北京·BEIJING

U0282302

内 容 简 介

本书在第 1 版和第 2 版得到广泛使用的基础上，认真听取一线教师和职教专家的意见后进行修订，总结了南京信息职业技术学院电工基础课程组多年的教学改革成果，主要介绍电路基本知识和基本技能，注重培养学生读电气原理图、计算电路元件参数、分析与判断常见电路故障等技能。全书共 10 章，主要内容包括直流电路的基本概念、直流电路的分析与计算、动态电路的分析、正弦交流电的概念与相量表示、正弦交流电路的分析与计算、谐振电路、耦合电路和变压器、三相交流电路、电机以及常用低压电器等。本书通过 14 个技能训练项目和 90 多个实例，培养学生进行电路分析与操作的能力，以方便后续课程学习和上岗就业。

本书为高等职业本专科院校各专业电工基础课程的教材，也可作为开放大学、成人教育、自学考试、中职学校及培训班的教材，以及电气工程技术人员的一本好参考书。

本书配有免费的微课视频、电子教学课件、练习题参考答案，详见前言。

图书在版编目（CIP）数据

电工基础与技能训练 / 吕黎，沈许龙主编. —3 版. —北京：电子工业出版社，2021.11（2024 年 6 月重印）
高等院校"互联网+"系列精品教材
ISBN 978-7-121-38014-3

Ⅰ. ①电… Ⅱ. ①吕… ②沈… Ⅲ. ①电工－高等学校－教材 Ⅳ. ①TM1

中国版本图书馆 CIP 数据核字（2019）第 263891 号

责任编辑：桑　昀
印　　刷：大厂回族自治县聚鑫印刷有限责任公司
装　　订：大厂回族自治县聚鑫印刷有限责任公司
出版发行：电子工业出版社
　　　　　北京市海淀区万寿路 173 信箱　邮编　100036
开　　本：787×1 092　1/16　印张：16.25　字数：416 千字
版　　次：2012 年 2 月第 1 版
　　　　　2021 年 11 月第 3 版
印　　次：2024 年 6 月第 8 次印刷
定　　价：55.00 元

凡所购买电子工业出版社图书有缺损问题，请向购买书店调换。若书店售缺，请与本社发行部联系，联系及邮购电话：（010）88254888，88258888。

质量投诉请发邮件至 zlts@phei.com.cn，盗版侵权举报请发邮件至 dbqq@phei.com.cn。

本书咨询联系方式：chenjd@phei.com.cn。

前　言

本书在第 1 版和第 2 版得到广泛使用的基础上，认真听取一线教师和职教专家的意见后进行修订。结合教育部新的职业教育教学改革精神，本书总结了南京信息职业技术学院电工基础课程组多年的教学改革成果以及企业工程技术人员的实践经验，反映新知识、新技术、新方法，贯彻教学大纲与国家职业标准，体现教学研究与改革的成果，完整地表达了本课程应有的知识与技能，理论联系实际，介绍电路基本知识和基本技能，注重培养学生读电气原理图、计算电路元件参数、分析与判断常见电路故障等技能。

根据高等职业院校的教育特点，本书在阐明物理概念的基础上进行分析与计算，尽可能避开抽象的理论推导，力求做到浅显易学、从易到难、通俗易懂。全书共 10 章，主要内容包括直流电路的基本概念、直流电路的分析与计算、动态电路的分析、正弦交流电的概念与相量表示、正弦交流电路的分析与计算、谐振电路、耦合电路和变压器、三相交流电路、电机以及常用低压电器等。本书通过 14 个项目训练和 90 多个实例，培养学生进行电路分析与操作的能力，书中的项目训练和实例多为从技术实践中提炼出的实用案例，另外在每小节都设有思考题，每章末设有练习题。数字万用表的原理与使用方法请通过扫一扫二维码进行预习。

全书总课时约为 110 学时，其中理论课时约为 80 学时，技能训练（实验）课时约为 30 学时。各学校可根据不同专业需要和实际教学情况，对部分章节内容与课时进行调整。

本书内容全面、新颖实用，配套资源丰富，为高等职业本专科院校各专业电工基础课程的教材，也可作为开放大学、成人教育、自学考试、中职学校及培训班的教材，以及电气工程技术人员的一本好参考书。

本书由南京信息职业技术学院吕黎、沈许龙任主编并负责统稿，崔金魁、王晶和中国电子科技集团公司第 55 所郭兴任副主编。本书编写分工如下：吕黎编写第 1 章、第 4～5 章，沈许龙编写第 2 章，崔金魁编写第 8～10 章，王晶编写第 3 章、第 6～7 章，郭兴编写各章节中的项目训练。本书由南京信息职业技术学院张志友进行主审。在本书的编写过程中，还得到南京紫金融畅信息科技服务有限公司赵锦海高级工程师、南京信息职业技术学院黎霁副教授和中国电子科技集团公司多位工程技术人员的具体指导，在此表示衷心的感谢。

由于编者水平有限和时间仓促，书中难免有不妥和错误之处，敬请读者予以批评指正。

为了方便教师教学和学生学习，本书配有免费的微课视频、电子教学课件、练习题参考答案、模拟试卷等，请有需要的教师登录华信教育资源网（www.hxedu.com.cn）免费注册后下载。如有问题请在网站留言或与电子工业出版社联系（E-mail:hxedu@phei.com.cn）。读者也可通过扫描书中大量的二维码浏览和下载更多的教学资源。

 扫一扫下载本课程全部教学课件

 扫一扫看数字万用表的原理与使用

编者

轻轻扫一扫，教学更便捷

了解课程		本课程简介		本课程教学大纲		本课程授课学时计划

期中考核	试卷1	答案1	试卷2	答案2	试卷3	答案3
	试卷4	答案4				

期末考核	试卷1	答案1	试卷2	答案2	试卷3	答案3
	试卷4	答案4	试卷5	答案5	试卷6	答案6
	试卷7	答案7	试卷8	答案8	试卷9	答案9
	试卷10	答案10	试卷11	答案11	试卷12	答案12
	试卷13	答案13	试卷14	答案14	试卷15	答案15
	试卷16	答案16	试卷17	答案17	试卷18	答案18
	试卷19	答案19	试卷20	答案20	试卷21	答案21
	试卷22	答案22	试卷23	答案23	试卷24	答案24
	试卷25	答案25	试卷26	答案26		

目　录

扫一扫看
本书参考
文献

第 1 章

直流电路的基本概念

教学导航

教学重点	1. 理解理想元件及电路模型的概念; 2. 深刻理解电流、电压及参考方向的概念; 3. 熟练掌握电功率及其计算方法; 4. 熟练掌握电阻元件及电压源、电流源的参数与伏安特性
教学难点	理解电压与电流参考方向的意义
参考学时	6 学时

 扫一扫认识常用电路元器件与符号

 扫一扫看本章补充例题与解答

随着科学技术的发展，各种集成电路已应用到许多领域，但电路的分析与设计都需要电路的基本知识作为基础。学习电工基础课程的目的是掌握电路分析的基本规律和基本方法。

　　本章从建立电路模型、认识电路变量等基本问题出发，重点讨论理想电源、欧姆定律、电气设备的额定值等重要概念。

1.1　电路的概念与模型

扫一扫下载电路的概念与模型教学课件

扫一扫看电路和电路模型微视频

　　电路理论是电工技术的理论基础，它着重研究电路的基本分析方法。为了系统地分析各种实际电路，必须先将实际电路进行科学的抽象处理，即将实际电路用电路模型来表示，从而通过对电路模型的分析，找出分析和计算电路的一般性规律。电路理论主要用于分析元件端口上的伏安关系和能量关系，以及由元件组成的电路整体之中各部分电压、电流以及能量间的约束关系。

1.1.1　电路的概念与组成

　　人们在日常生活、生产和科学实验中会用到各种各样的电路。例如，照明电路，收音机或电视机中将微弱的电信号加以放大的电路，异地间交流信息而使用的通信电路等。电路是电流的流通路径，它是由一些电器设备和元器件按一定方式连接而成的整体。复杂的电路呈网状，又称网络，电路和网络这两个名词可以通用。图 1-1 表示的是我们比较熟悉的手电筒电路，而图 1-2 表示的音频信号放大电路也是一种常见的电路。电路的作用是实现电能的传输和转换，或者是实现信号的处理。

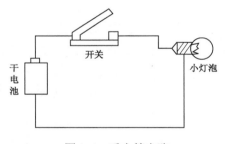
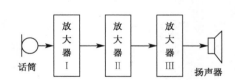

图 1-1　手电筒电路　　　　　　　　图 1-2　音频信号放大电路

　　无论是简单的还是复杂的电路，它都由以下三个部分组成：电源、负载和中间环节。电源是电路中提供电能或信号的器件，如发电机、电池和各种信号源。能够独立对外提供电能的电源称为独立电源，独立电源又分为电压源和电流源两种。除独立电源外，还有一种非独立电源。非独立电源又称为受控源，其端电压或电流是受电路其他部分的电压或电流控制的。负载是电路中将电能转换成非电能的用电设备，如灯泡、电炉、电阻器、电机等，它们能将电能转换成其他形式的能量。连接及控制电源和负载的部分如导线、开关等称为中间环节。

　　电路可分为直流电路和交流电路。用电池、直流发电机等作为电源的电路，称为直流电路；用交流发电机、变压器等作为电源的电路，称为交流电路。

　　从电源一端经过负载再回到电源另一端的电路，称为外电路；电源内部的通路称为内电路。

　　电路有三种状态，即工作（又称通路或闭路）、开路（又称断路）和短路状态。

1.1.2　电路模型

构成电路的各种实际元件或器件，称为实际电路元件，例如灯泡、电池、发电机等。它们在通电工作时出现的电磁现象都不是单一的。例如：灯泡通电时，不仅要发热，还会产生微弱的磁场；铁芯线圈通电时，不仅产生磁场，线圈还会发热。因此实际电路元件通电时，各种电磁效应交织在一起，给分析问题带来许多不便。为了便于对实际问题进行研究，在工程中常采用理想化的方法。我们突出实际电路元件主要的电磁性质，忽略其次要性质，把实际元件用表征单一电磁现象的理想电路元件来代表。例如，在电源频率不是很高的情况下，我们可以用"电阻元件"来表示各种电阻器、电灯泡、电饭煲等。对于电感线圈，若其内阻较小，在一定条件下可用"电感元件"来表示。同样，在一定条件下可用"电容元件"来表示各种实际电容器。对于干电池、蓄电池等实际直流电源，可以用"理想电压源"和一个"电阻元件"串联来表示。

在实际电路元件用理想电路元件表示后，一个实际的电路便由这些理想电路元件连接而成。由理想电路元件构成的电路称为电路模型。电路模型用电气图形符号表示时，称为电路图。例如，手电筒的实际电路可用图 1-3 所示的电路模型来表示。由此可见，电路模型就是实际电路的科学抽象化表示。采用电路模型来分析实际电路，不仅使计算过程大为简化，而且能更清晰地反映该电路的物理本质。

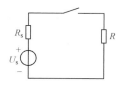

图 1-3　手电筒实际电路的模型

> ❓ **思考题 1-1**
> 1. 电路由哪几部分组成，各部分在电路中起什么作用？
> 2. 实际电路和电路模型有什么关系？

各种理想元件都采用一定的图形符号来表示，常用电路元件的图形符号如表 1-1 所示。

表 1-1　常用电路元件的图形符号

名称	符号	名称	符号	名称	符号
电阻器	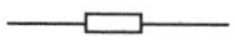 ▭	电压源	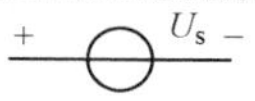 $+ \ \ U_s \ -$	白炽灯	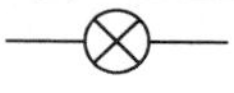 ⊗
电容器	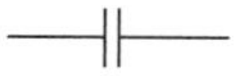 ⊣⊢	电流源	 I_s	干电池	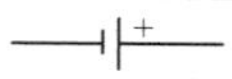 ⊣⊢
电感器	 ⌒⌒⌒	电压表	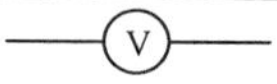 Ⓥ	熔断器	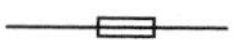 ▭
接地	⊥	电流表	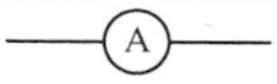 Ⓐ	开关	 ⟋

1.2　电流与电压

扫一扫下载
电流与电压
教学课件

电流和电压是描述电路中能量转换关系的基本物理量。在分析电路之前要弄清它们的概念及其参考方向。

1.2.1 电流

扫一扫看
电流和电
压微视频

电荷进行有规则的定向运动就形成电流（如图1-4所示），习惯上把正电荷的运动方向规定为电流的实际方向。

物理中把单位时间内通过导体横截面积的电量定义为电流强度，用于衡量电流的大小。电流强度简称为电流，它不仅指电路中的一种特定物理现象，而且是描述电路的一个基本物理量（既有大小又有方向）。电流强度用字母 I 或 i 来表示。大写字母一般表示不随时间变化的物理量，而小写字母一般表示随时间变化的物理量。

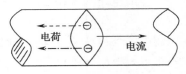

图1-4　电流示意图

大小和方向均随时间变化的电流，称为变化电流。变化电流的定义为：

$$i = \frac{\mathrm{d}q}{\mathrm{d}t} \tag{1-1}$$

在交流电路中，电流的大小和方向随时间做周期性变化，这样的电流称为交变电流，又称交流，常简写成 ac 或 AC，例如正弦交流电流。

大小和方向均不随时间变化的电流，称为恒定电流，又称直流，常简写成 dc 或 DC。恒定电流的定义为：

$$I = \frac{\Delta q}{\Delta t} = 恒量 \tag{1-2}$$

在国际单位制（SI）中，q 表示电荷量，单位是库仑，SI 符号为 C；t 表示时间，单位是秒，SI 符号为 s；i 表示电流，单位是安培，SI 符号为 A。其中电流的单位还有毫安（mA）、微安（μA）等，其关系如下：

$$1\,\mathrm{mA} = 10^{-3}\,\mathrm{A}\,；\ 1\,\mathrm{\mu A} = 10^{-6}\,\mathrm{A}$$

由于电路中电流的真实方向在电路分析计算时事先很难判断，因此引入电流的参考方向这一概念。为了分析计算方便，先假定一个电流方向，称为参考电流方向，并在电路中标明，用参考方向来反映电路中电流的方向。如果电流的计算结果为正值，则说明参考电流方向与实际电流方向相同；若计算结果为负值，则说明参考电流方向与实际电流方向相反。

如图1-5所示，实线箭头表示电流的参考方向，而电流的实际方向应当由 i 的参考方向和 i 的数值是正还是负来进行判断。由此可知，图1-5中电流 i 的实际方向（真实流向）为左到右。

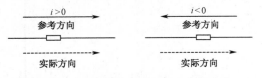

图1-5　电流的参考方向与实际方向

> ❗ **注意**　在电路的分析计算中，没有规定参考方向的电流数值含义是不正确的。为了确切表示电流，必须标明其参考方向。在电路中能看到的电流方向是 i 的参考方向，而实际方向由判断得出。

1.2.2 电压

在电路中，把电场力将单位正电荷从 A 点经任意路径移到 B 点所做的功，称为 A、B 两点间的电压，用 u_{AB} 表示，即：

$$u_{AB} = \frac{\mathrm{d}W}{\mathrm{d}q} \tag{1-3}$$

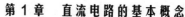

第 1 章　直流电路的基本概念

式中，W 表示电场力做的功，单位为焦耳，SI 符号为 J；q 表示电荷量，单位为库仑，SI 符号为 C；u_{AB} 表示电压，单位为伏特，SI 符号为 V。电压的单位还有微伏（μV）、毫伏（mV）、千伏（kV）等，其关系如下：

$$1\,kV = 1000\,V = 10^3\,V；\quad 1\,mV = 10^{-3}\,V；\quad 1\,\mu V = 10^{-6}\,V$$

大小和方向均不随时间改变的电压，称为恒定电压，即：

$$U_{AB} = \frac{W}{Q} = 恒量 \tag{1-4}$$

式中，U_{AB} 表示 AB 两点间的恒定电压，Q 表示从 A 点移动到 B 点的正电荷量，W 表示电场力做的功。

若正电荷由 A 点移至 B 点时释放能量，则 A 点为高电位点，B 点为低电位点。反之，若正电荷由 A 点移至 B 点时吸收能量，则 A 点为低电位点，B 点为高电位点。习惯上规定：电压的实际方向是由高电位点指向低电位点。

与电流一样，电路中电压的真实方向在电路的分析计算时事先很难判断。因此在电路的分析计算中，也需要选取电压的参考方向。电压的参考方向可以用实线箭头表示，也可以用"+""−"符号来表示，如图 1-6 所示。电压的参考方向可任意选取，而电压的实际方向应由其参考方向和数值的正负来断定。当电压的实际方向与参考方向一致时，电压为正值，如图 1-6（a）所示；反之，电压为负值，如图 1-6（b）所示。

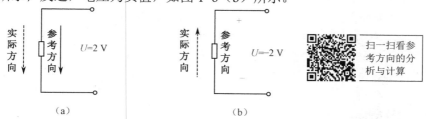

图 1-6　电压的参考方向与实际方向

电压的参考方向还可以用双下标来表示，U_{AB} 表示电压的参考方向由 A 点指向 B 点，U_{BA} 表示电压的参考方向由 B 点指向 A 点。若 $U_{AB} = 2\,V$，则 $U_{BA} = -2\,V$。可见，改变电压的起点和终点的顺序，电压的数值不变，但要相差一个负号。

为什么要假设参考方向呢？这是因为在分析复杂电路时往往不能预先确定某段电路上电流、电压的实际方向。如图 1-7（a）所示，在 $U_{s1} \neq U_{s2}$、$R_1 \neq R_2 \neq R_3$ 的情况下是否可以肯定 I_3、U_3 的实际方向呢？显然，不做具体的分析计算是不能给出确切答案的。但是分析计算电路又必须将已知其电流、电压的方向作为先决条件。为解决这一矛盾，就采用事先假设电流、电压参考方向的办法。如图 1-7（b）所示电路中所标注的电流 I_1、I_2、I_3 及电压 U_{s1}、U_{s2}、U_3 的方向就是其参考方向。

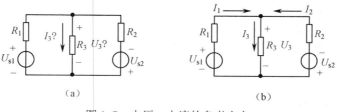

图 1-7　电压、电流的参考方向

5

> ⚠ **注意**　每提及一个电流或电压，应同时指明其参考方向；每求解一个电流或电压，应预先设定其参考方向。电流或电压的参考方向一旦选定，在电路的分析计算过程中，不能随意改变。

电路中电流和电压的参考方向可以任意选取。当在一个元件上将电流和电压的参考方向取得一致时，称为关联参考方向；反之则称为非关联参考方向（如图 1-8 所示）。对于负载上的电流和电压的参考方向，习惯上常取关联参考方向。

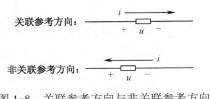

图 1-8　关联参考方向与非关联参考方向

> ❓ **思考题 1-2**
>
> 　1. 为什么要对电路中的电流、电压设参考方向？
>
> 　2. U_{ab} 是否表示 a 端的电位高于 b 端的电位？若 $U_{ab} = -5\,\text{V}$，试问 a、b 两点哪点电位高？

1.3　电源

扫一扫下载电源的教学课件

电源是一种能将其他形式的能量转换成电能的装置或设备，电源给电路提供电能。电源的种类很多，例如：干电池能把化学能转换为电能；光电池能把太阳能转换为电能；发电机能把机械能转换为电能。本节所讲的理想电压源和理想电流源是实际电源的理想化模型。

扫一扫看电压源和电流源微视频

1.3.1　电压源

理想电压源简称电压源，是实际电源的一种理想化模型。理想电压源具有两个特点：一是它的端电压 U_s 固定不变或者为一定的时变函数 $u_s(t)$，与所连接的外电路无关；二是通过它的电流由与它连接的外电路决定。

若端电压始终恒定不变，而且与通过它的电流大小无关，这种电源称为直流理想电压源，简称直流电压源或恒压源，如图 1-9（a）所示。U_s 表示电压数值，"+""–"表示 U_s 的极性，U_s 的参考方向是由"+"端指向"–"端，直流电压源的伏安特性曲线是一条平行于 i 轴的直线，如图 1-9（b）所示。

直流理想电压源中的电流由外电路决定。直流理想电压源可以对电路提供能量，也可以从外电路接受能量，视电流的方向而定。当电压源的电压与电流参考方向相反的时候，电压源起电源作用，对外输出能量。当电压源的电压与电流参考方向一致的时候，电压源起负载作用，从外电路吸收能量。

习惯上，一般电压源的图形符号中电压用小写字母 u_s 表示（如图 1-10 所示），直流电压源的图形符号中电压用大写字母 U_s 表示。

需要指出的是，将端电压不相等的理想电压源并联是没有意义的。

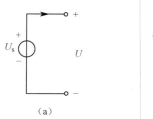

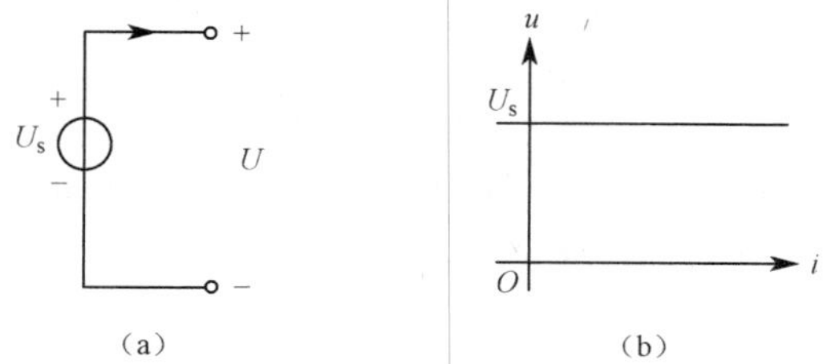

（a）　　　　　　　　　（b）

图 1-9　直流电压源及其伏安特性曲线

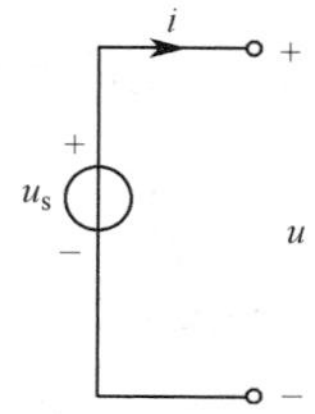

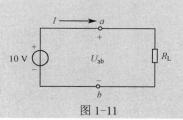

图 1-10　电压源图形符号

实例 1-1　一个负载 R_L 接于 10 V 的恒压源上，如图 1-11 所示，求：当 R_L 分别为 $10\,\Omega$、$100\,\Omega$、∞ 时，通过恒压源的电流大小。

解　选定电压、电流的参考方向如图 1-11 所示。

（1）当 $R_L = 10\,\Omega$ 时，$I = \dfrac{10}{10} = 1\,\text{A}$，$U_{ab} = 10\,\text{V}$；

（2）当 $R_L = 100\,\Omega$ 时，$I = \dfrac{10}{100} = 0.1\,\text{A}$，$U_{ab} = 10\,\text{V}$；

（3）当 $R_L = \infty$ 时，$I = 0\,\text{A}$，$U_{ab} = 10\,\text{V}$。

图 1-11

可见，通过电压源的电流随负载电阻变化而变化，电压源的端电压不变。

1.3.2　电流源

电流源是为电路提供能量的另一种电源，也是从实际电源抽象出来的一种模型。电流源是一种产生电流的装置。理想电流源具有两个特点：一是通过电流源的电流是定值 I_s，或者是一定的时间函数 $i_s(t)$，而与端电压无关；二是电流源的端电压是随着与它连接的外电路不同而不同的。

若输出电流始终保持不变，而且与其两端的电压大小无关，这种电源就称为直流理想电流源，简称直流电流源或直流源，如图 1-12（a）所示。I_s 表示电流数值，箭头表示 I_s 的方向，直流电流源的伏安特性曲线是一条平行于 u 轴的直线，如图 1-12（b）所示。一般电流源的图形符号中电流用小写字母 i_s 表示，如图 1-13 所示。

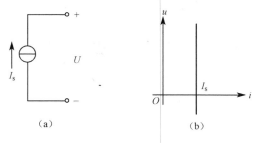

（a）　　　　　　　　　（b）

图 1-12　直流源及其伏安特性曲线

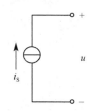

图 1-13　电流源图形符号

理想电压源、理想电流源都是从实际电源抽象出来的理想元件。理想电压源的内阻为 0，端电压不随负载变化；理想电流源的内阻为无穷大，输出电流不随负载变化。但实际电源的内阻既不可能为无穷大，也不可能为 0。例如，干电池既有一定的电动势，又有一

定的内阻，当接通负载（如灯泡）后，其端电压就会降低。因此，实际的电压源，其端电压都是随着其中电流的变化而变化的。同样，实际电流源的输出电流也是随着端电压的变化而变化的。

为了准确地表示实际电源的特性，一般采用如图 1-14、图 1-15 所示的两种电路模型。U_{ab} 和 I 分别表示电源的端电压和输出电流，R_{L} 为电源外接的负载。

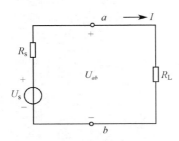
图 1-14　实际电压源模型

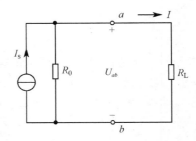
图 1-15　实际电流源模型

图 1-14 表示的是实际电源的电压源模型，由电压源 U_{s} 与内阻 R_{s} 串联而成，实际电压源的端电压为：

$$U_{ab} = U_{\mathrm{s}} - IR_{\mathrm{s}} \tag{1-5}$$

图 1-15 表示的是实际电源的电流源模型，由电流源 I_{s} 与内阻 R_0 并联而成。当与外电阻相连时，实际直流电流源的输出电流 I 为：

$$I = I_{\mathrm{s}} - \frac{U_{ab}}{R_0} \tag{1-6}$$

实际电源的两种模型之间是可以进行等效变换的，我们将在第 2 章中进行讨论。

1.3.3　受控源

前面介绍的电压源对外输出的电压为一个独立量，电流源对外输出的电流也为一个独立量，因此它们常被称为独立源。在电路分析中还会遇到另一类电源，它们的电压或电流受电路中其他支路上的电压或电流控制，称为受控源。

独立源与受控源的性质不同。独立源作为电路的输入，反映了外界对电路的作用；受控源本身不能直接起激励作用，而只是用来反映电路中某一支路电压或电流对另一支路电压或电流的控制关系。若电路中不存在独立源，不能为控制支路提供电压和电流时，则受控源的电压和电流也为 0。例如晶体三极管基本上是一种电流控制元件，场效应管基本上是一种电压控制元件。

受控源由两个支路组成，一个叫作控制支路，一个叫作受控支路。根据受控源是电压源还是电流源，以及受控源是受电压控制还是受电流控制，受控源可以分为四种：电压控制电压源（VCVS，Voltage Controlled Voltage Source），电流控制电压源（CCVS，Current Controlled Voltage Source），电压控制电流源（VCCS，Voltage Controlled Current Source），电流控制电流源（CCCS，Current Controlled Current Source）。受控源的四种形式如图 1-16（a）、（b）、（c）、（d）所示。

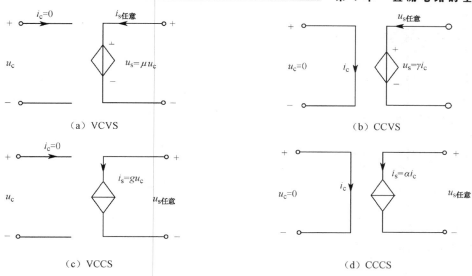

图 1-16　受控源的四种形式

为了与独立源相区别，用菱形符号表示受控电压源或受控电流源，其参考方向的表示方法与独立电源相同。图中 u_c 和 i_c 分别表示控制电压和控制电流，μ、γ、g 和 α 分别是有关的控制系数，其中 μ 叫作电压控制电压源的转移电压比或电压放大系数，γ 叫作电流控制电压源的转移电阻，g 叫作电压控制电流源的转移电导，α 叫作电流控制电流源的转移电流比或电流放大系数。本书只讨论线性受控源，简称为受控源，即比例系数 μ、γ、g 和 α 为常数。

实例 1-2　求如图 1-17 所示电路中的电流 i，其中 VCVS 的电压 $u_s = 0.2u_c$。

解　电压、电流的参考方向如图 1-17 所示。

先求控制电压 u_c：$u_c = 2 \times 10^{-3} \times 5 \times 10^3 = 10$ V，则 VCVS 的电压 u_s：$u_s = 0.2u_c = 2$ V。

最后得出电流 i：$i = \dfrac{u_s}{2\,000} = \dfrac{2}{2\,000} = 0.001$ A $= 1$ mA。

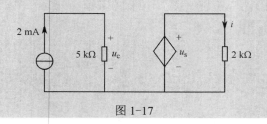

图 1-17

❓ **思考题 1-3**

1. 有人说："理想电压源可看作内阻为 0 的电源，理想电流源可看作内阻为无限大的电源。"你同意这种观点吗？为什么？

2. 你是如何理解"理想电压源内阻为 0 相当于短路，理想电流源内阻为 0 相当于开路"这一结论的？

3. 受控源和独立源有哪些区别？

1.4 电阻与电导

电路元件是电路中最基本的组成单元，电路元件按照与外部连接的端子数目可分为二端、三端、多端元件等。电路元件还可分为无源元件和有源元件、线性元件和非线性元件、时不变元件和时变元件等。本节所讨论的电阻元件为二端线性时不变元件。

1.4.1 电阻元件的定义

电灯、电炉等家用电器，在实际使用时，若不考虑它们的电场效应和磁场效应，而只考虑其热效应，即可将它们视为理想电阻元件，简称电阻元件。可见，电阻元件就是实际电阻类电器的电路模型。

从数学上来看，电阻元件定义为：一个二端电路元件，若在任意时刻 t，其端电压 u 与电流 i 之间的关系，可用 u-i 平面上过坐标原点的曲线确定，则称此二端电路元件为电阻元件。

若电阻元件的伏安特性曲线是通过原点的直线，则称为线性电阻元件；否则，称为非线性电阻元件。例如白炽灯相当于一个线性电阻元件，二极管则是一个非线性电阻元件。图 1-18 给出了线性电阻元件与非线性电阻元件的伏安特性曲线及电路符号。

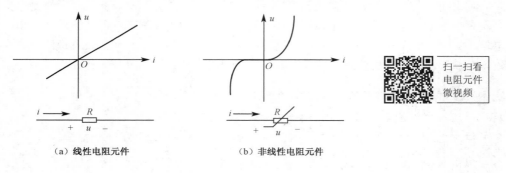

（a）线性电阻元件　　　　（b）非线性电阻元件

图 1-18　电阻元件

1.4.2 线性电阻元件

对于线性电阻元件，由图 1-18（a）可以知道，在电压和电流取关联参考方向时，流过线性电阻元件的电流与电阻两端的电压成正比，即它两端的电压和电流关系服从欧姆定律，表达式为：

$$u = Ri \tag{1-7}$$

这也是电阻元件的伏安特性。比例系数 R 是一个反映电路中电能损耗的参数，它是一个与电压、电流均无关的常数，称为元件的电阻。若电压与电流取为非关联参考方向时，表达式为：

$$u = -Ri \tag{1-8}$$

在国际单位制（SI）中，电阻的单位是欧姆（Ω），简称欧。当流过电阻的电流是 1 A，电阻两端的电压是 1 V 时，电阻元件的电阻为 1 Ω。常用的单位还有千欧（$k\Omega$）、兆欧（$M\Omega$）等。

电阻是指物体对电流的阻碍作用。物体的电阻与其本身的材料性质、几何尺寸及所处的环境有关，即：

$$R = \rho \frac{L}{S} \tag{1-9}$$

式中，S 为均匀导体的横截面积，单位是平方米（m^2）；L 为均匀导体的长度，单位是米（m）；ρ 为电阻率，单位是欧姆·米（$\Omega \cdot \text{m}$）。

1.4.3　电导

为了方便分析，有时利用电导来表征线性电阻元件的特性。电导就是电阻的倒数，用 G 表示，它的单位是西门子（S），简称西。在引入电导后，欧姆定律在关联参考方向下还可以写成：

$$i = Gu \tag{1-10}$$

G 和 R 都是电阻元件的参数，分别称为电导和电阻。

实例 1-3　应用欧姆定律对图 1-19 的电路列出式子，并求电阻 R。

解　电压、电流的参考方向如图 1-19 所示。

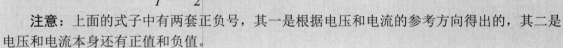

图 1-19

图 1-19（a）：$R = \dfrac{U}{I} = \dfrac{6}{2} = 3\,\Omega$

图 1-19（b）：$R = -\dfrac{U}{I} = -\dfrac{6}{-2} = 3\,\Omega$

图 1-19（c）：$R = -\dfrac{U}{I} = -\dfrac{-6}{2} = 3\,\Omega$

注意：上面的式子中有两套正负号，其一是根据电压和电流的参考方向得出的，其二是电压和电流本身还有正值和负值。

实例 1-4　如图 1-20 所示，若 $U_s = 24\,\text{V}$，电源内阻 $R_s = 2\,\text{k}\Omega$，负载电阻 $R = 10\,\text{k}\Omega$，求：（1）电路中的电流 I；（2）电源的端电压 U；（3）负载电阻上的电压降。

解　选定电压、电流的参考方向如图 1-20 所示。

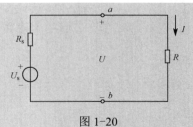

图 1-20

（1）电路中的电流 I：$I = \dfrac{U_s}{R_s + R} = \dfrac{24}{2 \times 10^3 + 10 \times 10^3} = 2 \times 10^{-3}$

（2）电源的端电压 U：

$$U = U_s - IR_s = 24 - 2 \times 10^{-3} \times 2 \times 10^3 = 20\,\text{V}$$

（3）负载电阻上的电压降：$U = IR = 2 \times 10^{-3} \times 10 \times 10^3 = 20\,\text{V}$。

在电路分析中，对于纯电阻支路而言，当$R=0$时，可将支路看成短路；当$R=\infty$时，可将支路看成开路；当支路电压$u=0$且支路电阻$R\neq0$时，由欧姆定律可知，必有支路电流$i=0$，反之亦然。此时，既可将电阻支路看成开路（其开路电压为0），也可以将该支路看成短路（其短路电流也为0）。

思考题 1-4

1. 有人说："线性电阻元件的伏安特性位于第一、三象限；如果一个线性电阻元件的伏安特性位于第二、四象限，则此元件的电阻为负值，即$R<0$。"你同意他的观点吗？

2. 线性电阻有$R=0$和$R\rightarrow\infty$两种特殊情况，其伏安特性曲线各有何特点？若选用这两种特殊的线性电阻，还能说其上电压、电流同时存在，同时消失吗？为什么？

1.5 电功率与电功

扫一扫下载
电功率与电
功教学课件

在电路的分析与计算中，能量和功率的计算是十分重要的。这是因为电路在工作状态下总伴随着电能与其他形式能量的相互转换。

1.5.1 电功率

电功率是能量对时间的变化率，简称功率，用p表示。元件吸收和发出能量方框图如图1-21所示。

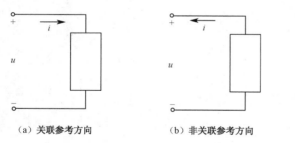

扫一扫看
功率的计
算微视频

扫一扫看功
率计算的分
析与计算

（a）关联参考方向　　　（b）非关联参考方向

图1-21　元件吸收和发出能量方框图

在电压与电流取关联参考方向时，功率表达式为：

$$p=\frac{\mathrm{d}W}{\mathrm{d}t}=\frac{u\mathrm{d}q}{\mathrm{d}t}=ui \tag{1-11}$$

在电压与电流取非关联参考方向时，功率为：

$$p=-ui \tag{1-12}$$

式中，p是元件吸收的功率。当$p>0$时，元件吸收（消耗）功率；当$p<0$时，元件输出（释放）功率。

在直流电路中，$P=W/t=UI$，即功率数值上等于单位时间内电路（或元件）所提供或消耗的电能。

在国际单位制（SI）中，功率的单位为W（瓦特，简称瓦），另外还有kW、mW等。

$$1\,\mathrm{kW}=1\,000\,\mathrm{W}；\quad 1\,\mathrm{W}=1\,000\,\mathrm{mW}$$

实例 1-5 试求图 1-22 所示电路中元件的功率。

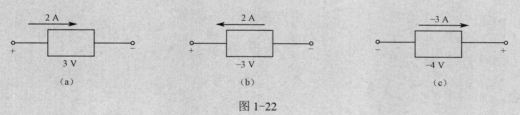

图 1-22

解 （1）关联参考方向时，$P = UI = 3 \times 2 = 6\,\text{W}$，此时元件吸收功率 6 W。

（2）非关联参考方向时，$P = -UI = -(-3) \times 2 = 6\,\text{W}$，此时元件吸收功率 6 W。

（3）非关联参考方向时，$P = -UI = -(-4) \times (-3) = -12\,\text{W}$，此时元件发出功率 12 W。

一个元件若吸收功率为 6 W，也可以认为它发出功率为 –6 W，同理，一个元件若发出功率为 6 W，也可以认为它吸收功率为 –6 W，这两种说法是一致的。

对于线性电阻元件来说，当电压与电流取关联参考方向时，任何时候元件吸收的功率为：

$$p = ui = Ri^2 = \frac{u^2}{R} = Gu^2 \tag{1-13}$$

式中，R 和 G 是正常数，所以功率 p 恒为正值。这说明：任何时刻电阻元件都不可能发出功率，而只能从电路中吸收功率，所以电阻元件是耗能元件。

> **！注意** 当电阻元件吸收的功率超过它的承受能力时就会烧毁。例如：一个 220 V、40 W 的灯泡连接在电压为 380 V 的电源上，这时灯泡吸收的功率为：
>
> $$P = \frac{U^2}{R} = \frac{380^2}{\dfrac{220^2}{40}} = 119.3\,\text{W}$$
>
> 上式说明，灯泡吸收的功率已经远远超过了它的承受功率 40 W，所以灯泡就会立即烧毁。我们在使用各种电阻元件时，一定要注意它的功率。

1.5.2 电功

电功率是单位时间内电场力所做的功，那么在一段时间内电场力所做的功，即为时间 t 内所消耗（或发出）的总能量。

因此，从 t_0 到 t 的时间内，元件吸收的电能为：

$$W = \int_{q(t_0)}^{q(t)} u\,\mathrm{d}q \tag{1-14}$$

由于 $i = \dfrac{\mathrm{d}q}{\mathrm{d}t}$，因此有：

$$W = \int_{t_0}^{t} u(t)i(t)\,\mathrm{d}t \tag{1-15}$$

在直流电路中，电流、电压均为恒值，则有：

$$W = UIT \tag{1-16}$$

在国际单位制（SI）中，能量的单位为 J（焦耳，简称焦），也可以用 kW·h（千瓦时，俗称"度"）表示。

$$1\,\mathrm{kW\cdot h} = 1\,000 \times 3\,600 = 3.6 \times 10^{6}\,\mathrm{J}$$

在一个完整的电路中，能量一定是守恒的，即在任一瞬间，各元件吸收（或消耗）电能的功率总和等于发出（或输出）电能的各元件功率的总和，表达式为：

$$\sum P_{吸收} = \sum P_{发出} \tag{1-17}$$

这就叫"功率平衡"。

实例 1-6 某会议室中有 10 盏电灯，每盏电灯的功率为 100 W，问全部电灯使用 3 小时，共消耗多少电能？若每度电的电费为 0.5 元，电费为多少？

解 电灯的总功率：$P = 10 \times 100 = 1\,000\,\mathrm{W} = 1\,\mathrm{kW}$

使用 3 小时的电能：$W = PT = 1 \times 3 = 3\,\mathrm{kW\cdot h}$

总电费：$3 \times 0.5 = 1.5$ 元

❓ 思考题 1-5

1. 有人说："对一完整的电路来说，它产生的功率与消耗的功率总是相等的，这称为功率平衡。"你同意他的观点吗？为什么？

2. 对于电阻来说，其上所吸收的功率是否总是大于等于 0？

1.6 电源有载工作、开路与短路

扫一扫下载电源有载工作、开路与短路教学课件

了解电路的基本状态及特点，对正确和安全地用电有非常重要的指导作用。实际电路有电源有载工作、开路与短路三种基本状态。

1.6.1 电源有载工作

如图 1-23 所示，将开关 S 闭合，接通电源与负载，这就是电源有载工作，或称为通路。电源向负载提供的电流为：

$$I = \frac{U_s}{R_s + R} \tag{1-18}$$

电源的端电压 U 与负载端电压相等，即：

$$U = U_s - R_s I = RI \tag{1-19}$$

由于电源内阻的存在，电压 U 将随着负载电流的增加而降低。表示电源端电压 U 与输出电流 I 之间关系的曲线，称为电源的外特性曲线，如图 1-24 所示，其斜率与电源内阻有关。

将式（1-19）两边同乘以 I，则得电路的功率平衡方程为：

$$U_s I - R_s I^2 = RI^2 \tag{1-20}$$

式中，$U_s I$ 为电源产生的功率；$R_s I^2$ 为电源内部消耗的功率；RI^2 为负载消耗或吸收的功率。在一个电路中，电源产生的功率和负载取用的功率以及内阻上消耗的功率是平衡的，因此，可用此来检查电路分析的结果是否正确。

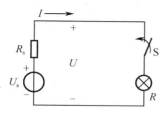

图 1-23　电源有载工作

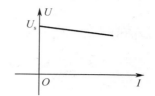

图 1-24　电源的外特性曲线

1.6.2　电源开路

如图 1-25 所示，当开关 S 断开时，电路处于开路状态。

开路时，电路中电流 $I=0$，因此负载上的电流、电压和得到的功率都为 0。这时对电源来说称为空载状态，不向负载提供电压、电流和功率，但其端电压（开路电压）为最大。

如上所述，电源开路时负载的特征参数可用下列各式表示：

$$\left.\begin{array}{l} I=0 \\ U=U_s \\ P=0 \end{array}\right\} \qquad (1\text{-}21)$$

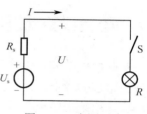

图 1-25　电源开路

1.6.3　电源短路

如图 1-26 所示，当电源的两端由于某种原因而连接在一起时，电源则被短路。电源短路时，外电路的电阻可视为 0，由于电源内阻 R_s 很小，此时通过电源的电流最大，称为短路电流 I_s。电源产生的功率很大，而且全部被内阻所消耗，若不采取防范措施，将会使电源设备烧坏，导致火灾事故。

电源短路时负载的特征参数可用下列各式表示：

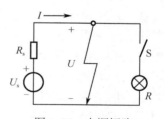

图 1-26　电源短路

$$\left.\begin{array}{l} I=I_s=\dfrac{U_s}{R_s} \\ U=0 \\ U_sI=R_sI^2 \\ P=0 \end{array}\right\} \qquad (1\text{-}22)$$

短路通常是一种严重事故，要尽量避免。严格遵守操作规范和经常检查电气设备及线路的绝缘状况，是避免出现短路事故的主要安全措施。此外，为避免因短路事故而造成的严重后果，通常在电路中接入熔断器（保险丝）或自动断路器。然而，在某些情况下又需要电路短路，如测量变压器的铜损。有时为了某种调试的需要，可以将电路中的某一段短路（常称为短接）。

实例1-7 若电源的开路电压 $U_{OC}=12\text{ V}$，其短路电流 $I_s=15\text{ A}$，试问该电源的电动势和内阻各为多少？

解 电源的电动势：$U_s = U_{OC} = 12\text{ V}$

电源的内阻：$R_s = \dfrac{U_s}{I_s} = \dfrac{12}{15} = 0.8\ \Omega$

? 思考题1-6

1. 当电路处于通路状态时，外电路负载上的电压是否等于电源电动势？

2. 如何避免短路事故的发生？

1.7 电气设备的额定值

扫一扫下载电器设备的额定值教学课件

实际的电路元件或电气设备都只能在规定的电压、电流或功率的条件下才能正常工作，发挥出最佳的效能，这个规定值称为额定值。额定值就是为保证安全、正常使用电气设备，制造厂家所给出的电压、电流或功率的限制数值。

电气设备常用的额定值有额定电压、额定电流和额定功率。例如：电灯泡规定了它的额定电压和额定功率，一般电阻器规定了它的电阻值和额定功率，电容器规定了它的电容值和额定电压等。有的电气设备还有其他的额定值，如电机的额定转速、额定转矩等。

在实际应用中，要注意电气设备或实际电路元件的额定值，应尽可能使它们工作在额定值或接近额定值的状态下。对理想电阻元件来说，功率数值的范围不受任何限制，但对于任何一个实际的电阻器来说，使用时都不能超过所标注的额定功率，否则会烧坏电阻器。例如：一只灯泡上标明"220 V、40 W"，如果这只灯泡接到220 V电压上，消耗的功率为40 W；若将它误接到380 V的电源上，它将立即烧毁；若所接电压低于220 V（较多），则灯泡所消耗的功率达不到40 W（灯较暗），灯泡使用不正常，显然这是不正确的。若电气设备在低于额定值较多的情况下工作，往往会形成"大马拉小车"的局面，造成设备浪费。这是每个从事电气工程的科技人员必备的知识。

? 思考题1-7

1. 有一台直流发电机，其铭牌上标有"40 kW、220 V、174 A"，试问什么是发电机的空载运行、轻载运行、满载运行和过载运行？

2. 有一个额定值为"5 W、500 Ω"的线绕电阻，其额定电流为多少？在使用时电压不得超过多大的值？

项目训练1 测量直流电压与电流

1. 训练目的

（1）能正确选择仪表，掌握直流仪表、万用表等电工仪表及设备的使用方法。

（2）学习电路中电压、电流的测量方法。

（3）学会正确处理数据，分析实验结果，撰写实验报告。

（4）积极思考和讨论实验中的问题，培养创新精神、严肃科学的态度、团结协作的团队精神和爱护实验设备设施的良好风尚。注意实验操作规范，安全用电。

2．训练说明

 扫一扫看直流稳压电源的使用微视频

 扫一扫下载测量直流电压与电流实训指导课件

1）实验室安全操作规则

在实验过程中，为了防止仪表和仪器设备的损坏，保证人身安全，实验者必须严格遵守以下安全操作规则：

（1）熟悉实验室的总控制电源开关。熟悉实验室中的直流与交流电源，了解其电压、电流额定值和控制方式，区分直流电源的正负极和交流电源的相线与中性线。

（2）了解实验室内各仪器仪表的规格、型号、使用方法，特别要注意其额定值和测量界限。

（3）通电前应通知全组人员有准备后再接通电源。

（4）在实验进行过程中，不得用手触摸线路中带电的裸露导体。改、拆接线路时应断开电源，若电路中有电容则需要先用导线短接放电。

（5）在一般情况下，安全电压为 36 V 以下，安全电流为 100 mA 以下。但是在潮湿的环境中，安全电压的规定还要低一点。

（6）若发现异常现象，例如：仪表指针快速碰撞到极限位置，有焦臭、冒烟、闪弧、有人触电等，立即切断电源，报告指导老师，查找原因，排除故障。

（7）进行实验要规范有序，应按操作步骤实施实验。在实验完毕后，应将仪器设备恢复常位，并切断电源。

2）实验预习

在上实验课前要认真学习本次实验所涉及的有关知识，明确实验目的和要求，弄懂实验原理、实验仪表设备的使用方法、注意事项等。在预习的基础上，撰写预习报告。

3）进行实验

（1）首先检查本次实验所需的仪器、设备是否齐全、完好，仪表的类型和量限是否合适。同时记录仪器仪表设备的型号、规格及编号，以便在分析数据的准确性和可靠性及实验结果时有依据。

（2）在实验前，对仪器仪表设备的摆放和布局要合理，保证操作安全。要在断电状态下按电路顺序连接线路。接线时参考电路图，先接主回路，再接分支电路。连线要可靠，线路要清楚有序。

（3）线路连接好后，由同组实验者检查线路是否正确，检查电路中仪表的量程和极性是否符合要求等。

（4）确认线路无误后，通知全组成员做好准备，准备通电。接通电源后应观察仪器仪表工作是否正常，以免发生人身事故或设备损坏，如有异常现象，应及时断电，检查电路并排除异常。

（5）正确读取仪表数据，并准确记录数据。

（6）当实验内容全部完成，数据经审查合格后方可拆线。拆线前要先切断电源，再拆除线路。整理仪器仪表设备，清理导线。经老师允许后方可离开实验室。

4）撰写实验报告

（1）在实验结束后，必须认真及时地撰写实验报告。实验报告是实验结果的总结和反映。撰写实验报告应文理通顺、简明扼要、图表清晰、分析与论证得当。

（2）实验报告应包括以下内容：

① 实验名称、实验日期、实验者姓名及学号、同组人姓名及学号等。

② 实验目的、实验方法、实验原理图。

③ 主要的仪器、仪表的名称、型号和规格。

④ 实验线路，画出实验电路图，标明元器件和仪器仪表设备的名称等。

⑤ 数据图表及计算过程等实验记录。

⑥ 对所得数据和所观察到的现象进行分析与处理。

⑦ 实验心得及回答问题。

5）测量数据的处理

（1）数据读取的注意事项：在实验中，常常需要从仪表指针位置读出测量数据。测量数据读取时需注意几点：① 仪表应先进行预热和调零；② 选择合适的仪表，同时合理选择量程；③ 当仪表指针与刻度线不重合时，应先估读一位欠准数字。

（2）有效数字及其正确表示：测量中读取仪表指针位置估计读出最后一位数字，这个估计数字称为欠准数字。超过一位的欠准数字是没有意义的。

有效数字＝可靠数字＋一位欠准数字

例如：用 100 mA 量程的电流表测量某支路上的电流，读数为 56.8 mA，则数字中"56"为准确、可靠的读数，称为"可靠数字"；而小数点后的"8"是估读的，称为"欠准数字"，两者合起来为"有效数字"。它的有效数字是三位，如果对其运算，其结果也只应保留三位有效数字。

当按照测量要求确定了有效数字的位数以后，每一个测量数据只有一位是欠准数字，即最后一位是欠准数字，它前面的各位数字必须是准确的"可靠数字"。如图 1-27（a）所示，指针指示的可靠数字为 4 V，欠准数字为 0.3 V，有效数字为 4.3 V。如图 1-27（b）所示，指针指示的可靠数字为 3 V，欠准数字为 0.0 V，有效数字为 3.0 V，该数小数点后的"0"不能随意取舍，它是欠准数字。

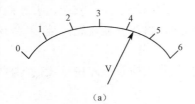

图 1-27 有效数字示例

6）电路实验设备

电路实验设备包括电路实验系统箱和三路数字直流稳压电源等。

电路实验系统箱示意图如图 1-28 所示。电路实验面板左右两侧的圆形接线柱为电源输

入端口；面板的上部装有 3 个电流表，这 3 个电流表的量程分别为 30 mA、100 mA、150 mA；面板中部为梅花形接线柱，即节点；面板下部为 2 个受控源实验电路。

LPS305DⅡ型三路数字直流稳压电源如图 1-29 所示，其输出电压在 0 和标称值之间连续可调，输出负载电流也可以在 0 和标称值之间连续可调。

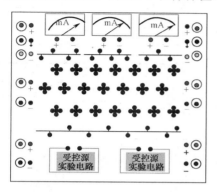

图 1-28　电路实验系统箱示意图

图 1-29　三路数字直流稳压电源

3．测试设备

电工电路综合测试台 1 台，数字万用表 1 只，直流稳压电源 1 台，电阻箱 1 台，电阻若干。

4．测试步骤

（1）按图 1-30 所示的实验电路接线。选取负载电阻：$R_1 = 200\,\Omega$，$R_2 = 300\,\Omega$。检查电路连接无误后，调节直流稳压电源，使其输出电压 $U_s = 8\,V$。

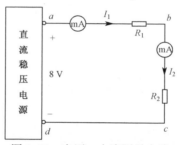

图 1-30　电压、电流测量电路

（2）记录电流表的读数 I_1、I_2。用直流电压表测量电压 U_{ab}、U_{bc}、U_{ad}，并将读数填入表 1-2 中。

若用数字万用表测电压时，将万用表转换开关置于直流电压 2 V 或 20 V 挡，且将红表笔插入"VΩ"插孔中，然后将万用表的红、黑表笔接至被测电路两端。

因为电路中的连接导线有一定的内阻，同时电阻的标称值与实际值允许有一定范围的误差，因此会导致测量电压、电流的数值与理论计算值有一定的误差。这个误差可用相对误差 γ_0 来表示：

$$\gamma_0 = \frac{|A - A_0|}{A_0} \times 100\% \qquad (1-23)$$

19

式中，A 表示测量值，A_0 表示计算值。

表 1-2　电压、电流的测量值与计算值

测量数据	I_1		I_2		U_{ab}		U_{bc}		U_{ad}	
$U_s = 8\ \text{V}$	测量	计算	测量	计算	测量	计算	测量	计算	测量	计算
$R_1 = 200\ \Omega$										
$R_2 = 300\ \Omega$										
相对误差										

（3）若选取负载电阻：$R_1 = 500\ \Omega$，$R_2 = 700\ \Omega$。重新按步骤（2）测量各部分的电压、电流值，并求出相对误差。

> **? 思考题 1-8**
>
> 1. 训练操作时如何保证人和设备的安全？
> 2. 怎样才能获得准确度较高的测量结果？在操作过程中，某支路上无电流，你认为可能是由哪些原因造成的。
> 3. 万用表在使用时要注意什么，如何防止在使用时损坏？
> 4. 在测量电压时，若不知道具体数值是什么，万用表应如何正确选择量程？
> 5. 写出计算值的计算过程及求得相对误差的计算过程。

项目训练 2　电阻的识别

1. 训练目的

（1）能识别各种电阻。
（2）掌握色环电阻阻值的读取方法。
（3）掌握用万用表测电阻值的方法。

扫一扫下载电阻器的识别实训指导课件

2. 训练说明

电阻元件是具有一定电阻值的元器件，简称电阻，在电路中用于控制电流、电压和控制放大了的信号等。

1）电阻的型号

随着电子工业的迅速发展，电阻的种类也越来越多，为了区别电阻的类型，在电阻上可用字母型号来标注，如图 1-31 所示。

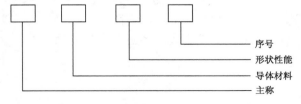

图 1-31　电阻类别与型号表示

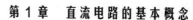

电阻型号的命名方法说明见表 1-3，如"RT"表示碳膜电阻；"RJJ"表示精密金属膜电阻。

表1-3　电阻型号的命名方法

字母位置		型号说明		字母位置		型号说明
第一部分	主称	R：电阻		第三部分	形状性能	L：测量
		W：电位器				G：高功率
第二部分	导体材料	T：碳膜				1：普通
		J：金属膜				2：普通
		Y：金属氧化膜				3：超高频
		X：绕线				4：高阻
		M：压敏				5：高温
		G：光敏				8：高压
		R：热敏				9：特殊
第三部分	形状性能	X：大小		第四部分	序号	对主称、材料特征相同，仅尺寸性能指标略有差别，但基本上不影响互换的产品给同一序号，若尺寸、性能指标的差别已明显影响互换，则在序号后面用大写字母予以区别
		J：精密				

2）电阻规格标注方法

电阻的类别、标称阻值以及误差、额定功率，一般都标注在电阻元件的表面上，目前常用的标注方法有两种。

（1）直标法：将电阻的类别及主要技术参数直接标注在它的表面上，如图 1-32（a）所示。有的国家或厂家用一些文字符号标明单位，例如 3.3 kΩ标为 3k3，这样可以改正因小数点面积小，不易看清的缺点。

（2）色标法：将电阻的类别及主要技术参数用颜色（色环或色点）标注在它的表面上，如图 1-32（b）所示。碳质电阻和一些小碳膜电阻的阻值和误差，一般用色环来表示（个别电阻也有用色点表示的）。

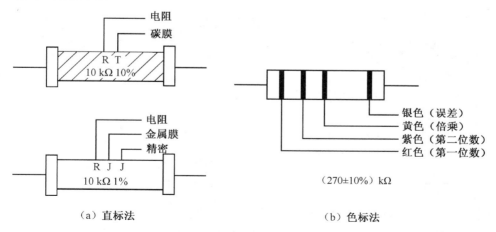

图1-32　电阻规格标注方法

色环所代表的数及数字意义见表1-4。

表1-4　色环所代表的数及数字意义

颜色	棕	红	橙	黄	绿	蓝	紫	灰	白	黑	金	银	本色
有效数字	1	2	3	4	5	6	7	8	9	0			
乘数	10^1	10^2	10^3	10^4	10^5	10^6	10^7	10^8	10^9	10^0	10^{-1}	10^{-2}	
允许偏差 ±%	1	2			0.5	0.25	0.1				5	10	20

识别一个色环电阻的标称值和精度，首先要确定首环和尾环（精度环）。首、尾环确定后，就可按图1-32（b）中每道色环所代表意义读出标称值和精度。

按照色环的印制规定离电阻端边最近的为首环，较远的为尾环，色环电阻中尾环的宽度是其他环的1.5～2倍。

3）电阻的分类

（1）按功能可分为固定电阻、可变电阻和特殊电阻。

（2）按制造工艺和材料，电阻可分为合金型、薄膜型和合成型，其中薄膜型又分为碳膜型、金属膜型和金属氧化膜型等。

（3）按用途，电阻可分为通用型、精密型、高阻型、高压型、高频无感型和特殊电阻。其中特殊电阻又分为光敏电阻、热敏电阻、压敏电阻等。

3．测试设备

电工电路综合测试台1台，数字万用表1只，直流稳压电源1台，电阻箱1台，电阻若干。

4．测试步骤

（1）直接读取法：根据表1-4中的电阻阻值写出电阻的色环颜色或根据电阻色环颜色读出电阻阻值，并填入表1-5中。

表1-5　色环电阻的识别

环数	电阻阻值	首环	第二环	第三环	第四环	第五环
四环	(270±10%) kΩ					
	(100±5%) Ω					
		红	红	橙	无色	
五环	(1±1%) kΩ					
	(100±2%) Ω					
		棕	紫	绿	金	银

（2）万用表测量法：将万用表置于电阻挡，注意选择合适的量程（倍率），且将红表笔插入"VΩ"插孔中，短接表笔调零后，进行电阻的测量，并将测量数据记入表1-6中。

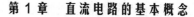

表 1-6 用万用表测电阻值

所用仪器	给定电阻值	量程（倍率）	实测值
万用表	51 Ω		
	560 Ω		
	10 kΩ		

思考题 1-9

1. 精密型电阻的色环一般是＿＿＿＿＿＿（四环/五环）。

2. 色环电阻的首环与尾环如何确定？

3. 使用万用表电阻挡测量电阻时，为什么万用表绝对不允许测量带电的电阻？测量完毕后将旋钮置于最高电压挡或空挡？

知识梳理与总结

扫一扫开始本章自测题练习

扫一扫看本章自测题答案

1.1 电路的概念与模型

电路是电流的流通路径，它是由一些电气设备和元器件按一定方式连接而成的整体。电路按其作用可以分成电源、负载和中间环节三个部分。

理想元件构成的电路称为电路模型，电路模型就是实际电路的科学抽象化表示，电路模型用电气图形符号表示时，称为电路图。

1.2 电流与电压

电荷的定向运动形成电流，习惯上把正电荷运动的方向规定为电流的实际方向。电流的大小用电流强度表示，即 $i = dq/dt$。

在电路中，把电场力将单位正电荷从 A 点经任意路径移到 B 点所做的功，称为 A、B 两点间的电压，即 $u = dW/dq$。电压的实际方向是由高电位点指向低电位点。

参考方向是事先选定的一个方向。如果电压和电流的参考方向选择一致，则称电压和电流的参考方向为关联参考方向，简称关联方向。

1.3 电源

电源是一种能将其他形式的能量转换成电能的装置或设备，电源给电路提供电能。

电压源的端电压以固定规律变化，不会因为它所连接的电路不同而改变，通过它的电流取决于与它连接的外电路。电流源的电流以固定规律变化，与端电压无关，而电流源的端电压随着与它连接的外电路的不同而不同。电压源和电流源常被称为独立源。

若电源上的电压或电流受电路中其他支路电压或电流的控制，则称为受控源。受控源分为四种：电压控制电压源、电压控制电流源、电流控制电压源和电流控制电流源。

1.4 电阻与电导

线性电阻元件是指在电压和电流取关联参考方向时，流过线性电阻元件的电流与电阻两端的电压成正比，即它两端的电压和电流关系服从欧姆定律，即 $u = Ri$。

为了方便分析，有时利用电导来表征线性电阻元件的特性。电导就是电阻的倒数，用 G 表示，单位是西门子（S），简称西。此时欧姆定律在关联参考方向下还可以写成 $i = Gu$。

G 和 R 都是电阻元件的参数，分别称为电导和电阻。

1.5 电功率与电功

电功率是能量对时间的变化率，简称功率，即 $p = ui$。当 $p > 0$ 时，元件吸收（消耗）功率；当 $p < 0$ 时，元件输出（释放）功率。

电功率是单位时间内电场力所做的功，那么在一段时间内电场力所做的功，为时间 t 内所消耗（或发出）的总能量，即 $W = \int_{t_0}^{t} u(t)i(t)\mathrm{d}t$。

1.6 电源有载工作、开路与短路

实际电路有电源有载工作、开路与短路三种基本状态。

通路就是电源与负载接成闭合回路，开路就是电源与负载没有接成闭合回路，短路就是电源未经负载而直接由导线接通成闭合回路。为了避免短路事故引起严重后果，通常在电路中接入熔断器（保险丝）或自动断路器，以便在发生短路时能迅速将故障电路自动切断。

1.7 电气设备的额定值

实际的电路元件或电气设备都只能在规定的电压、电流或功率的条件下才能正常工作，发挥出最佳的效能，这个规定值称为额定值。在实际应用中，电气设备或实际元件应尽可能使它们工作在额定值或接近额定值的状态下。

练习题 1

扫一扫看本练习题答案

1.1 电流是有方向性的，习惯上把_____移动的方向规定为电流的方向。

1.2 如图 1-33 所示，已知 $U_{ab} = -4\,\mathrm{V}$，试问 a、b 两点哪点的电位高？

图 1-33

1.3 如图 1-34 所示电路，在以下三种情况下，电流 i 为多少？

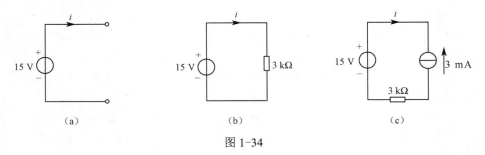

图 1-34

1.4 应用欧姆定律对图 1-35 所示的电路列出式子，并求电阻 R。

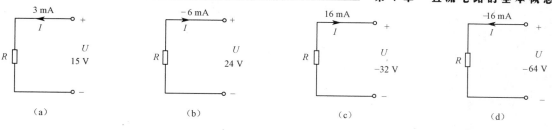

图 1-35

1.5　如图 1-36 所示电路，求电导 G。

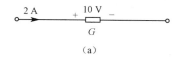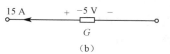

图 1-36

1.6　如图 1-37 所示电路是从某一电路抽出的受控支路，试根据已知条件求出控制变量。

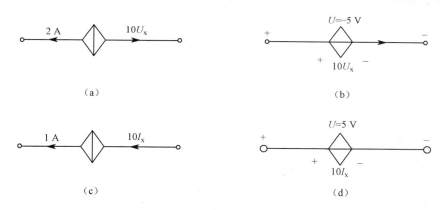

图 1-37

1.7　按图 1-38 给定的电压和电流的参考方向，计算电路元件的功率，并说明电路元件是吸收功率还是发出功率？

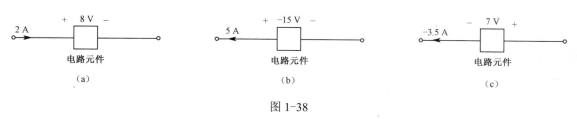

图 1-38

1.8　如图 1-39（a）所示的电池电路，当 $U = 3\,\text{V}$、$E = 5\,\text{V}$ 时，试问该电池作电源（供电）还是作负载（充电）用？如图 1-39（b）所示的电池电路，当 $U = 5\,\text{V}$、$E = 3\,\text{V}$ 时，则又如何？

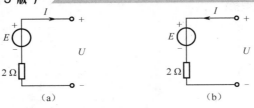

图 1-39

1.9 一个 10 kΩ、10 W 的电阻，使用时最多允许加多大的电压？一个 10 kΩ、0.5 W 的电阻，使用时允许通过的最大电流是多少？

1.10 一个 220 V、40 W 的灯泡，如果误接在 110 V 电源上，此时灯泡功率为多少？若误接在 380 V 电源上，功率为多少，是否安全？

1.11 教室里有 40 W 日光灯 8 只，每只耗电 $P' = 46$ W（包括镇流器耗电），每只用电 4 小时，一月按 30 天计算，问一月耗电多少度？每度电收费 0.5 元，一月应付电费多少？

1.12 额定值为 1 W、100 Ω 的碳膜电阻，在使用时电流和电压不得超过多大的数值？

扫一扫看
本练习题
详解过程

第2章

直流电路的分析与计算

教学导航

教学重点	1. 掌握基尔霍夫定律及其应用; 2. 理解等效的概念,熟练掌握有源网络和无源网络的等效变换方法; 3. 掌握电路分析的基本方法,特别是节点电压法和回路电流法
教学难点	1. 熟练掌握基尔霍夫定律及其应用; 2. 加深理解受控源的分析方法
参考学时	24 学时

扫一扫看本
章补充例题
与解答

本章在介绍电阻串联、并联和混联的基础上，以万用表中的部分电路为实例来分析简单电路的计算。在对复杂电路的计算中，通过运用基尔霍夫定律，分别介绍若干种典型电路的计算方法及原理，阐明电路等效变换原理和方法。指出各种电路计算方法的目的，在于简化电路计算，同时阐明各种方法之间的联系与区别。

扫一扫下载电阻的串联并联与混联电路教学课件

2.1 电阻的串联、并联与混联电路

2.1.1 电阻串联电路

扫一扫看电阻的串联微视频

1. 电阻串联的特点

如图 2-1（a）所示，把两个或更多个电阻一个接一个地依次连接起来，中间没有分岔，这样的连接方式称为电阻串联。

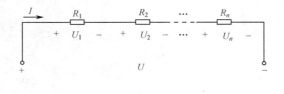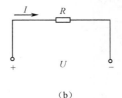

（a）　　　　　　　　　　　　　　　　（b）

图 2-1　电阻串联

电阻串联的特点是：

（1）电流只有一个通路，通过各个电阻的为同一电流。

（2）各电阻上的电压之和，等于这个电路两端的外加电压。对于 n 个电阻串联，则有：

$$U = U_1 + U_2 + \cdots + U_n = \sum_{k=1}^{n} U_k \tag{2-1}$$

2. 串联电路分析

1）等效电阻

在串联电路中用一个电阻来代替几个串联的电阻，而保持电路的端电压和电流不变，这个电阻称为等效电阻。

如图 2-1（a）中电阻 R_1、R_2 ……R_n 上的电压分别为：

$$U_1 = IR_1$$
$$U_2 = IR_2$$
$$\cdots\cdots$$
$$U_n = IR_n$$

代入式（2-1），得：

$$U = IR_1 + IR_2 + \cdots + IR_n = I(R_1 + R_2 + \cdots + R_n) = I\sum_{k=1}^{n} R_k$$

所以当 n 个电阻串联时，其等效电阻为：

$$R = R_1 + R_2 + \cdots + R_n = \sum_{k=1}^{n} R_k \qquad (2\text{-}2)$$

2）电压的分配关系

如图 2-2 所示，根据欧姆定律，串联各段电阻两端的电压分别为：

$$U_1 = IR_1, \quad U_2 = IR_2$$

则

$$\frac{U_1}{U_2} = \frac{IR_1}{IR_2} = \frac{R_1}{R_2} \qquad (2\text{-}3)$$

即串联各电阻上的电压与其电阻值成正比。

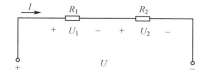

扫一扫看分
压公式的计
算实例

图 2-2　两个电阻串联

设电路两端的外加电压为 U，则有：

$$U = IR = I(R_1 + R_2)$$

因为 $\dfrac{U_1}{U} = \dfrac{IR_1}{IR} = \dfrac{R_1}{R}$ 和 $\dfrac{U_2}{U} = \dfrac{IR_2}{IR} = \dfrac{R_2}{R}$，则串联各段电阻的端电压分别为：

$$\begin{cases} U_1 = \dfrac{R_1}{R} U = \dfrac{R_1}{R_1 + R_2} U \\[2mm] U_2 = \dfrac{R_2}{R} U = \dfrac{R_2}{R_1 + R_2} U \end{cases} \qquad (2\text{-}4)$$

式（2-4）为串联电阻的分压公式。$\dfrac{R_1}{R_1 + R_2}$ 和 $\dfrac{R_2}{R_1 + R_2}$ 称为两个电阻串联电路的分压比。

对于多个电阻串联的电路，任一电阻上的电压与总电压 U 之比为：

$$\frac{U_k}{U} = \frac{R_k}{R}$$

则电阻串联电路的分压通式为：

$$U_k = \frac{R_k}{R} U \qquad (2\text{-}5)$$

式中，$\dfrac{R_k}{R}$ 称为分压比，它是某一分段电阻值与总电阻值的比。上式反映了串联电路上电压的分配规律，其应用极为广泛。

3）功率关系

如图 2-2 所示串联电路，各电阻上的功率分别为：

$$P_1 = I^2 R_1$$

$$P_2 = I^2 R_2$$

两电阻的功率之比为：

$$\frac{P_1}{P_2} = \frac{I^2 R_1}{I^2 R_2} = \frac{R_1}{R_2} \tag{2-6}$$

即串联电路中电阻的功率和对应的电阻大小成正比。电阻大的功率也大，电阻小的功率也小。

根据等效电阻表达式，可得等效电阻耗电功率为：

$$P = I^2 R = I^2(R_1 + R_2) = I^2 R_1 + I^2 R_2$$

即

$$P = P_1 + P_2$$

总功率等于各分段电阻的功率之和。若 n 个电阻串联，总功率为：

$$P = P_1 + P_2 + \cdots + P_n = \sum_{k=1}^{n} P_k \tag{2-7}$$

3. 电阻串联电路的实际应用

电阻串联的应用范围很广泛，举例如下。

1）分压器

在很多电子线路中，为了获得标准电压或限制外来信号电压，常常将电阻串联组成分压器。

图 2-3（a）是利用电位器做成可调分压器。滑动触点"b"可在 a 与 c 之间滑动，把电阻分成两部分。当 a、c 端加电压 U_i 时，则 b、c 端可获得 0 到 U_i 范围内的任一电压 U_o。

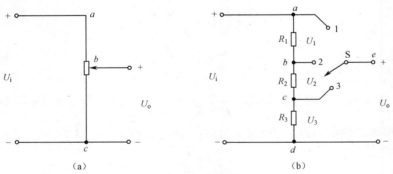

图 2-3　分压器

图 2-3（b）是一个固定的三级分压器，a、d 端加电压 U_i，在 e、d 端按照开关 S 的不同位置得到三个不同数值的输出电压 U_o。其输出电压可按分压公式计算，这时总电阻为：

$$R = R_1 + R_2 + R_3$$

电阻 R_1 上的电压为：

$$U_1 = \frac{R_1}{R} U_i = \frac{R_1}{R_1 + R_2 + R_3} U_i$$

电阻 R_2 上的电压为：

$$U_2 = \frac{R_2}{R} U_i = \frac{R_2}{R_1 + R_2 + R_3} U_i$$

电阻 R_3 上的电压为：

$$U_3 = \frac{R_3}{R}U_i = \frac{R_3}{R_1 + R_2 + R_3}U_i$$

于是当开关 S 在 1 位置时有：

$$U_{o1} = U_i$$

S 在 2 位置时有：

$$U_{o2} = U_2 + U_3 = \frac{R_2 + R_3}{R}U_i$$

S 在 3 位置时有：

$$U_{o3} = U_3 = \frac{R_3}{R}U_i$$

2）串入电阻限制电流（以下面的实例来说明）

实例 2-1　一个继电器的线圈电阻为 200 Ω，允许流过的电流为 30 mA。现在要连接到 24 V 的电压上去，需要多大的限流电阻？

解　将继电器线圈连接到 24 V 电压上时通过的电流为：

$$I = \frac{24}{200} = 0.12\,A = 120\,mA$$

显然大大超过继电器的允许电流，为此，必须串入一个电阻 R 使得电流限制在 30 mA 以内。所需的限流电阻为：

$$R = \frac{24}{30 \times 10^{-3}} - 200 = 600\,\Omega$$

3）扩大电压表量程

一般的电压表表头偏转到满刻度所需的电流（称满偏电流）总是设计得很小，表头的内阻不大，所能承受的电压很低，一个 100 μA、内阻 3000 Ω 的表头，所能测量的电压不超过 0.3 V，如需测量较高的电压，就必须串接电阻分压，这个电阻称为倍压器。

实例 2-2　有一个电压表的满偏电流 I_g 为 100 μA，内阻 R_i 为 1 kΩ，若装配成测量 $U = 10\,V$ 的电压表，须串联多大的电阻？

解　不串电阻时，该表头最大能测量的电压为：

$$U_g = I_g R_i = 100 \times 10^{-6} \times 1000 = 0.1\,V$$

因此，必须串接倍压器才能测量 10 V 的电压。设倍压器的电阻值为 R，则有：

$$I_g R_i + I_g R = U = 10\,V$$

$$R = \frac{10 - 0.1}{100 \times 10^{-6}} = 99 \times 10^3\,\Omega = 99\,k\Omega$$

即应串联一个 99 kΩ 的电阻，才能测量 10 V 的电压。

2.1.2　电阻并联电路

1. 电阻并联的特点

如图 2-4（a）所示，几个电阻的一端共接于一点，另一端共接于另一点，使得加于各个

电阻的电压为同一量值，这样的连接方式称为电阻的并联。各并联的电路通称为分支电路。

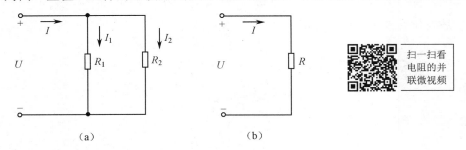

图2-4　电阻并联电路

电阻并联的特点是：

（1）各并联电阻两端的电压为同一电压。

（2）电路的总电流是各分支电流之和，若 n 个电阻并联，总电流即为：

$$I = I_1 + I_2 + \cdots + I_n = \sum_{k=1}^{n} I_k \tag{2-8}$$

2．并联电路分析

1）等效电阻（或电导）

如图2-4（b）所示，两个电阻并联，可用一个电阻来代替，使在同一电压下，通过该电阻 R 的电流 I 等于各支路电流之和，这个电阻 R 称为并联电阻的等效电阻，表示为：

$$R = \frac{U}{I} = \frac{U}{I_1 + I_2}$$

因为

$$I = \frac{U}{R}, \quad I_1 = \frac{U}{R_1}, \quad I_2 = \frac{U}{R_2}, \quad I = I_1 + I_2$$

所以

$$\frac{U}{R} = \frac{U}{R_1} + \frac{U}{R_2}$$

$$\frac{1}{R} = \frac{1}{R_1} + \frac{1}{R_2} \quad \text{或} \quad G = G_1 + G_2 \tag{2-9}$$

当更多的电阻并联时，其阻值关系为：

$$\frac{1}{R} = \frac{1}{R_1} + \frac{1}{R_2} + \cdots + \frac{1}{R_n} = \sum_{k=1}^{n} \frac{1}{R_k}$$

或

$$G = G_1 + G_2 + \cdots + G_n = \sum_{k=1}^{n} G_k \tag{2-10}$$

式（2-10）表明，若干电阻并联的电路，等效电阻的倒数，等于各并联电阻的倒数之和（俗称倒数和的倒数）。并联电路的总电导，等于各支路的电导之和。

在实际工作中，常需要按照已知各支路的电阻求出等效电阻。两并联电阻的等效电阻可由式（2-9）求得：

$$R = \frac{R_1 R_2}{R_1 + R_2} \qquad\qquad (2-11)$$

若几个阻值相等的电阻 R_0 并联，其等效电阻为 $R = \dfrac{R_0}{n}$。可见，并联电阻越多，等效电阻越小。

扫一扫看电流公式的计算实例

2）电流的分配关系

两电阻并联电路中各电阻的端电压相同，即：

$$U = I_1 R_1 = I_2 R_2 = IR \qquad\qquad (2-12)$$

由式（2-12）可得，各支路电流之间的关系为：

$$\frac{I_1}{I_2} = \frac{R_2}{R_1} \qquad\qquad (2-13)$$

在两电阻并联电路中，各支路电流与总电流之间的关系可表示为：

$$I_1 = \frac{R}{R_1} I \qquad 即 \ I_1 = \frac{R_2}{R_1 + R_2} I$$

$$I_2 = \frac{R}{R_2} I \qquad 即 \ I_2 = \frac{R_1}{R_1 + R_2} I \qquad\qquad (2-14)$$

式（2-14）称为分流公式，式中 $\dfrac{R_2}{R_1 + R_2}$ 和 $\dfrac{R_1}{R_1 + R_2}$ 称为二支路的分流比，即支路电流占总电流 I 的百分比。

若并联电阻多于两个，则任一支路电流 I_k 与总电流 I 之间的关系为：

$$I_k = \frac{R}{R_k} I = \frac{G_k}{G} I \qquad\qquad (2-15)$$

式中，R_k 为支路电阻，R 为并联电阻的等效电阻，$R_k = \dfrac{1}{G_k}$，$R = \dfrac{1}{G}$。$\dfrac{R}{R_k} = \dfrac{G_k}{G}$ 称为 R_k 的分流比。

分流公式说明，总电流以与电阻值成反比例关系分配在各并联支路的电阻上。

实例 2-3　在图 2-4（a）中，已知总电流 $I = 10\,\text{A}$，$R_1 = 4\,\Omega$，$R_2 = 6\,\Omega$，求 I_1 和 I_2。

解　等效电阻：$R = \dfrac{R_1 R_2}{R_1 + R_2} = \dfrac{4 \times 6}{4 + 6} = 2.4\,\Omega$

端电压：$\quad U = IR = 10 \times 2.4 = 24\,\text{V}$

各支路电流为：$I_1 = \dfrac{U}{R_1} = \dfrac{24}{4} = 6\,\text{A}$，$I_2 = \dfrac{U}{R_2} = \dfrac{24}{6} = 4\,\text{A}$；

也可用分流公式求得：

$$I_1 = \frac{R_2}{R_1 + R_2} I = \frac{6}{4+6} \times 10 = 6\,\text{A}, \quad I_2 = \frac{R_1}{R_1 + R_2} I = \frac{4}{4+6} \times 10 = 4\,\text{A}$$

3）功率关系

如图 2-4 所示，各电阻上的功率分别为：

$$P_1 = I_1 U = \frac{U}{R_1} U = \frac{U^2}{R_1}$$

$$P_2 = I_2 U = \frac{U}{R_2} U = \frac{U^2}{R_2}$$

电路的总功率为：

$$P = IU = \frac{U}{R} U = \frac{U^2}{R}$$

因为

$$I = I_1 + I_2$$

即

$$\frac{U}{R} = \frac{U}{R_1} + \frac{U}{R_2}$$

所以

$$\frac{U^2}{R} = \frac{U^2}{R_1} + \frac{U^2}{R_2} \tag{2-16}$$

或表示为：

$$P = P_1 + P_2$$

电阻上总功率等于各支路电阻上的功率之和，当多个电阻并联时，总功率为：

$$P = P_1 + P_2 + \cdots + P_n = \sum_{k=1}^{n} P_k \tag{2-17}$$

3. 电阻并联电路的应用

1）选配合适阻值的电阻

式（2-10）已指出，并联的电阻数目越多，等效电阻越小。根据这一规律，在实际工作中常将几个大阻值的电阻配成小阻值的电阻，以满足电路的工作要求。

实例 2-4 在实验中如果缺少一个 51 kΩ 的电阻，如何选配？

解 如图 2-5 电路中需要的 51 kΩ 电阻，可以利用并联电阻的等效电阻来替代，经过计算可用阻值 160 kΩ 和 75 kΩ 的电阻并联后得到。

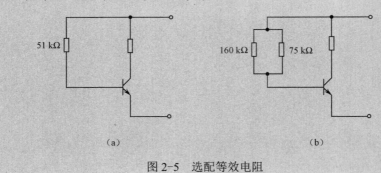

图 2-5 选配等效电阻

2）对负载实行并联供电

照明电灯常采用并联供电，如图 2-6（a）所示。这种方式的好处是：加在各个电灯上的电压相等，与电灯的功率大小无关。当其中一盏电灯接通或断开时，都不影响其余电灯的正常工作。如果采用图 2-6（b）所示串联供电，当更换其中一盏不同功率的灯泡或使之熄灭的时候，就会影响其余电灯的正常工作。

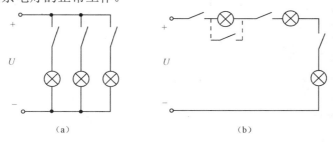

（a）   （b）

图 2-6 并联供电与串联供电

3）制成不同量程的电流表

要测量电路中的电流，需将电流表串接在电路中。由于表头的满偏电流 I_g 很小（如几百微安），不能直接测量大于满偏电流 I_g 的电流。若在电流表两端并接一个分流电阻（称为分流器），按一定分流比分流，就可以扩大电流表的量程。

实例 2-5 如图 2-7 所示，有一满偏电流 $I_g = 100\,\mu\mathrm{A}$，内阻 $R_i = 800\,\Omega$ 的表头，若要改装成能测量 1mA 的电流表，问需要并联多大的电阻？

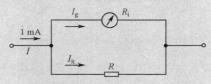

图 2-7 电流表的分流器

解 要改成 1mA 的电流表，应使 1mA 的电流通过电路时，表头指针刚好指向满偏刻度，则通过分流电阻 R 的电流为：

$$I_R = I - I_g = 1 \times 10^3 - 100 = 900\,\mu\mathrm{A}$$

根据分流公式 $\dfrac{I_g}{I_R} = \dfrac{R}{R_i}$，得：

$$R = \frac{I_g}{I_R}R_i = \frac{100}{900} \times 800 \approx 88.9\,\Omega$$

即在表头两端需并联一个 $88.9\,\Omega$ 的电阻，可扩大量程为 1mA。

2.1.3 电阻混联电路

在一个电路中，既有电阻的串联，又有电阻的并联，这样的电路称为电阻的混联电路。常见的电灯电路如考虑传输线的电阻，如图 2-8 所示，实际上是电阻的混联电路。

1. 混联电路等效电阻

电阻混联电路可化简为一个等效电阻。图 2-9 表示图 2-8 电阻混联电路的简化过程。

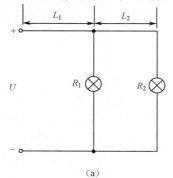

（a）

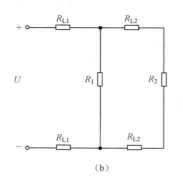

（b）

扫一扫看
电阻的混
联微视频

图2-8　电阻混联电路

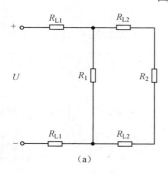

（a）

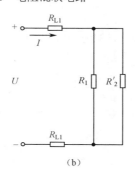

（b）

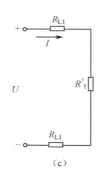

（c）

（d）

图2-9　混联电路的等效电阻

（1）将部分串联电阻等效为一个电阻，例如，将R_{L2}、R_{L2}和R_2等效为：

$$R_2' = R_{L2} + R_2 + R_{L2}$$

（2）将部分并联电阻等效为一个电阻，例如，将并联电阻R_2'与R_1等效为：

$$R_1' = \frac{R_1 R_2'}{R_1 + R_2'} = R_1 // R_2'$$

（3）将串联各段已简化的等效电阻等效为一个电阻，即为混联电路的等效电阻，例如将两个R_{L1}和R_1'等效为：

$$R = R_{L1} + R_1' + R_{L1}$$

扫一扫看有
短路线时的
等效电阻计算

2．混联电路的计算

对电阻混联电路进行计算时，一般要先算出电路的等效电阻和电流，然后根据串联电路中的分压关系和并联电路中的分流关系，分别计算出各部分的电压和电流。

实例2-6　如图2-10所示，已知$R = 44\,\text{k}\Omega$，$R_2 = 5\,\text{k}\Omega$，$R_3 = 20\,\text{k}\Omega$，电压$U = 12\,\text{V}$，求：（1）各支路中的电流；（2）如其他参数不变，只改变R使R_3中的电流增加一倍，问此时R应为何值？

解　（1）电路的等效电阻为：

$$R' = R + R_2 // R_3 = 44 + 5 // 20 = 48\,\text{k}\Omega$$

则电路中的总电流（通过R）为：

$$I = \frac{U}{R'} = \frac{12}{48 \times 10^3} = 250 \, \mu A$$

根据并联电路的分流关系求各支路电流：

$$I_2 = \frac{R_3}{R_2 + R_3} I = \frac{20}{20 + 5} \times 250 = 200 \, \mu A$$

$$I_3 = \frac{R_2}{R_2 + R_3} I = \frac{5}{20 + 5} \times 250 = 50 \, \mu A$$

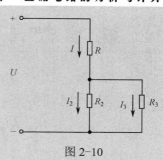

图 2-10

（2）欲使 R_3 中的电流增加 1 倍，即 $I_3' = 2I_3$，则 R_3 两端的

电压为：

$$U_3 = I_3' R_3 = 2I_3 R_3 = 2 \times 50 \times 10^{-6} \times 20 \times 10^3 = 2 \, V$$

因 R_2 与 R_3 并联，所以 U_3 就是 R_2 两端的电压，此时通过 R_2 的电流为：

$$I_2' = \frac{U_3}{R_2} = \frac{2}{5 \times 10^3} = 400 \, \mu A$$

电路的总电流为：
$$I' = I_2' + I_3' = 400 + 100 = 500 \, \mu A$$

电阻 R 变为 R' 时，其两端电压为：$U_1 = U - U_3 = 12 - 2 = 10 \, V$

故所求电阻：$R_1' = \frac{U_1}{I} = \frac{10}{500 \times 10^{-6}} = 20 \, k\Omega$

即当 R 变为 $20 \, k\Omega$ 时，通过 R_3 的电流增加一倍。

3．电阻混联电路的功率

电路中的总功率是各电阻上功率的总和。

4．电阻混联电路的应用

如图 2-11 所示，是一个用电阻混联构成的实际分压器，这个分压器的特点是：当开关 S 分别在 1、2、3 位置时，输出端的等效电阻接近于恒值（$5 \, \Omega$），相应的输出电压 U_{o1}、U_{o2}、U_{o3} 都取自该恒定输出电阻两端，而且当 c、d 端不接负载时输出电压 $\frac{U_{o3}}{R_{o2}} = \frac{1}{10}$，

$\frac{U_{o2}}{R_{o1}} = \frac{1}{10}$（此式同学们可以自己计算）；当接上负载后，输出电压分别为 U_{o1}'、U_{o2}'、U_{o3}'，但它们之间的比值 $\frac{U_{o3}'}{R_{o2}'}$ 和 $\frac{U_{o2}'}{R_{o1}'}$ 仍等于 $\frac{1}{10}$，即保持分压比不变。这通过单纯采用电阻串联分压器是办不到的。

> **❓ 思考题 2-1**
>
> 1．如图 2-2 中，当 R_1 为 ∞ 时，U_1 是否也等于 ∞，为什么？
>
> 2．有两个电阻 $R_1=90 \, \Omega$、$R_2=10 \, \Omega$ 并连接于电源。问：（1）其等效电阻是否为 $100 \, \Omega$？（2）R_1 阻值大，是否消耗的功率也大？为什么？

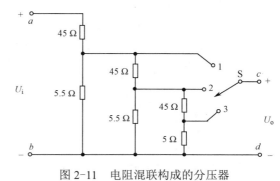

图 2-11　电阻混联构成的分压器

2.2　基尔霍夫定律

扫一扫下载基尔霍夫定律教学课件

扫一扫看基尔霍夫电流定律的仿真验证

前面讨论的都是一些简单电路，运用欧姆定律和电阻串并联关系，就能进行电路计算。如图2-12所示的电路，就不能直接用电阻串并联方法进行简化，这类电路称为复杂电路。

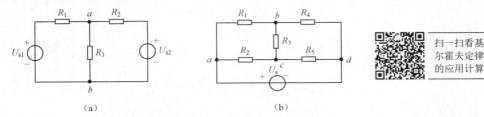

扫一扫看基尔霍夫定律的应用计算

图2-12　复杂电路

下面讨论复杂电路计算的基本原理和方法。

基尔霍夫定律是电路的基本定律，包括基尔霍夫电流定律和基尔霍夫电压定律。基尔霍夫电流定律阐明了有关电路中电流之间的关系，也称为节点电流定律。基尔霍夫电压定律阐明了有关回路中电压之间的关系，也称为回路电压定律。

在讨论基尔霍夫定律前，先说明如图2-12所示电路的结构要素。

（1）支路：电路中每个分支称为支路，在一个支路里流过同一电流。含有电源的支路，如图2-12（a）含电源U_{s1}的支路，称为有源支路；不含电源的支路，如图2-12（b）的R_3支路，称为无源支路。

（2）节点：三个或三个以上支路的连接点称为节点。如图2-12（a）所示电路只有a、b两个节点，图2-12（b）则有a、b、c、d四个节点。

（3）回路：电路中任何一个闭合路径称为回路，如图2-12（a）共有三个闭合回路，图2-12（b）则有七个回路。

（4）网孔：回路内没有包围别的支路的回路，称为网孔，如图2-12（a）共有二个网孔，图2-12（b）则有三个网孔。

2.2.1　基尔霍夫电流定律（KCL）

扫一扫看基尔霍夫电流定律微视频

基尔霍夫电流定律是确定节点处电流之间关系的一个定律。这个定律指出：在任一时刻，对电路中的任一节点，流入节点的电流必定等于流出节点的电流。

如图2-13所示节点P，则有：

$$I_1 + I_2 = I_3 + I_4 + I_5$$

上式可改写为：

$$I_1 + I_2 - I_3 - I_4 - I_5 = 0$$

上式各个电流前面出现的正负号表明：若电流流入节点的方向作为电流的参考方向，定为正值，则电流流出节点的方向与参考方向相反，就为负值。

以上说明，基尔霍夫电流定律也可表述为：在任一时刻，对电

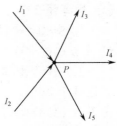

图2-13　电路的节点

路中的任一节点，电流的代数和恒等于零，即：

$$\sum I = 0 \tag{2-18}$$

其实，节点电流定律在讨论并联电路的电流特点时已经阐明：并联电路的总电流等于各并联支路电流之和。

基尔霍夫电流定律实际上是电流连续性的表现。它一般应用于节点，也可推广应用于任一闭合系统，如图 2-14 所示。只要把电路的任一部分用一闭合面包围起来，则同样存在：流入这个闭合面的电流代数和等于零。对于图 2-14（a）电路有 $I_1+I_2=I_3$，对于图 2-14（b）电路有 $I_b+I_c=I_e$。

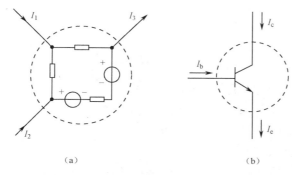

（a）　　　　　　　　　　　　（b）

图 2-14　基尔霍夫电流定律

扫一扫看基尔霍夫电压定律微视频

扫一扫看基尔霍夫电压定律的仿真验证

2.2.2　基尔霍夫电压定律（KVL）

基尔霍夫电压定律是阐明闭合回路中各部分电压之间关系的定律，又称为回路电压定律。这个定律指出：在任一时刻，电路中任一闭合回路内各段电压的代数和恒等于零。用式表示为：

$$\sum U = 0 \tag{2-19}$$

这个定律说明：电路各段有一定的电压（电位差），电路中零电位参考点选定后，电路中各点的电位只有一个值。因而从回路中某一点开始绕行回路一周（回到开始点），总的电位变化为零。就如图 2-15（a）所示的电路而言，在闭合回路内依 abcdea 方向绕行一周，各段电压的代数和（电位变化总和）为零，即：

$$U_{ab} + U_{bc} + U_{cd} + U_{de} + U_{ea} = (V_a - V_b) + (V_b - V_c) + (V_c - V_d) + (V_d - V_e) + (V_e - V_a) = 0 \tag{2-20}$$

这个结论同样适合于图 2-15（b）所示电路。

所谓电压的代数和，是因为电压的正负与绕行回路的方向有关。现规定：

（1）对于电阻上的电压，若绕行方向与电流方向相同，视为电位降落，在 IR 前取正号；若绕行方向与电流方向相反，视为电位升高，在 IR 前取负号。

（2）对于电源两端的电压，若绕行方向与电源方向相同，为电位升高，即负的电位降落，在 U_s 前取负号；若绕行方向与电源方向相反，为电位降落，在 U_s 前取正号。

根据上述规定，式（2-20）各段电压分别为：

$$U_{ab} = V_a - V_b = -I_1 R_1$$
$$U_{bc} = V_b - V_c = I_2 R_2$$

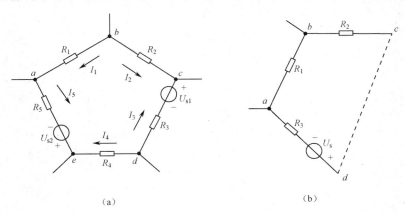

图 2-15　基尔霍夫电压定律

$$U_{cd} = V_c - V_d = U_{s1} - I_3 R_3$$
$$U_{de} = V_d - V_e = I_4 R_4$$
$$U_{ea} = V_e - V_a = -I_5 R_5 + U_{s2}$$

将上述各段电压代入式（2-20），得：

$$-I_1 R_1 + I_2 R_2 + U_{s1} - I_3 R_3 + I_4 R_4 - I_5 R_5 + U_{s2} = 0$$

移项得：

$$-I_1 R_1 + I_2 R_2 - I_3 R_3 + I_4 R_4 - I_5 R_5 = -U_{s1} - U_{s2}$$

或写成：

$$\sum IR = \sum U_s \tag{2-21}$$

从而得到基尔霍夫电压定律的又一表述：在闭合回路中，绕回路的电位降的代数和等于电位升的代数和。（注意，此时 U_s 的正负号与上述规定相反）。

```
　🯄 思考题 2-2
　　1. 什么是基尔霍夫定律？
　　2. 基尔霍夫定律是否只适用于直流电路？
```

2.3　Y-△形网络的等效变换

扫一扫下载 Y-△形网络等效变换教学课件

　　在复杂电路中，部分电路具有三个端点，含有三个无源支路，这三个支路或接成三角形（△形），或接成星形（Y形），如图 2-16 所示。

　　△形网络与 Y 形网络可以互相等效变换，即把△形网络等效变换成 Y 形网络，或者把 Y 形网络等效变换成△形网络。所谓等效变换，就是要求它们互相变换后，其外部性能必须相同，并不影响其余未参加变换的电路元件上的电压和电流。

　　因此，等效变换的条件是使变换前后的端点间电压和节点电流都保持不变。如图 2-16 所示，对应端（如节点 1、2、3）流入或流出的电流（如 I_1、I_2、I_3）一一相等，对应端间的电压（如 U_{12}、U_{23}、U_{31}）也一一相等。

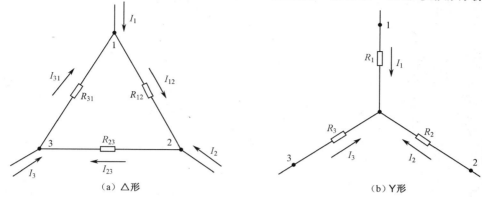

（a）△形　　　　　　　　　　　（b）Y形

图 2-16　△形和 Y 形电路

当满足上述条件后，在△形和 Y 形电路两种接法中，对应两端点间的等效电阻也相等。如图 2-16 所示，假设其中一端（如节点 3）开路时，则其他两端（即 1 和 2）之间的等效电路为：

$$\frac{R_{12}(R_{23}+R_{31})}{R_{12}+R_{23}+R_{31}} = R_1 + R_2$$

用同样方法可以得到：

$$\frac{R_{23}(R_{31}+R_{12})}{R_{12}+R_{23}+R_{31}} = R_2 + R_3$$

$$\frac{R_{31}(R_{12}+R_{23})}{R_{12}+R_{23}+R_{31}} = R_3 + R_1$$

解以上三式，整理可得：

$$
\begin{cases}
R_1 = \dfrac{R_{12}R_{31}}{R_{12}+R_{23}+R_{31}} \\[2mm]
R_2 = \dfrac{R_{23}R_{12}}{R_{12}+R_{23}+R_{31}} \\[2mm]
R_3 = \dfrac{R_{31}R_{23}}{R_{12}+R_{23}+R_{31}}
\end{cases}
\tag{2-22}
$$

这是从△形网络等效变换成 Y 形网络的关系式。

$$
\begin{cases}
R_{12} = \dfrac{R_1R_2+R_2R_3+R_3R_1}{R_3} \\[2mm]
R_{23} = \dfrac{R_1R_2+R_2R_3+R_3R_1}{R_1} \\[2mm]
R_{31} = \dfrac{R_1R_2+R_2R_3+R_3R_1}{R_2}
\end{cases}
\tag{2-23}
$$

这是从 Y 形网络等效变换成△形网络的关系式。

如果 $R_{12} = R_{23} = R_{31} = R_\triangle$，则从公式（2-22）可知：

$$R_1 = R_2 = R_3 = \frac{R_\triangle}{3} \tag{2-24}$$

反之，如果 $R_1 = R_2 = R_3 = R_Y$，则从公式（2-23）可知：

$$R_{12} = R_{23} = R_{31} = 3R_Y \tag{2-25}$$

实例 2-7　如图 2-17（a）所示，已知 $R_1 = 10\,\Omega$，$R_2 = 30\,\Omega$，$R_3 = 60\,\Omega$，$R_4 = 4\,\Omega$，$R_5 = 55\,\Omega$，试求 a、c 两端的等效电阻。

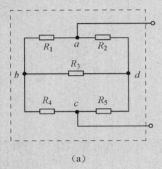
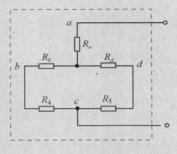
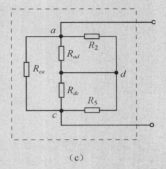

（a）　　　　　　　　　　　（b）　　　　　　　　　　　（c）

图 2-17　求网络的等效电阻

解　为了求等效电阻，可以把图 2-17（a）中的△形电路 abd 等效变换成 Y 形电路，如图 2-17（b）所示，也可以将 Y 形电路（端点为 adc，中心点为 b）等效变换成△形电路，如图 2-17（c）所示。现分别计算如下。

（1）把图 2-17（a）所示△形 abd 电路，等效变换成图 2-17（b）所示 Y 形电路，根据对应电阻的值（$R_{ab} － R_1$，$R_{bd} － R_3$，$R_{da} － R_2$），由公式（2-22）得：

$$R_a = \frac{R_{ab}R_{da}}{R_{ab} + R_{da} + R_{bd}} = \frac{10 \times 30}{10 + 30 + 60} = 3\,\Omega$$

$$R_b = \frac{R_{bd}R_{ab}}{R_{ab} + R_{da} + R_{bd}} = \frac{60 \times 10}{10 + 30 + 60} = 6\,\Omega$$

$$R_d = \frac{R_{da}R_{bd}}{R_{ab} + R_{da} + R_{bd}} = \frac{60 \times 30}{10 + 30 + 60} = 18\,\Omega$$

则 a、c 二端的等效电阻为：

$$R = R_a + \frac{(R_b + R_4)(R_d + R_5)}{(R_b + R_4) + (R_d + R_5)} = 3 + \frac{10 \times 73}{10 + 73} \approx 11.8\,\Omega$$

（2）将图 2-17（a）所示 Y 形电路（端点 adc），等效变换成图 2-17（c）所示△形电路，根据对应电阻的值（$R_a － R_1$，$R_d － R_3$，$R_c － R_4$），由公式（2-23）得：

$$R_{ad} = \frac{R_aR_d + R_dR_c + R_cR_a}{R_c} = \frac{10 \times 60 + 4 \times 60 + 4 \times 10}{4} = 220\,\Omega$$

$$R_{dc} = \frac{R_aR_d + R_dR_c + R_cR_a}{R_a} = \frac{10 \times 60 + 4 \times 60 + 4 \times 10}{10} = 88\,\Omega$$

$$R_{ca} = \frac{R_aR_d + R_dR_c + R_cR_a}{R_d} = \frac{10 \times 60 + 4 \times 60 + 4 \times 10}{60} \approx 14.7\,\Omega$$

再求 a、c 二端的等效电阻：

$$R = ((R_{ad}//R_2) + (R_{dc}//R_5))//R_{ca} \approx 11.8\,\Omega$$

用两种方法求解网络等效电阻，结果均为 $11.8\,\Omega$。

思考题 2-3

1. 写出电阻的 Y 形连接等效变换为 △ 形连接的计算公式。

2. 为什么 △ 形连接等效变换为 Y 形连接后对应的电阻值变小？

2.4　电路中各电位的分析与计算

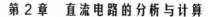

扫一扫下载电路中各电位分析与计算教学课件

电压对于电路的工作状态有着决定意义。在电子电路中，还直接利用电位来进行分析，按照电路各点相对电位的高低来分析电路的工作状态，如图 2-18 所示的二极管电路，要了解电阻 R 中有无电流流过，就必须知道二极管两端点的电位高低。只有当阳极电位高于阴极时，方有电流通过；反之，阴极电位高于阳极，二极管就没有电流通过。

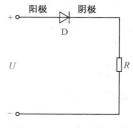

图 2-18　二极管电路

2.4.1　电路中各点的电位

电压是电路中两点之间的电位差，设电路中某两点 A、B 之间的电位差是 5 V，只要满足这两点的电压等于 5 V 的任何电位值都是成立的，这就意味着电位有许许多多的答案。所以电位是相对的，电压是绝对的。但是如果电路中某一点的电位值一经指定，则电路中各点的电位值就相应地被严格地确定了。因此，要选定电路某点为参考点，并指定其电位为零，并用符号"⊥"或"⏚"表示，则电路中任一点对零电位的电位差就是该点的电位。

原则上零电位点是任意选择的，但为了统一，规定大地的电位为零，凡设备与地相连的点均作为零电位点。在电子线路中，线路并不一定接地，但有很多元件都汇集在一条公共线上，这条公共线也常称作为"地线"，作为零电位的参考点。

必须指出，在公共电源线路中，只能有一个参考点；由于各点电位是相对于零电位参考点而言的，所以电位值可能为正（比参考点的电位高），也可能为负（比参考点的电位低）。

2.4.2　电路中各点电位的计算

扫一扫看电路中电位分析微视频

1. 简单电路的电位计算

如图 2-19 所示电路，设 d 点电位为零，并假定这些电路的电阻、电流和电源电压为已知，求图示电路中 c 点和 b 点的电位。

（1）图 2-19（a）所示电路，c、d 两点间有电阻 R，电流从 c 点流向 d 点，故 c 点电位高于 d 点，V_c 为正值：

$$V_c = +IR$$

作电位图如图 2-19（a′）所示，横坐标表示电阻值，纵坐标表示电位值。

（2）在图 2-19（b）中，c、d 两点间有电阻 R，电流从 d 点流向 c 点，故 c 点电位低于 d 点，V_c 为负值：

$$V_c = -IR$$

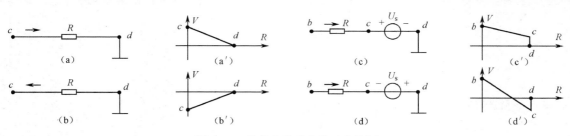

图 2-19　简单电路的电位及电位图

电位图如图 2-19（b′）所示。

（3）图 2-19（c）所示电路，它有电源和电阻两个元件，可以看成两段，第一段 c、d 间有一电源 U_s，d 点是电源 U_s 的负极，c 点是电源的正极，所以 c 点电位高于 d 点为正值，即：

$$V_c = +U_s$$

第二段 b、c 间为电阻 R，电流从 b 点流向 c 点，b 点电位较 c 点高，则 b 点电位为：

$$V_b = V_c + IR = U_s + IR$$

电位图如图 2-19（c′）所示。

（4）图 2-19（d）所示电路，它与（c）图的不同之处就是电源方向相反，d 点是电源 U_s 的正极，c 点是电源的负极，所以 c 点对于 d 点而言其电位为负值，故：

$$V_c = -U_s$$

而 b 点电位较 c 点电位高，则 b 点电位为：

$$V_b = V_c + IR = -U_s + IR$$

电位图如图 2-19（d′）所示。

通过以上计算，可以得出求电位的方法如下：

（1）欲求电路中各点电位，必须选定零电位点，以零电位点为参考点，依次求各点电位。

（2）U_s 和 IR 之前冠以正号还是负号，决定于电位的高低，所求点的电位高于已知点的电位时为正号；反之取负号。

（3）电位高低的确定，对于电阻元件，认定电流从高电位点流向低电位点，电流流入端的电位高于流出端的电位；对于电源元件，认定正极电位高于负极，不必考虑电流方向。

2．完整电路的电位计算

下面通过一个实例来说明完整电路的电位计算方法。

实例 2-8　如图 2-20 所示电路的电阻、电源和电流均已知，根据上述求电位的方法，计算出各点的电位。

解　设 d 点为零电位，a 点电位高于 d 点电位：

$$V_a = U_{s1}$$

b 点电位高于 d 点电位：

$$V_b = +I_3 R_3$$

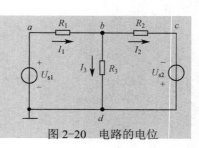

图 2-20　电路的电位

c 点电位低于 d 点电位：

$$V_c = -U_{s2}$$

以上 a、b、c 三点的电位是分别通过最简单的路径获得的，例如 b 点的电位不仅可沿 R_3 这条路径求得，而且也可以沿路径 dab 求得，其结果是完全一致的。

由此可得出求电位的另一个规律：求某点的电位，只与零电位的参考点有关，与所谓路径无关。为方便起见，尽量选取最简单的路径。

实例 2-9　如图 2-21（a）所示电路，当开关 S 断开和接通时，分别求 a 点的电位。已知：$R_1 = 2\,\text{k}\Omega$，$R_2 = 15\,\text{k}\Omega$，$R_3 = 51\,\text{k}\Omega$，$U_{s1} = 15\,\text{V}$，$U_{s2} = 6\,\text{V}$。

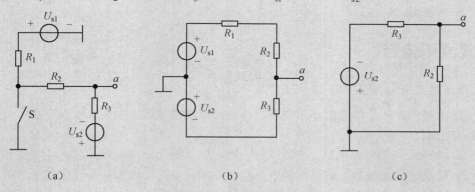

（a）　　　　　　　　　　（b）　　　　　　　　　　（c）

图 2-21　求电路的电位

解　电路已有接地符号，所有接地的点实际上都是连接在一起的。

（1）求开关 S 断开时 a 点的电位，这时电路简化为如图 2-21（b）所示，电源 U_{s1} 和 U_{s2} 顺向连接，电流为：

$$I = \frac{U_{s1} + U_{s2}}{R_1 + R_2 + R_3} = \frac{15 + 6}{(2 + 15 + 51) \times 10^3} \approx 0.31\,\text{mA}$$

沿 U_{s2}、R_3 路径得 a 点的电位：

$$V_a = -U_{s2} + IR_3 = -6 + 0.31 \times 10^{-3} \times 51 \times 10^3 = 9.81\,\text{V}$$

（2）求开关 S 接通时 a 点的电位，这时电路可简化为如图 2-21（c）所示，U_{s1} 产生的电流不会通过 R_2 和 R_3，所以只要计算在 U_{s2} 作用下 R_2 和 R_3 中的电流：

$$I = \frac{U_{s2}}{R_2 + R_3} = \frac{6}{(15 + 51) \times 10^3} \approx 0.091\,\text{mA}$$

沿 U_{s2}、R_3 路径得 a 点的电位：

$$V_a = -U_{s2} + IR_3 = -6 + 0.091 \times 10^{-3} \times 51 \times 10^3 = -1.359\,\text{V}$$

2.4.3　等电位点

电路中电位相等的点称为等电位点，例如图 2-22 中的 a、b、c 三点，它们的电位分别为：

$$V_a = \frac{12}{6} \times 4 = 8\,\text{V}, \quad V_b = \frac{12}{12} \times 8 = 8\,\text{V}, \quad V_c = \frac{12}{9} \times 6 = 8\,\text{V}$$

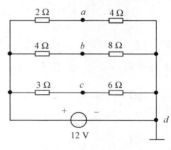

这三点的电位相等，是等电位点。等电位点的特点是：各点之间虽然没有直接相连，但其电位相等，电压等于零，若用导线将这些点直接连接起来，不会影响电路的工作状态，如将连接导线换成电阻，电阻中也不会有电流。

图 2-22　等电位点

> **思考题 2-4**
>
> 1. 请叙述电压与电位的共同点和不同点。
> 2. 在求某一电路某一点的电位时，能否将参考点设在电源的正端？
> 3. 如何理解"$V_a-V_b=U_{ab}$"这一公式？

2.5　支路电流法

 扫一扫下载支路电流法教学课件

 扫一扫看支路电流法微视频

1. 什么是支路电流法

以支路电流为未知量，根据基尔霍夫定律列出电路的性能方程，从而直接解出电流的方法叫支路电流法。

一个有 m 条支路的复杂电路，应用基尔霍夫定律只能列出 m 个独立方程，但实际可能列出的方程数目要多于支路数，这说明其中一部分不是独立的。因此，必须遵循下列规则：

（1）应用基尔霍夫电流定律于 n 个节点的电路时，只能取 $(n-1)$ 个节点列出电流方程。因为余下的一个节点的电流关系已包括在 $(n-1)$ 个方程中。

（2）不足的方程数可应用基尔霍夫电压定律列出，但选取的每一个回路中，如有一个为其他回路所未包含的新支路，则该回路电压方程必定是独立的。

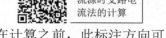 扫一扫看有恒流源时支路电流法的计算

2. 支路电流法解题步骤

（1）根据电路图，标注支路电流的正方向（即参考方向）。在计算之前，此标注方向可任意假定，如计算结果是负值，表示电流标注方向与实际方向相反。

（2）若电路有 n 个节点，根据基尔霍夫电流定律，列出 $(n-1)$ 个节点电流方程。

（3）选择适当回路，一般以网孔（即不框入其他任何支路的闭合回路）为宜，根据基尔霍夫电压定律列出回路方程式。如 m 个支路电流，须列出 $[m-(n-1)]$ 个独立电压方程式。

（4）解方程组，求出未知电流。

实例 2-10　如图 2-23 所示的复杂电路，用支路电流法求各支路电流。

已知：$U_{s1}=12\text{ V}$，$U_{s2}=7.5\text{ V}$，$U_{s3}=1.5\text{ V}$，$R_1=0.1\,\Omega$，$R_2=0.2\,\Omega$，$R_3=0.1\,\Omega$，$R_4=2\,\Omega$，$R_5=6\,\Omega$，$R_6=10\,\Omega$。

解　（1）标出各支路的电流方向，如图 2-23 所示；

（2）根据基尔霍夫电流定律，列出 $(n-1)$ 个节点电流方程，取 a、b、c 三个节点。

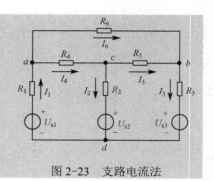

图 2-23　支路电流法

对于节点 a：$\qquad\qquad\qquad I_1 - I_4 - I_6 = 0$

对于节点 c：$\qquad\qquad\qquad I_4 - I_2 - I_5 = 0$

对于节点 b：$\qquad\qquad\qquad I_5 + I_6 - I_3 = 0$

（3）根据基尔霍夫电压定律，列出三个独立的回路电压方程，取网孔 $acda$、$cbdc$、$abca$ 三个回路，分别列出回路方程：

$$R_4 I_4 + R_2 I_2 + R_1 I_1 = U_{s1} - U_{s2}$$
$$R_5 I_5 + R_3 I_3 - R_2 I_2 = U_{s2} - U_{s3}$$
$$R_6 I_6 - R_5 I_5 - R_4 I_4 = 0$$

以上为彼此独立的六个方程。

将已知数据代入上述方程式中，得下列各式：

$$I_1 - I_4 - I_6 = 0$$
$$I_4 - I_2 - I_5 = 0$$
$$I_5 + I_6 - I_3 = 0$$
$$0.1I_1 + 0.2I_2 + 2I_4 = 12 - 7.5$$
$$-0.2I_2 + 0.1I_3 + 6I_5 = 7.5 - 1.5$$
$$-2I_4 - 6I_5 + 10I_6 = 0$$

解上述方程组得：

$$I_1 = 3\,\text{A}，\quad I_2 = 1\,\text{A}，\quad I_3 = 2\,\text{A}，\quad I_4 = 2\,\text{A}，\quad I_5 = 1\,\text{A}，\quad I_6 = 1\,\text{A}$$

❓ 思考题 2-5

1. 在一个有 4 条支路的复杂电路中，以各支路电流为未知数，能列出几个独立方程？

2. 写出用支路电流法求解电流的步骤。

3. 电路如图 2-24 所示，试列出用支路电流法求解各支路电流的方程。

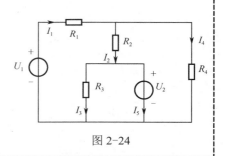

图 2-24

2.6 电源的等效变换

2.6.1 两种实际电源的等效变换

事实上，理想电源在现实中并不存在。例如，干电池这种实际的直流电源，当接通负载后，其端电压就会降低，这是因为电池内部存在电阻的缘故。考虑到实际电源也有消耗能量的特性，实际电压源可以用一个理想电压源 U_s 和一个内阻 R_i 相串联的模型来表示，如图 2-25（a）所示。而实际电流源可以用一个理想电流源 I_s 和一个内阻 R_i' 相并联的模型来表示，如图 2-25（b）所示。

根据等效变换的条件，若在两个电路中加相同的电压 U，则它们对外应产生相同的电流 I。在图 2-25（a）中，有：

$$U = U_s - R_i I$$

在图 2-25（b）中，有：

$$U = R_i'(I_s - I) = R_i'I_s - R_i'I$$

根据以上二式，要使两个电路等效，则有：

$$\begin{cases} U_s = R_i'I_s \\ R_i = R_i' \end{cases} \quad 或 \quad \begin{cases} I_s = \dfrac{U_s}{R_i} \\ R_i = R_i' \end{cases} \quad (2\text{-}26)$$

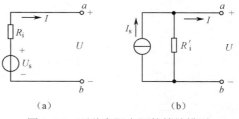

图 2-25　两种实际电源的等效模型

以上就是两种电源模型等效变换的条件。

在变换过程中要注意，如果 a 点是电压源的正极，变换后电流源电流的参考方向应指向 a 点，如图 2-25 所示。

> ⚠ **注意**　（1）理想电压源和理想电流源是无法变换的，因为理想电压源的电压为固定值，理想电流源的电流为固定值，两者不能等效变换。
>
> （2）电压源与电流源的等效变换关系，只是在保持外电路的电压和电流一致的情况下才成立。所以，它们只是对外电路来说是等效的，对于电源内部并不等效。

实例 2-11　应用电源等效变换方法分析如图 2-26 所示的有源线性电路，试用电源的等效变换法求 5Ω 电阻支路的电流 I 和电压 U。

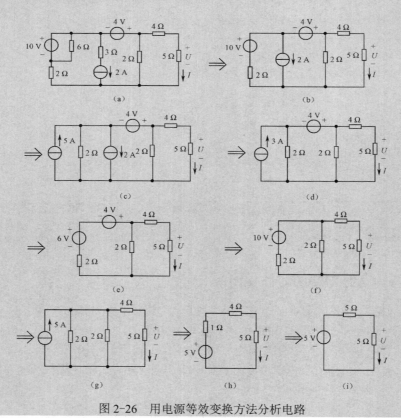

图 2-26　用电源等效变换方法分析电路

解 分析时将待求支路固定不动，其余部分按"由远而近"，逐步进行简化，最后成为单回路等效电路。

（1）将图 2-26（a）中的 6 Ω 电阻拆除，并将 3 Ω 电阻置零（为什么？），得到如图 2-26（b）所示等效电路；

（2）将图 2-26（b）中的 10 V 电压源模型支路等效变换成为电流源模型支路，得到如图 2-26（c）所示等效电路；

（3）将图 2-26（c）中的 5 A 和 2 A 电流源合并，得到图 2-26（d）所示等效电路；

（4）将图 2-26（d）中的 3 A 和 2 Ω 电流源模型等效变换成电压源模型，得到如图 2-26（e）所示等效电路；

（5）将图 2-26（e）中的 6 V 和 4 V 两个电压源合并为一个 10 V 的电压源，得到图 2-26（f）所示等效电路；

（6）将图 2-26（f）中 10 V 和 2 Ω 支路电压源模型等效变换成电流源模型，得到图 2-26（g）所示等效电路；

（7）将图 2-26（g）中的两个 2 Ω 并联电阻等效为一个 1 Ω 电阻，并将与 5 A 电流源模型等效变换成电压源模型，得到如图 2-26（h）所示等效电路；

（8）将图 2-26（h）中的 1 Ω、4 Ω 两个串联电阻合并为一个 5 Ω 电阻，得到最简单的单回路等效电路，如图 2-26（i）所示。

所以，流过 5 Ω 电阻上的电流 I 为：

$$I = \frac{5}{5+5} = 0.5 \text{ A}$$

5 Ω 电阻上的电压 U 为：$\quad U = RI = 5 \times 0.5 = 2.5 \text{ V}$

2.6.2 几种含源支路的等效变换

如图 2-27 所示，根据等效变换的条件，图 2-27（a）所示的电路可以等效变换成图 2-27（b）所示的电路；图 2-27（c）所示的电路可以等效变换成图 2-27（d）所示的电路。由此得出结论：电流源与任何线性元件串联时，都可对外等效成电流源。

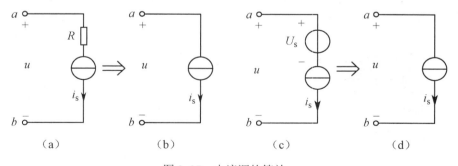

图 2-27 电流源的等效

如图 2-28 所示，根据等效变换的条件，图 2-28（a）所示的电路可以等效变换成图 2-28（b）所示的电路；图 2-28（c）所示的电路可以等效变换成图 2-28（d）所示的电路。由此得出结论：电压源与任何线性元件并联时，都可对外等效成电压源。

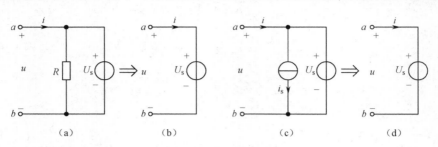

图 2-28　电压源的等效

扫一扫看理想电源等效变换的微视频

2.6.3　受控源的等效变换

与实际电源一样，实际受控电压源可以等效成受控电压源和一个电阻串联的电路模型，如图 2-29（a）所示；实际受控电流源可以等效成受控电流源和一个电阻并联的电路模型，如图 2-29（b）所示。与实际电源等效变换类似，一个实际受控电压源可以和一个实际受控电流源进行等效变换。变换的方法是将受控源看成独立源。如图 2-29 所示，图（a）和图（b）等效变换的条件是：

$$\begin{cases} I = \dfrac{AU}{R_i} \\ R_i = R_i' \end{cases} \tag{2-27}$$

需要注意的是：在实际受控源等效变换过程中，一定要把受控源的控制量所在的电路保留。在图 2-29 中，电压 U 为外电路上某一电压，在等效变换时，电压 U 所在电路提供电压不变。而如图 2-30 所示电路就不能用上述方法进行等效变换，因为变换后，电阻 R_i 两端的电压 U 也改变了。

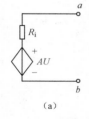

（a）

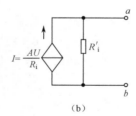

（b）

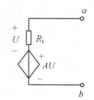

扫一扫看有恒压源或恒流器时的电源变换

图 2-29　实际受控源等效　　　图 2-30　含受控源电路

> ❓ **思考题 2-6**
>
> 1. 理想电压源与理想电流源之间能否相互等效变换？为什么？
>
> 2. 等效化简图 2-31 所示的电路。
>
> 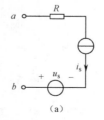　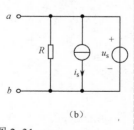
>
> （a）　　　　　　　　（b）
>
> 图 2-31

2.7 回路电流法

支路电流法是解电路的基本方法，但当求解的未知数较多时，其解答过程比较烦琐。回路电流法就是为了减少联立方程的个数、应用基尔霍夫定律作为电路计算的另一种方法。

1．什么是回路电流法

回路电流法：以假设的回路电流为未知量，应用基尔霍夫电压定律写出回路的性能方程，从而解出回路电流的方法。至于各支路电流则是该支路上各回路电流的代数和。

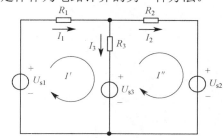

图 2-32 所示电路，可看作由回路 1 和回路 2 组成。在这两个回路中分别环绕着回路电流 I' 和 I''，显然，$I'=I_1$，$I''=I_2$，$I_3=I'-I''$，列回路电压方程如下。

图 2-32　回路电流法

回路 1：　　　　　　$I'R_1+(I'-I'')R_3=U_{s1}-U_{s3}$

回路 2：　　　　　　$I''R_2+(I''-I')R_3=U_{s3}-U_{s2}$

经整理得：

$$\begin{cases}(R_1+R_3)I'-R_3I''=U_{s1}-U_{s3}\\-R_3I'+(R_2+R_3)I''=U_{s3}-U_{s2}\end{cases} \tag{2-28}$$

令 $R_1+R_3=R_{11}$，$R_2+R_3=R_{22}$，分别称为回路 1、回路 2 的自阻。R_3 为回路 1 和回路 2 所共有，称为互阻，用 $R_{12}=R_{21}=R_3$ 表示。$U_{s1}-U_{s3}$、$U_{s3}-U_{s2}$ 分别为回路 1 和回路 2 的总电源，分别用 $U_{s11}=U_{s1}-U_{s3}$、$U_{s22}=U_{s3}-U_{s2}$ 表示，则式（2-28）可写成：

$$\begin{cases}R_{11}I'-R_{12}I''=U_{s11}\\-R_{21}I'+R_{22}I''=U_{s22}\end{cases} \tag{2-29}$$

解上述方程组，可求得各支路电流。

2．回路电流法解题步骤

（1）选取回路：对于有 m 条支路 n 个节点的电路，回路电压独立方程应有 $[m-(n-1)]$ 个，尽量选取网格回路，每个回路都应有一个新支路。

（2）确定回路电流绕行方向：各回路电流的方向可以任意选取，一般取同一绕向，这样当以网格为回路时在互阻上的电压都为负值，易于记忆。

（3）按 $\sum U_s=\sum RI$ 列出各回路方程式。在自阻上的电压都取正值。在互阻上的电压：若自回路电流与邻回路电流方向一致的取正值，方向相反的取负值。回路内电源：若与回路电流方向一致的，取正值；方向相反的取负值。

（4）对于只求少数支路的电流时，则尽量设法把这些支路作为新支路。

实例 2-12　用回路电流法解图 2-33 电路的各支路电流。已知：$U_{s1}=12\text{ V}$，$U_{s2}=7.5\text{ V}$，$U_{s3}=1.5\text{ V}$，$R_1=0.1\ \Omega$，$R_2=0.2\ \Omega$，$R_3=0.1\ \Omega$，$R_4=2\ \Omega$，$R_5=6\ \Omega$，$R_6=10\ \Omega$。

解　取回路电流分别为 I'、I''、I'''，如图 2-33 所示。

回路 1：$(2+0.2+0.1)I' - 0.2I'' - 2I''' = 12 - 7.5$

回路 2：$-0.2I' + (0.2+6+0.1)I'' - 6I''' = 7.5 - 1.5$

回路 3：$-2I' - 6I'' + (2+6+10)I''' = 0$

即

$$2.3I' - 0.2I'' - 2I''' = 4.5$$
$$-0.2I' + 6.3I'' - 6I''' = 6$$
$$-2I' - 6I'' + 18I''' = 0$$

解得：$I' = 3\,\text{A}$，$I'' = 2\,\text{A}$，$I''' = 1\,\text{A}$

因为 $I' = I_1$，$I'' = I_3$，$I''' = I_6$，$I_4 = I' - I'''$，$I_5 = I'' - I'''$，$I_2 = I' - I''$，则有：$I_1 = 3\,\text{A}$，$I_2 = 1\,\text{A}$，$I_3 = 2\,\text{A}$，$I_4 = 2\,\text{A}$，$I_5 = 1\,\text{A}$，$I_6 = 1\,\text{A}$。

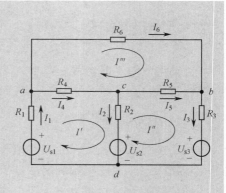

图 2-33　用回路电流法求解

计算结果与支路电流法一致，但求解方程较支路电流法少。

实例 2-13　应用回路电流法求图 2-34 所示电路中通过伏特计 V 的电流。伏特计的内阻 $r_0 = 15\,\text{k}\Omega$。

解　因为求解的只是伏特计上流过的电流，所以应该使伏特计只有一个环流通过，即伏特计作为新支路看待，这样可以减少计算量。选择的回路如图 2-34 所示。

回路 1：$(2+20+50)I' - 20I'' - (20+50)I''' = 230$

即　　$72I' - 20I'' - 70I''' = 230$

回路 2：$-20I' + (20+40+15000)I'' + (20+40)I''' = 0$

即　　$-20I' + 15060I'' + 60I''' = 0$

回路 3：$-(20+50)I' + (20+40)I'' + (20+40+30+50)I''' = 0$

即　　$-70I' + 60I'' + 140I''' = 0$

由以上三个方程解得：$I'' = -0.00413\,\text{A} = -4.13\,\text{mA}$，即流过伏特计的电流约为 4.13 mA。

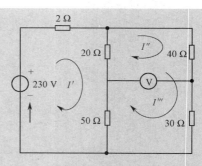

图 2-34　用回路法求解一支路电流

❓ **思考题 2-7**

1. 在电路中，回路与网孔的区别在哪儿？

2. 在图 2-33 的电路中，有几个回路、几个网孔？

2.8　节点电压法

扫一扫下载
节点电压法
教学课件

采用回路电流法，对于有 m 个支路、n 个节点的电路，只需列出 $[m-(n-1)]$ 个方程，就能求解各支路的电流，比用支路电流法要方便得多。但也有这样的电路，即支路较多而节点较少，如图 2-35 所示电路具有 3 个节点、6 条支路，若用回路电流法求解，也须列 4 个独立方程式。若采用节点电压法则更加方便求解。

1. 什么是节点电压法

节点电压法是以基尔霍夫电流定律为基础，先求出各节点与参考点之间的电压，然后运

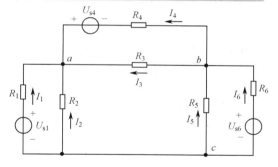

图 2-35　节点电压法

用欧姆定律求出各支路电流的方法。

2．一条支路的电流

对于如图 2-36 所示的一条支路，在电流参数及各点电位已知的情况下，不难求出这条支路中通过的电流。

图 2-36　一条支路的电流

因为：
$$V_j - V_g = -IR , \quad V_g - V_k = U_s$$

所以
$$V_j - V_k = -(IR - U_s)$$

从而有
$$I = (-V_j + V_k + U_s)\frac{1}{R} = (U_s - U_{jk})\frac{1}{R} = (U_s - U_{jk})G \tag{2-30}$$

式（2-30）具有普遍意义。若支路中没有电源，则上式成为：
$$I = -(V_j - V_k)G$$

当 $V_k = 0$ 时，有：
$$I = -V_j G$$

3．节点电压法的一般推导和解题步骤

对于图 2-35 所示具有 3 个节点的电路，可先假定其中一点作为参考点，如 c 点，即 $V_c = 0$，则剩下的 a、b 两点，列出二元一次方程式，就可求出这两点电位。根据基尔霍夫电流定律，可写出节点电流方程式如下。

对节点 a：　　　　$I_1 + I_2 + I_3 + I_4 = 0$

对节点 b：　　　　$-I_3 - I_4 + I_5 + I_6 = 0$ 　　　　　　（2-31）

而电流 $I_1 \sim I_6$，根据式（2-30），并令 $G_1 = 1/R_1$，$G_2 = 1/R_2$，$G_3 = 1/R_3$，$G_4 = 1/R_4$，$G_5 = 1/R_5$，$G_6 = 1/R_6$，则有：
$$I_1 = (U_{s1} - V_a)G_1 , \quad I_2 = -V_a G_2 , \quad I_3 = -(V_a - V_b)G_3$$

$$I_4 = -(V_a - V_b - U_{s4})G_4 , \quad I_5 = -V_b G_5 , \quad I_6 = -(V_b - U_{s6})G_6$$

代入到方程（2-31）式中，便得到求电位的联立方程式：

$$(G_1 + G_2 + G_3 + G_4)V_a - (G_3 + G_4)V_b = U_{s1}G_1 + U_{s4}G_4$$
$$-(G_3 + G_4)V_a + (G_3 + G_4 + G_5 + G_6)V_b = -U_{s4}G_4 + U_{s6}G_6$$

（2-32）

写成一般式：

$$G_{11}V_a + G_{12}V_b = \sum_a U_s G$$
$$G_{21}V_a + G_{22}V_b = \sum_b U_s G$$

（2-33）

式中，$G_{11} = G_1 + G_2 + G_3 + G_4$，是所有汇集到节点 a 的各支路电导的总和，称为节点 a 的自导。$G_{22} = G_3 + G_4 + G_5 + G_6$，是节点 b 的自导。$G_{12} = G_{21} = G_3 + G_4$ 是节点 a 与 b 直接相连接的支路电导总和，称为互导。自导皆为正值，互导皆为负值。

$\sum U_s G$ 是与所考虑的节点相连接的支路中电源和该支路电导乘积的代数和，凡电源指向所考虑的节点的为正，离开该节点的为负。

根据上述规律，就可以按电路图直接列出方程式。其解题步骤为：

（1）选定参考点。

（2）标定支路的电流方向。

（3）列出求解节点电位的方程式。

（4）根据支路两端电位差和本支路中的电流关系式（2-30）即可得出各支路的电流。

实例 2-14 在图 2-35 电路中，$G_1 = 0.1\,S$，$G_2 = 0.05\,S$，$G_3 = 0.25\,S$，$G_4 = 0.2\,S$，$G_5 = 0.1\,S$，$G_6 = 0.5\,S$，$U_{s1} = 50\,V$，$U_{s4} = 20\,V$，$U_{s6} = 30\,V$。求节点电位和各支路电流。

解 设 c 点为参考点，即 c 点为零电位，按式（2-32）列出节点 a 和 b 的联立方程式：

$$(0.1 + 0.05 + 0.25 + 0.2)V_a - (0.25 + 0.2)V_b = 50 \times 0.1 + 20 \times 0.2$$
$$-(0.25 + 0.2)V_a + (0.25 + 0.2 + 0.1 + 0.5)V_b = -20 \times 0.2 + 30 \times 0.5$$

化简得：

$$0.6V_a - 0.45V_b = 9$$
$$-0.45V_a + 1.05V_b = 11$$

解得：

$$V_a \approx 33.68\,V , \quad V_b \approx 24.92\,V$$

则各支路电流：

$$I_1 = (U_{s1} - V_a)G_1 = (50 - 33.68) \times 0.1 = 1.63\,A$$
$$I_2 = -V_a G_2 = -33.68 \times 0.05 = -1.68\,A$$
$$I_3 = -(V_a - V_b)G_3 = -(33.68 - 24.92) \times 0.25 = -2.19\,A$$
$$I_4 = -(V_a - V_b - U_{s4})G_4 = -(33.68 - 24.92 - 20) \times 0.2 = 2.25\,A$$
$$I_5 = -V_b G_5 = -24.92 \times 0.1 = -2.49\,A$$
$$I_6 = -(V_b - U_{s6})G_6 = -(24.92 - 30) \times 0.5 = 2.54\,A$$

4．两节点电路

如图 2-36 所示为两节点电路，它对研究几个电源并联的工作状态极为重要。

设 b 点为零电位参考点，即 $V_b = 0$，则 $U_{ab} = V_a - V_b = V_a$，节点 a 的电位为：

$$V_a = \frac{\sum U_s G}{G_{11}} \qquad (2\text{-}34)$$

即

$$U_{ab} = \frac{U_{s1}G_1 + U_{s2}G_2}{G_1 + G_2 + G_3} \qquad (2\text{-}35)$$

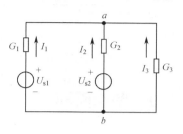

图 2-36　两节点电路

根据（2-30）式可得：

$$I_1 = (U_{s1} - U_{ab})G_1, \quad I_2 = (U_{s2} - U_{ab})G_2, \quad I_3 = -U_{ab}G_3$$

式中 I_1 和 I_2 是含电源电路中的支路，分析以上关系可得：

（1）当电源电压高于节点电压时，该电源的电流是正值，说明电源为供电状态。

（2）当节点间电压高于某一电源电压时，该电源的电流为负值，这个电源将吸收功率，即工作在负载状态。

（3）从电流方程式还可以看出，同时处于供电状态的电源，其输出电流的分配决定于电源电压 U_s 和电源支路电导 G 的大小，U_s 和 G 大时则电流也大。

实例 2-15　两个实际电源的电压值和内阻值为 24 V/0.4 Ω、22 V/0.5 Ω，两电源并联供给负载，如图 2-37 所示，问当负载电阻分别为 2 Ω 和 10 Ω 时，电源的工作状态有何变？

解　（1）当负载为 2 Ω 时，按式（2-35）列出节点电压为：

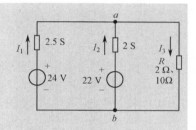

图 2-37　两节点电路

$$U_{ab} = \frac{U_{s1}G_1 + U_{s2}G_2}{G_1 + G_2 + G_3} = \frac{24 \times 2.5 + 22 \times 2}{2.5 + 2 + \frac{1}{2}} = 20.8\ \text{V}$$

此时，U_{s1} 和 U_{s2} 都大于 U_{ab}，两电源都在供电状态。

$$I_1 = (U_{s1} - U_{ab})G_1 = (24 - 20.8) \times 2.5 = 8\ \text{A}$$
$$I_2 = (U_{s2} - U_{ab})G_2 = (22 - 20.8) \times 2 = 2.4\ \text{A}$$

由此可见，电源的电压高，提供的电流也大。

（2）当负载为 10 Ω 时，节点电压为：

$$U_{ab} = \frac{U_{s1}G_1 + U_{s2}G_2}{G_1 + G_2 + G_3} = \frac{24 \times 2.5 + 22 \times 2}{2.5 + 2 + \frac{1}{10}} \approx 22.6\ \text{V}$$

此时，电源 $U_{s1} > U_{ab}$，为供电状态，而电源 $U_{s2} < U_{ab}$，为负载工作状态。

$$I_1 = (U_{s1} - U_{ab})G_1 = (24 - 22.6) \times 2.5 = 3.5\ \text{A}$$
$$I_2 = (U_{s2} - U_{ab})G_2 = (22 - 22.6) \times 2 = -1.2\ \text{A}$$

从上例可知，由于电源的电压和内阻不同，输出电流也不同，而且随着负载的变化，运行状态也会发生改变。因此，在两电源并联工作时，为了使电源同时向外提供功率，应力求并联电源的电压和内阻分别相等。

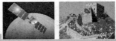

1. 节点电压法也可以称为节点电位法，为什么？
2. 什么是节点的自导，什么是节点的互导？它们的符号怎么确定？

2.9 叠加原理

所谓叠加原理，就是当电路中有几个电源共同作用时，产生在各支路的电流，等于各个电源分别单独作用时在该支路产生的电流的叠加。例如图 2-38 所示为由两个电源串联的简单电路。

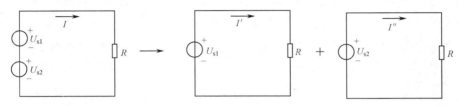

图 2-38 两个电源串联时的电路

该电路的电流为：

$$I = \frac{U_{s1} + U_{s2}}{R_1 + R_{i1} + R_{i2}} = \frac{U_{s1}}{R_1 + R_{i1} + R_{i2}} + \frac{U_{s2}}{R_1 + R_{i1} + R_{i2}} = I' + I'' \tag{2-36}$$

式中，$I' = \dfrac{U_{s1}}{R_1 + R_{i1} + R_{i2}}$，$I'' = \dfrac{U_{s2}}{R_1 + R_{i1} + R_{i2}}$，分别是各电源单独作用时的电流。所以，支路中的电流是各电源单独作用时所形成的电流的叠加。

1. 叠加原理的普遍性

为了说明叠加原理的普遍性，对图 2-39（a）所示电路，暂时先用回路电流法进行分析。设回路电流取顺时针方向，列回路方程如下：

$$I'(R_{i1} + R_{i2}) - I''R_{i2} = U_{s1} - U_{s2}$$
$$-I'R_{i2} + I''(R_{i2} + R) = U_{s2}$$

解得：

$$I_1 = I' = \frac{U_{s1}}{R_{i1} + \dfrac{R_{i2}R}{R_{i2} + R}} - \frac{U_{s2}}{R_{i2} + \dfrac{R_{i1}R}{R_{i1} + R}} \times \frac{R}{R_{i1} + R} = I_1' - I_1''$$

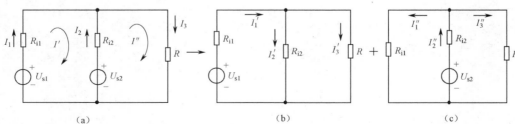

图 2-39 叠加原理

上式表明：电流 $I_1 = I'_1 - I''_1$，即由 I'_1 和 I''_1 叠加而成，I'_1 为只存在电源 U_{s1} 时所产生的电流，I''_1 为只存在电源 U_{s2} 时所产生的电流，而这两个电流的代数和等于 R_{i1} 支路上的电流。

同理，支路电流 I_3、I_2 也可用下两式表示：

$$I_3 = I'' = \frac{U_{s1}}{R_{i1} + \dfrac{R_{i2}R}{R_{i2}+R}} \times \frac{R_{i2}}{R_{i2}+R} + \frac{U_{s2}}{R_{i2} + \dfrac{R_{i1}R}{R_{i1}+R}} \times \frac{R_{i1}}{R_{i1}+R}$$

$$= I'_3 + I''_3$$

$$I_2 = I_3 - I_1 = \frac{R_{i2}U_{s1} + R_{i1}U_{s2} - (R_{i2}+R_1)U_{s1} + RU_{s2}}{R_{i1}R_{i2} + R_{i2}R + R_{i1}R}$$

$$= \frac{(R_{i1}+R)U_{s2}}{R_{i1}R_{i2} + R_{i2}R + R_{i1}R} - \frac{RU_{s1}}{R_{i1}R_{i2} + R_{i2}R + R_{i1}R}$$

$$= \frac{U_{s2}}{R_{i2} + \dfrac{R_{i1}R}{R_{i1}+R}} - \frac{U_{s1}}{R_{i1} + \dfrac{R_{i2}R}{R_{i2}+R}} \times \frac{R}{R+R_{i2}}$$

$$= -I'_2 + I''_2$$

如上所述，图 2-39（a）所示各支路的电流，实际是图 2-39（b）和（c）各对应支路电路的叠加。这就证实了"任一支路的电流等于各个电源分别单独作用在该支路中所产生的电流的代数和"的原理，简称为叠加原理。

2. 叠加原理的适用范围

（1）叠加原理只适用于线性电路，除求支路电流外，也可计算支路的端电压，它等于每一个电流分量在这支路的电阻上所产生的电压和这支路上电源电压的代数和。

（2）叠加原理不适用于计算功率。因为功率是电流或电压的二次方函数，很明显，当某一支路的电流为 $I = I' + I''$，电阻为 R 时，则 $I^2R \neq I'^2R + I''^2R$。

（3）如果电路含有电压源和电流源，利用叠加原理决定各支路电流时，应先求出每个电压源和每个电流源所产生的电流分量，然后求同一支路各分量的代数和。

运用叠加原理，求某一电源单独作用下的支路电流时，对于其他电源，不论用电压源或电流源表示，一概保留其内阻，而把理想电压源的电压作为零（理想电压源内阻等于零，即相当于将理想电压源短接），把电流源的电流作为零，即相当于将理想电流源所在的支路移走（理想电流源内阻无穷大）。

实例 2-16　试用叠加原理求图 2-40（a）中电流 I_1 和 I_2。已知理想电流源的 $I_s = 1.5\,\text{A}$，电压源的电压 $U_s = 24\,\text{V}$，$R_1 = 100\,\Omega$，$R_2 = 200\,\Omega$。

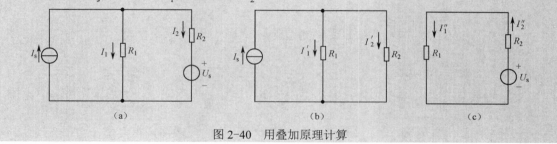

图 2-40　用叠加原理计算

解 （1）求电流源 I_s 单独作用时的电流，这时电压源 U_s 短路，如图 2-40（b）所示，应用分流公式求各支路电流：

$$I_1' = \frac{R_2}{R_1 + R_2} \times I_s = \frac{200}{100 + 200} \times 1.5 = 1 \text{ A}$$

$$I_2' = \frac{R_1}{R_1 + R_2} \times I_s = \frac{100}{100 + 200} \times 1.5 = 0.5 \text{ A}$$

（2）求电压源 U_s 单独作用时的电流，这时电流源 I_s 所在处开路，如图 2-40（c）所示，应用欧姆定律求出：

$$I_1'' = I_2'' = \frac{U_s}{R_1 + R_2} = \frac{24}{100 + 200} = 0.08 \text{ A}$$

根据叠加原理，各支路电流分别为：

$$I_1 = I_1' + I_1'' = 1 + 0.08 = 1.08 \text{ A}$$

$$I_2 = I_2' - I_2'' = 0.5 - 0.08 = 0.42 \text{ A}$$

> **？ 思考题 2-9**
>
> 1. 叠加原理为什么不适用于计算功率？
>
> 2. 运用叠加原理，求某一电源单独作用下的支路电流时，对于其他电源，为什么把理想电压源短接，而将理想电流源所在的支路移走？

2.10 戴维南定理与诺顿定理

扫一扫下载戴维南定理与诺顿定理教学课件

对某些复杂电路，有时并不需要了解所有支路的工作情况，而只需要知道某一条支路上的电流和电压。例如图 2-41（a）所示的复杂电路，只要知道 R_7 支路的电流，若采用支路电流法，或其他方法求解，都需要进行烦琐的电路计算，如果运用等效变换定理（戴维南定理或诺顿定理）来计算就方便得多。

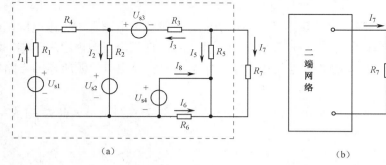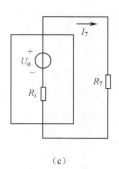

图 2-41　戴维南定理

2.10.1 戴维南定理

1. 什么是戴维南定理

扫一扫看戴维南定理的仿真验证

扫一扫看戴维南定理微视频

任何一个电路，把要研究的支路划出来，其余部分用一方框来表示，这个方框内包含有

电源，称为有源二端网络如图 2-41（b）所示。任何内部复杂的有源二端网络都可用一个理想电压源和内阻 R_i 的等效电压源来替代，如图 2-41（c）所示，称为等效电源定理。因为这是法国工程师戴维南于 1883 年总结出来的，也称为戴维南定理。

　　戴维南定理的证明：若在所研究的支路中加上两个串联理想电源，其大小相等，方向相反，即 $+U_{s0}$ 和 $-U_{s0}$，如图 2-42（a）所示，则这两个电源加进去以后，不会影响电路原来的工作状态。电源 $+U_{s0}$ 和 $-U_{s0}$ 所产生的电流分别为 $+I_0$ 和 $-I_0$。根据叠加原理，电路的电流仍为：

$$I = I + I_0 - I_0 \tag{2-37}$$

　　如果在选择 U_{s0} 的时候，使得所产生的 I_0 满足：

$$I - I_0 = 0 \tag{2-38}$$

　　这时可把支路 R 上的电流看成两种状态叠加的结果：第一种状态除去 $+U_{s0}$，由有源二端网络内的电源电压和 $-U_{s0}$ 作用形成的电流，根据式（2-37），电阻上的电流为零，如图 2-42（b）所示；第二种状态，只在 $+U_{s0}$ 作用下形成的电流，此时电阻 R 上的电流为 I_0，如图 2-42（c）所示：

$$I_0 = I = \frac{U_{s0}}{R + R_i} \tag{2-39}$$

　　这里的 R_i 是二端网络内的总电阻。式（2-39）相当于电源 U_{s0}，内阻为 R_i 构成的电压源与外电路电阻 R 串联的无分支电路的电流方程式。

　　根据上述分析，得出结论：所有有源二端网络都可以用一个等效理想电压源为 U_{s0}、等效内阻为 R_i 的等效电压源来替代，如图 2-42（d）所示。

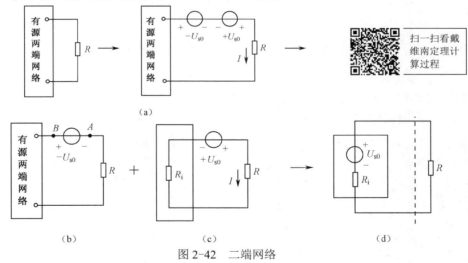

图 2-42　二端网络

2．求等效电压源和等效电阻

在证明了戴维南定理以后，还不知道 U_{s0} 和 R_i 的值，它们必须通过计算或实验来确定。

1）计算法

（1）求等效电压源 U_{s0}：从图 2-42（b）中，设想将 $-U_{s0}$ 移去，这时在电阻 R 上没有电流，即有源二端网络开路，在 A、B 两端就出现一个电压，显然这个开路电压应等于理想电压源

$+U_{s0}$。因此只要将所研究的电阻 R 支路断开，求出断开端的电压值 U_{oc}，就是 U_{s0} 的大小。

（2）求等效内阻 R_i：从图 2-42（c）中可知，R_i 是在二端网络当内部电源等于零的时候的等效电阻，所以只要将二端网络内的电源置零（即理想电压源短路，理想电流源开路），两个端点间的输入电阻，即为等效电阻。

2）实验法

根据上述分析，可用实验方法求 U_{s0} 和 R_i。将所研究的 R 支路移去，如图 2-43（a）所示。

（1）用电压表测出二端网络的开路电压 U_{oc}，如图 2-43（b）所示，这个电压 U_{oc} 就是 U_{s0}，即

$$U_{oc} = U_{s0} \tag{2-40}$$

（2）接上电流表，如图 2-43（c）所示，测得电流 I_k，则得等效内阻：

$$R_i = \frac{U_{oc}}{I_k} \tag{2-41}$$

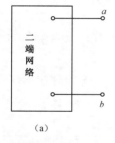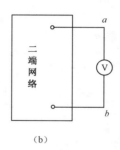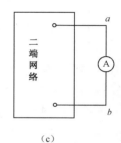

图 2-43　实验法求开路电压和等效电阻

综上所述，戴维南定理可叙述如下：一个线性的有源二端网络，可以用一个等效电源来代替。这个等效电源的电压 U_{s0}，等于该有源二端网络的开路电压值；它的内阻 R_i 等于其内部电源为零（即理想电压源短路，理想电流源开路）时的无源二端网络的等效电阻，也称入端电阻。

实例 2-17　如图 2-44 所示，已知 $R_1 = 3\,\Omega$，$R_2 = 6\,\Omega$，$R_3 = 2\,\Omega$，$U_{s1} = 12\,V$，$U_{s2} = 6\,V$，$R = 2\,\Omega$，用戴维南定理求通过 R 的电流。

解　（1）求开路电压 U_{oc}，如图 2-44（b）所示，列基尔霍夫电压方程为：

$$(R_1 + R_2)I' = U_{s1} + U_{s2}$$

$$I' = \frac{U_{s1} + U_{s2}}{R_1 + R_2} = \frac{12 + 6}{3 + 6} = 2\,A$$

$$U_{oc} = U_{ab} = I'R_2 - U_{s2} = 2 \times 6 - 6 = 6\,V$$

（2）求 R 支路开路后 ab 端口的入端电阻 R_i，根据规则将 U_{s1}、U_{s2} 短路，如图 2-44（c）所示，则：

$$R_i = R_3 + R_1 /\!/ R_2 = 2 + 3 /\!/ 6 = 4\,\Omega$$

（3）求通过 R 的电流 I，等效电路如图 2-44（d）所示，所以：

$$I = \frac{U_{oc}}{R_i + R} = \frac{6}{4 + 2} = 1\,A$$

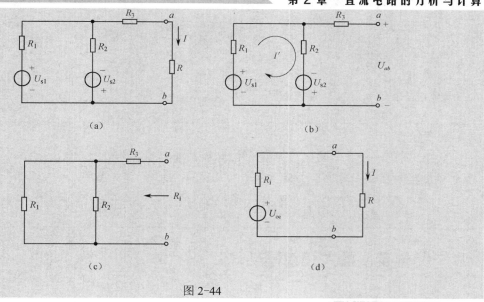

图 2-44

2.10.2　诺顿定理

诺顿定理：任何一个线性有源二端网络都可用一个理想电流源和电导并联组合的等效电流源来替代。电流源的电流等于该端口的短路电流，电导等于把该有源二端网络的内部电源置零（即理想电压源短路，理想电流源开路）后的输入电导。我们把这种等效电路称为诺顿等效电路，如图 2-45（b）所示的电路是图 2-45（a）有源二端网络的诺顿等效电路。

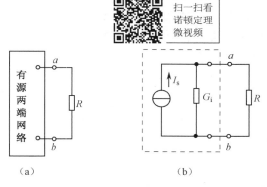

图 2-45　诺顿等效电路

实例 2-18　求图 2-46（a）所示电路的诺顿等效电路。

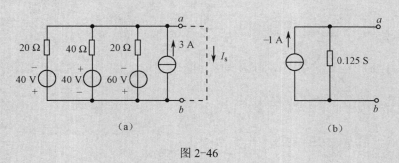

图 2-46

解　（1）求短路电流，将 a、b 两点短路，则短路电流 I_s 为：

$$I_s = -\frac{40}{20} + \frac{40}{40} - \frac{60}{20} + 3 = -1 \text{ A}$$

（2）求输入电导，将电路电源置零（即理想电压源短路，理想电流源开路）后，其电导 G_i 为：

$$G_i = \frac{1}{20} + \frac{1}{40} + \frac{1}{20} = \frac{1}{8} = 0.125\,S$$

（3）画等效电路，其诺顿等效电路如图 2-46（b）所示。

❓ 思考题 2-10

1. 今测得一含源二端网络的开路电压为 12 V，短路电流为 2 A，试分别画出其戴维南等效电路和诺顿等效电路。若外接一个 12 Ω 的电阻，试求电阻上的电压和电流。

2. 有一个干电池，测得开路电压为 1.6 V，当接上 6 Ω 的负载电阻时，测得其端电压为 1.5 V，试求该电池的内阻。

2.11 负载获得最大功率的条件

扫一扫下载负载获得最大功率条件教学课件

在电子技术中，常常要求负载从电源（或信号源）中获得最大功率，这就是最大功率的传输问题。许多电子设备所用的电源或信号源的内部电路结构都比较复杂，我们可将其视为有源二端网络。用戴维南定理将其等效称为一个电压源模型，如图 2-47 所示。

在图 2-47 中，流过负载电阻 R_L 的电流 I 为：

$$I = \frac{U_s}{R_i + R_L}$$

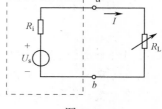

图 2-47

则负载获得的功率 P 为：

$$P = I^2 R_L = \left(\frac{U_s}{R_i + R_L}\right)^2 R_L = \frac{U_s^2}{(R_i - R_L)^2 + 4R_i R_L} R_L$$

即

$$P = \frac{U_s^2}{\dfrac{(R_i - R_L)^2}{R_L} + 4R_i}$$

扫一扫看负载获得最大功率微视频

在电源（或信号源）给定（即 U_s 和 R_i 不变）的前提下，要求负载能获得最大功率，从上式看出，只有当 $\dfrac{(R_i - R_L)^2}{R_L}$ 最小，即 $R_i = R_L$ 时，功率 P 为最大。因此负载获得最大功率的条件是：负载的阻值等于电源的内阻，即：

$$R_L = R_i \qquad\qquad (2\text{-}42)$$

不难看出，此时负载获得的最大功率为：

$$P = \frac{U_s^2}{4R_i} \qquad\qquad (2\text{-}43)$$

负载最大功率传输条件也称为最大功率传输定理，在工程上，把满足最大功率传输的条件称为阻抗匹配。

阻抗匹配的概念在实际生活中很常见，如在有线电视接收系统中，由于传输电视信号的同轴电缆的传输阻抗为 $75\,\Omega$，为了保证阻抗匹配以获得最大的功率，就要求电视接收机的输入阻抗也为 $75\,\Omega$。

实例 2-19　求图 2-48（a）所示电路中，电阻 R_L 为多大时，它消耗的功率最大，并求其功率。

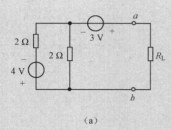　　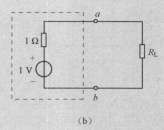

　　　　　　（a）　　　　　　　　　　　　　　　　（b）

图 2-48

解　先将图 2-48（a）中 a、b 左边的电路看成一个有源二端网络，再用戴维南定理等效为图 2-48（b）虚线框中的电压源模型。

因此，当 $R_L = 1\,\Omega$ 时，它所消耗的功率为最大，其功率 P 为：

$$P = \frac{U_s^2}{4R_i} = \frac{1^2}{4 \times 1} = \frac{1}{4} = 0.25\,\text{W}$$

2.12　含受控源电路的分析方法

扫一扫下载含受控源电路分析方法教学课件

含受控源电路的分析方法与不含受控源电路的分析方法基本相同。基本做法是：首先把受控源作为独立源看待，运用已学过的电路分析方法对电路进行化简。不同之处在于要增加一个控制量与所求变量之间的关系方程（即需要找到控制量与所求变量之间的关系式）。

需要特别指出的是，在对电路进行化简时，不能把含有控制量的支路化简掉；在用叠加定理和戴维南定理求等效电阻的计算时，对受控源的处理方法不能像其他方法那样当成独立源处理，而要把它看成是电阻一样处理（即不能将其短路或断路，还要保持在电路中的原来位置和原来的参数不变。）

实例 2-20　求图 2-49 所示电路的输入电阻 R_{ab}。

解： $R = \dfrac{U}{I} = \dfrac{U_1 + 2 \times 1.5 U_1}{\dfrac{U_1}{2}} = 8\,\Omega$

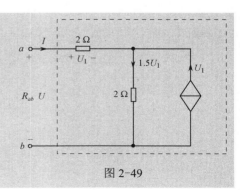

图 2-49

　扫一扫看受控源电路分析的微视频

　扫一扫看有受控源时叠加原理的应用

实例 2-21 求图 2-50 所示电路的电流 I_3 的值。

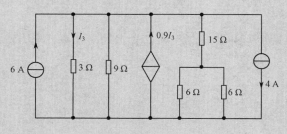
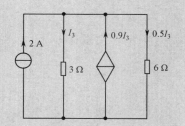

图 2-50

解： $I_3 + 0.5I_3 - 0.9I_3 = 2 \text{ A}$ ， $I_3 = \dfrac{10}{3} \text{ A}$ 。

实例 2-22 求图 2-51 所示电路中 a、b 两端的伏安关系，并绘出等效电路。

解 设端口的电流电压参考方向如图 2-51 所示，列出基尔霍夫电压方程：

$$\begin{cases} U_1 = 5I + 3I \\ U_1 = 5I + 3(I_1 - I) + 12 \end{cases}$$

得 a、b 两端的伏安关系为：

$$U_1 = 16 + 4I_1$$

绘出等效电路如图 2-52 所示。

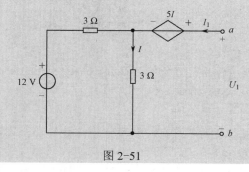

图 2-51

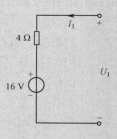

图 2-52　等效电路

实例 2-23 求图 2-53 所示受控电压源的发出功率。

解： $U + U_1 = 1.5U \quad \Rightarrow \quad U_1 = 0.5U$

$\dfrac{U}{1} - \dfrac{0.5U}{3} = 5 \quad \Rightarrow \quad U = 6 \text{ V}$

$3I_1 + 1.5 \times 6 = 9 \times (5 - I_1) \quad \Rightarrow \quad I_1 = 3 \text{ A}$

因此， $I = \dfrac{U}{1} - I_1 = 3 \text{ A}$

$P = 1.5UI = 27 \text{ W}$

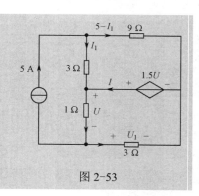

图 2-53

实例 2-24　试求图 2-54 所示电路中 I_2 的值。

解　列基尔霍夫电压方程为：

$$3I_1 + 6I_1 = 0$$

解得：$I_1 = 0$，$I_2 = \dfrac{9}{6} = 1.5\,\text{A}$。

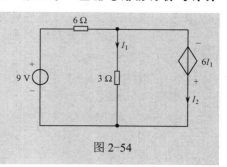

图 2-54

? 思考题 2-11

1. 求如图 2-55 所示电路中的电流。

2. 求如图 2-56 所示电路中的 U_s。

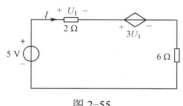

图 2-55

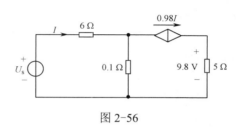

图 2-56

3. 求如图 2-57 所示电路的最简电路。

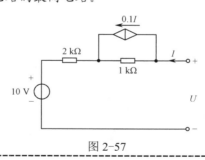

图 2-57

项目训练 3　基尔霍夫定律的验证

1. 训练目的

（1）验证基尔霍夫定律。

扫一扫下载基尔霍夫定律验证实训指导课件

扫一扫看基尔霍夫定律的验证操作视频

（2）加深对参考方向的理解。

（3）能够根据实验需要，正确选择电路元件，正确连接实验线路，观察实验现象，排除简单电路故障。

2. 训练说明

（1）KCL 定律指出：在任意时刻，流入电路中任一节点的电流之和恒等于流出该节点的电流之和，即 $\sum I_{流入} = \sum I_{流出}$。它说明了节点上各支路电流的约束关系，它与电路中元件的性质无关。KVL 定律指出，在任意时刻，沿电路中任一闭合回路绕行一周，该回路中所有元件（或支路）电压的代数和恒等于零，即 $\sum U = 0$。它说明了电路中各段电压的约束关系，它与电路中的元件无关。

（2）按给定电路正确布线，使电路正常运行。明确规定电压、电流的参考方向，记录电压、电流等实验数据。

（3）对以上数据进行计算和分析，验证在实验误差允许的范围内，满足基尔霍夫定律。

（4）应用基尔霍夫定律时，支路电流或电压出现负值的含义是实际电流或电压的方向与参考方向相反。

3．测试设备

电工电路综合测试台 1 台，数字万用表 1 只，直流稳压电源 1 台，电阻箱 1 台，电阻若干。

4．测试步骤

（1）按图 2-58 连接线路，其中电源为直流电压 $U_{s1} = 8\ V$，$U_{s2} = 10\ V$，电阻 $R_1 = 100\ \Omega$，$R_2 = 200\ \Omega$，$R_3 = 300\ \Omega$。

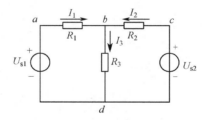

图 2-58　基尔霍夫定律的测试电路

（2）用直流电流表和直流电压表分别测出电流 I_1、I_2、I_3 和电压 U_{ab}、U_{bc}、U_{bd}。根据图 2-58 中的参考方向，确定所测电流和电压的正负符号，将所测数据记入表 2-1 中。

（3）当 $U_{s1} = 15\ V$、$U_{s2} = 8\ V$ 时，用直流电流表和直流电压表分别测出电流 I_1、I_2、I_3 和电压 U_{ab}、U_{bc}、U_{bd}，将测试数据填入表 2-1 中。

表 2-1　基尔霍夫定律的验证

测量	电流（　）			电压（　）			验证 KCL	验证 KVL
	I_1	I_2	I_3	U_{ab}	U_{bc}	U_{bd}	节点 b $\sum I=$	回路 abcda $\sum U=$
$U_{s1}=8\ V$ $U_{s2}=10\ V$								
$U_{s1}=15\ V$ $U_{s2}=8\ V$								

❓ 思考题 2-12

　　1．计算：$U_{ab} + U_{bd} + U_{da} = $ _____；$U_{bc} + U_{cd} + U_{db} = $ _____；

$$U_{ab} + U_{bc} + U_{cd} + U_{da} = \underline{\hspace{3cm}}。$$

说明：任何时刻，沿着任一个回路绕行一周，所有支路电压的代数和 _____，这就是基尔霍夫电压定律。

2．计算：$I_1 + I_2 - I_3 = \underline{\hspace{3cm}}$；

说明：任何时刻流出（或流入）一个节点的所有支路电流的代数和 _____，这就是基尔霍夫电流定律。

3．如果实验结果不严格满足基尔霍夫定律，想想是什么原因，如何改进实验，减少实验误差。

项目训练 4　叠加原理的验证

1．训练目的

（1）进一步理解电压、电流的实际方向与参考方向的关系。

（2）理解叠加原理，了解叠加原理的适用范围。

2．训练说明

所谓叠加原理，就是当电路中有几个电源共同作用时，产生在各支路的电流，等于各个电源分别单独作用时在该支路产生的电流的叠加。

使用叠加原理时应注意：

（1）叠加原理只适用于线性电路。

（2）叠加原理只适用于电路的电压、电流，对功率不适用。

（3）求某一电源单独作用下的支路电流时，对于其他电源，不论用电压源还是用电流源表示时都保留其内阻，而对理想电压源电压作为零（理想电压源的内阻等于零，即相当于将理想电压源短接），对理想电流源电流作为零，即相当于将理想电流源所在的支路移走（理想电流源内阻无穷大）。

（4）在将每个电源独立作用下产生的电流或电压进行叠加时，应注意各分量的实际方向与所选定的参考方向是否一致，相一致的取正号，不一致的取负号。

3．测试设备

电工电路综合测试台 1 台，数字万用表 1 只，直流稳压电源 1 台，电阻箱 1 台，电阻若干。

4．测试步骤

（1）按图 2-59 连接线路，$R_1 = 500\,\Omega$，$R_2 = 300\,\Omega$，$R_3 = 200\,\Omega$。

（2）U_{s1} 调到 18 V，U_{s2} 调到 10 V，以备随时调用。

（3）当 U_{s1} 单独作用时，按图 2-59（a）接线，记录测量数据于表 2-2 中 A 行。

（4）当 U_{s2} 单独作用时，按图 2-59（b）接线，记录测量数据于表 2-2 中 B 行。

（5）当 U_{s1}、U_{s2} 共同作用时，按图 2-59（c）接线，记录测量数据于表 2-2 中 C 行。

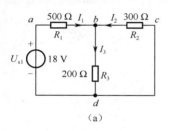

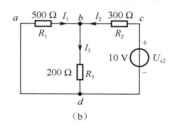

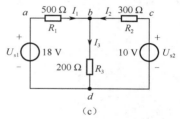

(a)   (b)   (c)

图 2-59　叠加原理的测试电路

表 2-2　叠加原理的测试

测量	U_{s1} /V	U_{s2} /V	U_{ab} /V	U_{bc} /V	U_{bd} /V	I_1 /mA	I_2 /mA	I_3 /mA
A 行	18	0						
B 行	0	10						
C 行	18	10						

思考题 2-13

1. 有两个电源 U_{s1}、U_{s2} 共同作用于电路时，测得的＿＿＿＿＿＿＿等于 U_{s1} 单独作用时，测得的＿＿＿＿＿＿＿与 U_{s2} 单独作用时，测得的＿＿＿＿＿＿＿的叠加。

2. 根据 A、B、C 三行数据，验证叠加原理。

3. 如何理解电压源为零？测试中怎样将电压源置零？

项目训练 5　有源二端网络等效参数的测定

1. 训练目的

（1）验证戴维南定理。

（2）掌握测定有源二端网络等效参数的一般方法。

2. 训练说明

任何一个有源二端网络，对外电路来说，可以用一个电压源和一个电阻来代替，U_{oc} 和 R_i 分别称为有源二端网络的开路电压和入端电阻，如图 2-60、图 2-61 所示。

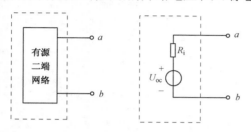

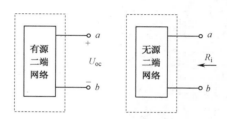

图 2-60　有源二端网络等效电路　　　　　图 2-61　开路电压与入端电阻的测定

用实验的方法测定有源二端网络的参数，主要有以下几种方法。

1）开路电压 U_{oc} 的测量方法

（1）直接测量法：当有源二端网络的入端等效电阻 R_i 较小，与电压表的内阻相比较可以忽略不计时，可以用电压表直接测量该网络的开路电压 U_{oc}。

（2）补偿法：当有源二端网络的入端电阻 R_i 较大时，采取直接测量法的误差较大。补偿法是为了解决电压测量误差而采用的一种方法。由于电压表存在内阻，特别是在等效电源内阻较大时，表的内阻的接入将改变被测电路的工作状态，而给测量结果带来一定的误差。测量方法如图 2-62 所示，图中虚线方框内为补偿电路，U_s 为直流电源，R_p 为分压器，G 为检流计。将补偿电路的两端与被测电路相连接，调节分压器的输出电压，使检流计的指示为零，此时电压表显示的电压值就是被测网络的开路电压 U_{oc}。由于此时被测网络相当于开路，不输出电流，网络内部无电压降。

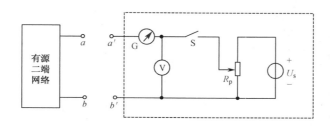

图 2-62　补偿法测量开路电压

2）入端电阻 R_i 的测量方法

（1）外加电源法：将有源二端网络内部除去电源（电压源用导线代替、电流源则开路代替），然后在网络两端加上一个合适的电压源 U_s，如图 2-63 所示，测出流入网络的电流 I，此时入端等效电阻为 $R_i = U_s / I$。这种方法仅适用于电压源的内阻很小和电流源的内阻很大的情况。如果无源二端网络仅由电阻元件组成，也可以用万用表的欧姆挡直接测量 R_i，如图 2-64 所示。

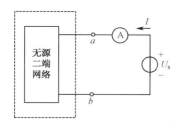

图 2-63　外加电源法测入端电阻

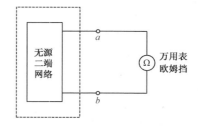

图 2-64　用万用表欧姆挡测入端电阻

（2）开路短路法：在测量出有源二端网络的开路电压 U_{oc} 之后，再测量网络的短路电流 I，如图 2-65 所示，则可计算出 $R_i = U_{oc} / I$。

（3）半偏法：在测量出有源二端网络的开路电压 U_{oc} 后，如图 2-66 所示，调节电阻箱的电阻值，当电阻箱两端电压为开路电压的一半时，电阻箱的读数即为有源二端网络的入端电阻 R_i。半偏法在实际测量中被广泛采用。

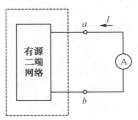

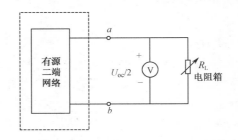

图 2-65　测量网络短路电流　　　　　图 2-66　半偏法测入端电阻

3）负载获得最大功率

当电源给定，取负载电阻等于等效电源的内阻时，负载将获得最大功率，称为负载与电源匹配。这一概念经常用于电子线路中。

3．测试设备

电工电路综合测试台 1 台，数字万用表 1 只，直流稳压电源 1 台，电阻箱 1 台，电阻若干。

4．测试步骤

（1）测定开路电压 U_{oc} 和入端电阻 R_i：按图 2-67 所示电路接线，参照训练内容说明，测量有源二端网络的开路电压 U_{oc} 和入端电阻 R_i，将测得的结果记录在表 2-3 中。

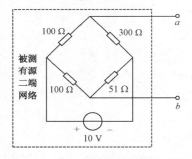

图 2-67　有源二端网络的测试电路

表 2-3　开路电压 U_{oc} 和入端电阻 R_i 的测量数据

开路电压 U_{oc}		入端电阻 R_i	
直接测量法		外加电源法	
补偿法		开路短路法	
取值		半偏法	
		取值	

（2）测定有源二端网络的外特性：在图 2-67 所示网络的两端接电阻箱作为负载电阻 R_L，分别取不同的值，测量相应的端电压 U 和电流 I，并记录于表 2-4。

表 2-4　有源二端网络外特性的测量数据

R_L（Ω）	0	50	100	200	500	∞
U（　）						
I（　）						

（3）测量戴维南等效电路的外特性：按照步骤（1）所测得的有源二端网络的开路电压 U_{oc} 和入端电阻 R_i，按如图 2-68 所示接线，U_{oc} 使用直流稳压电源，R_i 直接使用电阻，然后在线路两端接上一个电阻箱作为负载电阻 R_L，按照表 2-4 中电阻的取值测得对应的端电压和电流，并记录于表 2-5 中。

第 2 章 　直流电路的分析与计算

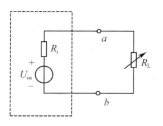

表 2-5　戴维南等效电路外特性的测量数据

R_L（Ω）	0	50	100	200	500	∞
U（　）						
I（　）						

图 2-68　戴维南定理的测试电路

> **？ 思考题 2-14**
>
> 1. 为什么用补偿法测开路电压 U_{oc} 可以提高测量准确性。
>
> 2. 试用戴维南定理计算图 2-68 所示电路的开路电压 U_{oc} 和入端电阻 R_i，将计算结果与实验数据比较，得出什么结论？
>
> 3. 画出表 2-4 和表 2-5 被测电路外特性的曲线图。

知识梳理与总结

扫一扫开始本章自测题练习

扫一扫看本章自测答案

本章的重点是电路的分析和计算。能应用电阻串、并联方法进行化简的电路称为简单电路；不能运用电阻串、并联方法进行化简的电路称为复杂电路。欧姆定律、基尔霍夫电流定律、基尔霍夫电压定律是电路计算的基本定律。

2.1　电阻的串联、并联与混联电路

序号	串　联	并　联
1	等效电阻 $R = \sum_{k=1}^{n} R_k$	等效电导 $G = \sum_{k=1}^{n} G_k$
2	通过各电阻为同一电流	各并联电阻两端为同一电压
3	电压关系 $U = \sum_{k=1}^{n} U_k$	电流关系 $I = \sum_{k=1}^{n} I_k$
4	分压关系 $U_k = \dfrac{R_k}{R} U$	分流关系 $I_k = \dfrac{G_k}{G} I$

2.2　基尔霍夫定律

基尔霍夫电流定律指出：在任意时刻，流入节点或闭合系统的全部电流等于流出该节点或闭合系统的全部电流，即它们的电流代数和等于零：

$$\sum I = 0$$

基尔霍夫电压定律指出：在任意时刻，绕行一个闭合回路的电压之和等于零；或在一个闭合回路中，电阻上电压降的代数和等于电源电压的代数和，即

$$\sum U = 0 \text{ 或 } \sum U_s = \sum IR$$

2.3　Y—△形网络的等效变换

为了简化电路，Y—△网络可以等效变换，变换前后其余部分的电压和电流都不变。

2.4　电路中各电位的分析与计算

某点电位等于该点电位与参考点（零电位）之间的电位差，计算时与所选路径无关。

71

2.5 支路电流法

以支路电流为求解对象运用基尔霍夫电流定律和基尔霍夫电压定律列出独立方程式求解。在 n 个节点、m 条支路的电路中，运用基尔霍夫电流定律可列的方程式只有 $(n-1)$ 个是独立的，运用基尔霍夫电压定律可列电压方程式只能有 $[m-(n-1)]$ 个是独立的。

2.6 电源的等效变换

实际电压源可以看成一个理想电压源 U_s 与一个电阻 R_i 串联的电路；实际电流源可以看成一个理想电流源 I_s 与一个电阻 R_i' 并联的电路。其等效变换的条件为：

$$\begin{cases} U_s = R_i' I_s \\ R_i = R_i' \end{cases} \quad \text{或} \quad \begin{cases} I_s = \dfrac{U_s}{R_i} \\ R_i = R_i' \end{cases}$$

2.7 回路电流法

以回路电流为求解对象，按基尔霍夫电压定律列出回路电压方程，求解各回路电流。回路电压方程为：回路电源电压的代数和等于回路在自阻上的电压与相邻回路在互阻上电压的代数和。

2.8 节点电压法

以节点电位为前提，然后根据欧姆定理来求解支路电流。

具有 3 个节点的电路，以一个节点为零电位参考点，其中另外两个节点的电流方程为：

节点 1：
$$G_{11}V_1 + G_{12}V_2 = \sum_1 U_s G$$

节点 2：
$$G_{21}V_1 + G_{22}V_2 = \sum_2 U_s G$$

如电源电压的方向指向所研究的节点，$U_s G$ 为正值，当电源电压的方向离开节点时，$U_s G$ 为负值。自导永远为正值，互导永远为负值。

2.9 叠加原理

叠加原理适用于线性电路，若干电源作用在各支路的电流，等于各电源分别单独作用在各支路中所产生的电流的代数和。

2.10 戴维南定理与诺顿定理

戴维南定理：任何一个复杂的有源电路，除所研究的支路外，可用一个实际电压源模型（即一个理想电压源和一个内阻相串联）来表示，这个理想电压源为有源网络的开路电压，内阻为网路内全部电源置零（即理想电压源短路，理想电流源开路）时二端网络二端钮之间的输入电阻。

诺顿定理：任何一个复杂的有源电路，将所研究的支路除去，其余的可用一个实际电流源模型（即一个理想电流源和一个内阻相并联）来表示，这个理想电流源为有源网络的短路电流，内阻为网路内全部电源置零（即理想电压源短路，理想电流源开路）时二端网络二端钮之间的输入电阻。

2.11 负载获得最大功率的条件

当负载的阻值等于电源的内阻，即 $R_L = R_i$。

负载获得的最大功率为：$P = \dfrac{U_s^2}{4R_i}$。

练习题 2

2.1　求如图 2-69 所示电路的等效电阻 R_{ab}。

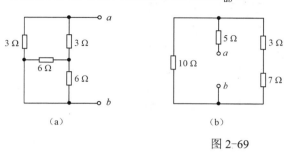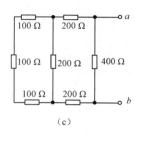

（a）　　　　　　　　（b）　　　　　　　　　（c）

图 2-69

2.2　试求图 2-70 所示电路中的等效电阻 R_{ab}。

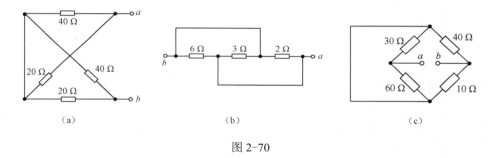

（a）　　　　　　　　（b）　　　　　　　　　（c）

图 2-70

2.3　利用 Y-Δ形网络的等效变换方法，求图 2-71 所示电路中的等效电阻 R_{ab}。

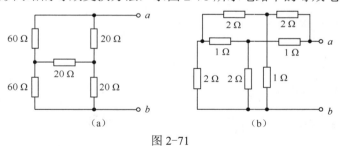

（a）　　　　　　　　　　　　　（b）

图 2-71

2.4　若用一个内阻为 $3\,000\,\Omega$、量程为 $100\,\mu\text{A}$ 的电压表去测量电压，问：（1）最大可测量几伏电压；（2）若扩大到能测量 $5\,\text{V}$ 的电压需要串多大的电阻？

2.5　如图 2-72 所示是一个仪器输入衰减器，若输入电压 $U_{\text{in}} = 10\,\text{V}$，问各挡输出电压和分压比各为多少？

2.6　如图 2-73 所示，$U_s = 10\,\text{V}$，$R_1 = R_2 = 3\,\Omega$，R_w 为可变电阻，分别求 R_w 为 $4\,\Omega$、$8\,\Omega$ 时 R_w 的两端电压及功率。

2.7　如图 2-74 所示，已知 $R_1 = 3\,\Omega$，$R_2 = 9\,\Omega$，$R_3 = 18\,\Omega$，$I = 6\,\text{A}$，试求 I_1、I_2、I_3 和端电压 U 各为多少？

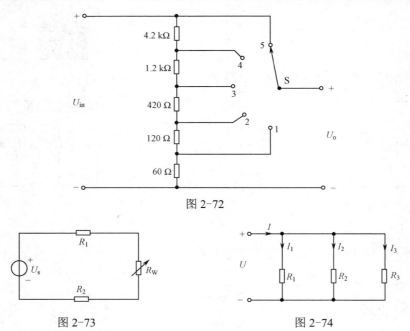

图 2-72

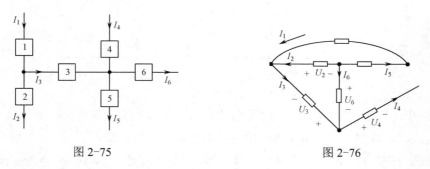

图 2-73   图 2-74

2.8 如图 2-75 所示，已知 $I_1 = 4\,\text{A}$，$I_2 = 7\,\text{A}$，$I_4 = 8\,\text{A}$，$I_5 = -3\,\text{A}$，则 I_3、I_6 各为多少？

2.9 如图 2-76 所示，图中的各电压、电流分别按以下四种情况给定，试问能否满足 KCL 定律和 KVL 定律？

（a）$I_1 = 2\,\text{A}$，$I_2 = 5\,\text{A}$，$I_3 = -7\,\text{A}$，$I_4 = 10\,\text{A}$，$I_5 = -2\,\text{A}$，$I_6 = 1\,\text{A}$；

（b）$I_1 = 6\,\text{A}$，$I_2 = -4\,\text{A}$，$I_3 = 2\,\text{A}$，$I_4 = 0\,\text{A}$，$I_5 = 6\,\text{A}$，$I_6 = -2\,\text{A}$；

（c）$U_2 = 5\,\text{V}$，$U_3 = 7\,\text{V}$，$U_4 = 2\,\text{V}$，$U_6 = 2\,\text{V}$；

（d）$U_2 = 4\,\text{V}$，$U_3 = -7\,\text{V}$，$U_6 = 3\,\text{V}$。

图 2-75   图 2-76

2.10 如图 2-77 所示，若 $U_{ab} = 3\,\text{V}$，试求：（1）U_{bc}、U_{cd} 和 R_3；（2）P_{R_1}、P_{R_2}、P_{R_3} 和电源输出的总功率。

2.11 如图 2-78 所示，若电路的总电阻 $R = 15\,\Omega$，电压表 V_1 的读数为 36 V，V_2 的读数为 40 V，电流表 A 的读数为 4 A，求：R_1、R_2 和 R_3（电压表的内阻为无穷大，电流表的内阻为零）。

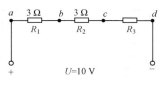

图 2-77

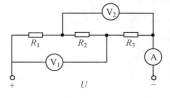

图 2-78

2.12　电路如图 2-79 所示，求电流 I_1 及 a 点的电位 V_a。

2.13　如图 2-80 所示电路，求 a 点的电位 V_a。

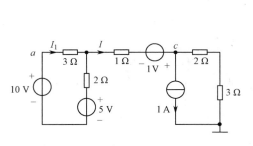

图 2-79

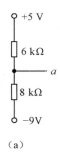

（a）　　　　　（b）

图 2-80

2.14　如图 2-81 所示电路，利用支路电流法求电路中各支路的电流。

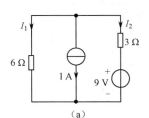

（a）

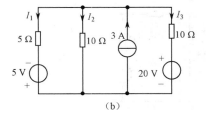

（b）

图 2-81

2.15　如图 2-81 所示电路，利用节点电位法求电路中各支路的电流。

2.16　电路如图 2-82 所示，试列出用支路电流法求解各支路电流的方程。

2.17　计算图 2-83 所示电路中的电流 I。

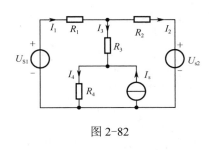

图 2-82

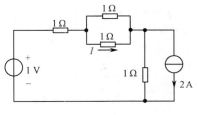

图 2-83

2.18　如图 2-84 所示各电路，对 ab 端化为最简形式的等效电压源形式和等效电流源形式。

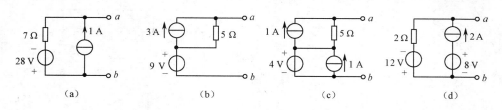

图 2-84

2.19 试用电压源与电流源等效变换的方法，计算图 2-85 中 2 Ω 电阻中的电流 I。

2.20 利用电源等效变换，求图 2-86 中流过电阻 R 的电流 I。

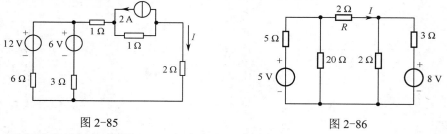

图 2-85   图 2-86

2.21 用回路电流法，求图 2-87 电路中各支路电流。

2.22 电路如图 2-88 所示，利用回路电流法求各支路的电流。

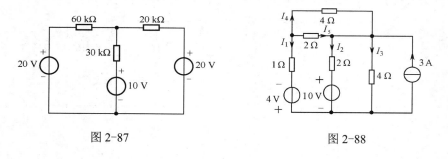

图 2-87   图 2-88

2.23 电路如图 2-89 所示，求电路中的电压 U。

2.24 求解图 2-90 电路中的电压 U_0。

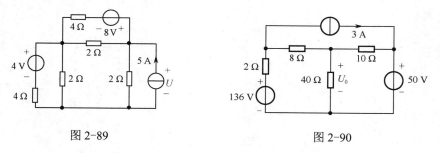

图 2-89   图 2-90

2.25 在图 2-91 电路中，已知 $U_{s1}=30$ V，$I_{s2}=10$ A，$I_{s4}=4$ A，$R_1=5$ Ω，$R_2=1$ Ω，$R_3=6$ Ω，$R_4=10$ Ω，用节点电压法求各支路电流。

2.26 电路如图 2-92 所示，应用叠加定理求桥式电路中的电流 I。

2.27 电路如图 2-92 所示，应用戴维南定理求桥式电路中的电流 I。

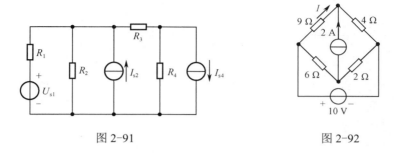

图 2-91 　　　　　　　　　图 2-92

2.28 电路如图 2-93 所示，应用叠加定理求电路中的电流 I。

2.29 应用叠加定理，求图 2-94 电路中的电压 U_{ab}。

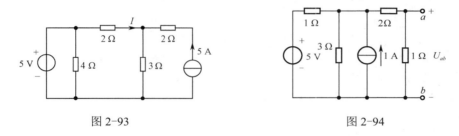

图 2-93 　　　　　　　　　图 2-94

2.30 求图 2-95 电路中有源二端网络的戴维南等效电路。

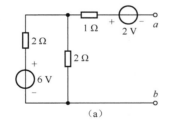 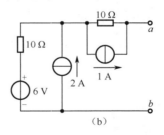

（a）　　　　　　　　　　（b）

图 2-95

2.31 电路如图 2-96 所示，利用戴维南定理求电路中的电流 I。

2.32 用戴维南定理求图 2-97 电路中的电流 I。

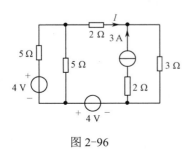 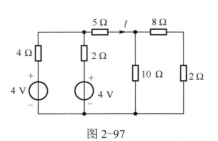

图 2-96 　　　　　　　　　图 2-97

2.33 电路如图 2-98 所示，试问 R_L 获得最大功率时的 R_L 值以及其最大功率是多少？

2.34 如图 2-99 所示电路，求负载 R 上消耗的功率。

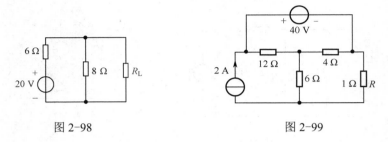

图 2-98   图 2-99

2.35 如图 2-100 所示电路，求通过 $15\,\Omega$ 电阻中的电流 I。

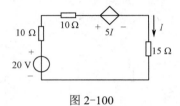

图 2-100

2.36 求图 2-101（a）、（b）所示两个电路的端口等效电路。

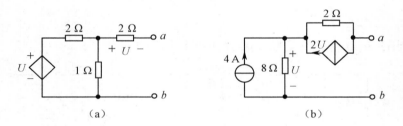

（a）   （b）

图 2-101

扫一扫看
本练习题
详解过程

第3章

动态电路的分析

教学导航

教学重点	1. 掌握电容和电感元件的伏安特性; 2. 掌握电容和电感元件的连接方法; 3. 理解换路定律; 4. 掌握一阶动态电路的三要素法
教学难点	1. 换路定律; 2. 一阶动态电路的三要素法
参考学时	12 学时

 扫一扫看本
章补充例题
与解答

本章介绍储能元件：电感器和电容器，以及含有电感或电容的电路在不同条件下，电流和电压随时间变化的规律。

含有储能元件的电路也称为动态电路；而储能元件电感和电容又称为动态元件；含有一个动态元件的电路，称为一阶动态电路。在电路中含有电感或电容时，求解电路的方程式为微分方程。电路中的电流和电压将含有一个随时间变化的暂态值和一个稳态值。暂态时间是电路的过渡时间，这一过程通常称为电路的过渡过程，也称为暂态过程。

本章主要分析 RC 和 RL 一阶动态电路的暂态过程。通过对本章的学习，可以使读者对动态电路中的暂态过程具有初步的理论基础。我们将着重讨论下面两个问题：

（1）暂态过程中电压和电流（响应）随时间而变化的规律；

（2）影响暂态过程快慢的电路时间常数。

3.1　电容元件

3.1.1　电容的概念

在电气设备中，广泛用到一种叫电容器的元件。电容器可由两块金属导体中间隔以绝缘介质而组成。当电容器的两极加上电源后，两极板上会充上等量的正负电荷，在两极板之间会建立电场，储存一定的电场能量。当断开电源后，电容两极板所储存的电量以及极板之间所储存的电场继续存在，如图 3-1 所示。故电容器是一种能够储存电场能量的元件。

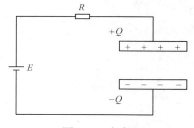

图 3-1　电容器

电容器极板上所储存的电荷随外接电源电压的增高而增加。对某一个电容器而言，其中任意一个极板所储存的电荷量，与两个极板间电压的比值是一个常数。如果电容器两极板间的电压是 U 时，电容器任一极板所带的电荷量是 Q，那么 Q 与 U 的比值叫作电容器的电容量，简称电容，用字母 C 表示，即：

$$C = \frac{Q}{U} \tag{3-1}$$

式中，Q 为电容器一个极板上的电荷量（单位为库仑，C）；U 为电容器两极板间的电压（单位为伏特，V）；C 为电容器的电容（单位为法拉，F）。

式（3-1）表明，电容表示在单位电压的作用下，电容器一个极板所储存的电荷量。若加在两极板间的电压为 1 V，每个极板储存的电荷量是 1 C 时，则电容器的电容是 1 F。

在实际应用中，F 作为单位太大，常用较小的单位，微法（μF）和皮法（pF）表示。

$$1 \mu F = 10^{-6} \, F \qquad 1 \, pF = 10^{-12} \, F$$

如果电容是常数，称为"线性电容"。以下讨论的电容都是指"线性电容"。

3.1.2　电容元件的伏安特性

如图 3-2 所示，当电容两端的电压 u 发生变化时，聚集在极板上的电荷 q 也将相应地发生变化，由于两极板之间的介质是不导电的，所以这些变化一定是由电荷通过连接导线在极

板与电源之间进行定向移动而产生的，也就是说，只要电容两端的
电压 u 产生变化，电容所在的电路会形成电流 i。

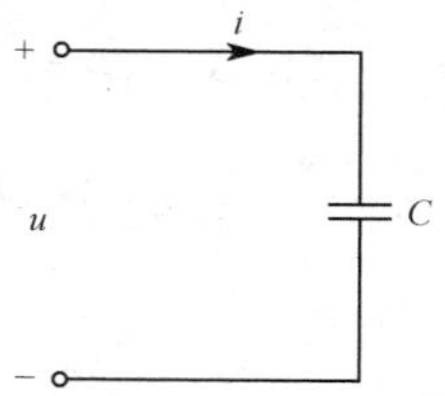

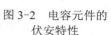

选定 u 和 i 为关联参考方向，设在极短的时间间隔 dt 内，电容的
极板上的电压变化了 du，相应的电量变化了 dq，则：

$$dq = Cdu$$

$$i = \frac{dq}{dt} = C\frac{du}{dt} \qquad (3-2)$$

图 3-2 电容元件的
伏安特性

该式为电容元件的伏安特性表示式。由上式可得：

（1）当 u 增加时，$\dfrac{du}{dt} > 0$，即 $i > 0$，说明电容极板上的电荷量增加，电容器充电；

（2）当 u 减小时，$\dfrac{du}{dt} < 0$，即 $i < 0$，说明电容极板上的电荷量减少，电容器放电；

（3）当 u 不变时，$\dfrac{du}{dt} = 0$，即 $i = 0$，这时电容元件相当于开路，所以电容元件有"隔直
通交"的作用。

3.1.3 电容元件的储能

在电压、电流取关联参考方向下，在任一时刻电容元件吸收的功率为：

$$p(t) = u(t)i(t) = Cu(t)\frac{du(t)}{dt}$$

在 $t = -\infty$ 到 t 时刻，电容元件吸收的电场能量为：

$$W_C = \int_{-\infty}^{t} p(t)dt = \int_{-\infty}^{t} Cu(t)\frac{du(t)}{dt}dt = C\int_{u(-\infty)}^{u(t)} u(t)du(t)$$

$$= \frac{1}{2}Cu^2(t) - \frac{1}{2}Cu^2(-\infty)$$

电容元件吸收的能量以电场能量的形式储存在元件的电场中。可以认为在 $t = -\infty$ 时，
$u(-\infty) = 0$，其电场能量也为零，则：

$$W_C = \frac{1}{2}Cu^2(t) \qquad (3-3)$$

由上式可知，电容元件在某一时刻的储能仅取决于该时刻的电压值，只要有电压存在，
就有储能，且储能 $W_C \geqslant 0$。

从 t_1 到 t_2 时刻，电容元件吸收的能量为：

$$W_C = C\int_{u(t_1)}^{u(t_2)} udu = \frac{1}{2}Cu^2(t_2) - \frac{1}{2}Cu^2(t_1) = W_C(t_2) - W_C(t_1)$$

当 $|u(t_2)| > |u(t_1)|$ 时，$W_C(t_2) > W_C(t_1)$，电容元件充电；反之，电容元件放电。由上式可知，
该元件不消耗能量。所以，电容元件是一种储能元件。同时，电容元件不会释放出多于它所
吸收或储存的能量，因此它是一种无源元件。

对于一个实际的电容元件，其元件参数主要有两个：电容值和耐压。电容的耐压是指安
全使用时所能承受的最大电压。在使用时，如果超过其耐压，则电容内的电介质将被击穿，
电容被烧毁。

扫一扫看电容串并联计算方法

3.1.4 电容元件的连接

1. 电容元件的串联及分压特性

图 3-3（a）是 n 个电容串联的电路，根据 KVL 定律，有：

$$u = u_1 + u_2 + \cdots + u_n$$

根据电容元件的伏安关系，第 k 个电容上的电压 $u_k = \dfrac{1}{C_k} \int_{-\infty}^{t} i\mathrm{d}t$，代入上式得：

$$u = \frac{1}{C_1} \int_{-\infty}^{t} i\mathrm{d}t + \frac{1}{C_2} \int_{-\infty}^{t} i\mathrm{d}t + \cdots + \frac{1}{C_n} \int_{-\infty}^{t} i\mathrm{d}t$$

$$= \left(\frac{1}{C_1} + \frac{1}{C_2} + \cdots + \frac{1}{C_n} \right) \int_{-\infty}^{t} i\mathrm{d}t$$

$$= \frac{1}{C} \int_{-\infty}^{t} i\mathrm{d}t$$

式中，C 为 n 个电容串联的等效电容：

$$\frac{1}{C} = \frac{1}{C_1} + \frac{1}{C_2} + \cdots + \frac{1}{C_n} \tag{3-4}$$

串联电容的等效电路如图 3-3（b）所示。

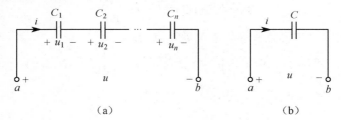

（a）　　　　　　　　　　　（b）

图 3-3　多个电容串联及等效电路

根据电容上电压与电流的关系，可得串联电容上端电压的关系为：

$$u_1 : u_2 : \cdots : u_n : u = \frac{1}{C_1} : \frac{1}{C_2} : \cdots : \frac{1}{C_n} : \frac{1}{C} \tag{3-5}$$

即电容串联时，电压的分配与电容量成反比。

实例3-1　如图 3-4 所示，有两个电容串联，已知 $C_1 = 200\,\mu\mathrm{F}$，耐压 $U_1 = 200\,\mathrm{V}$；$C_2 = 300\,\mu\mathrm{F}$，耐压 $U_2 = 200\,\mathrm{V}$。求等效电容及安全使用时 a、b 两端允许加的最大电压。

解　等效电容为：

$$C = \frac{C_1 C_2}{C_1 + C_2} = \frac{200 \times 300}{200 + 300} = 120\,\mu\mathrm{F}$$

在求 a、b 两端允许加的最大电压 $U_{\max}$ 时，可令电容 C_1 先达到耐压 U_1，计算在这种情况下电容 C_2 上的电压 U_2'。根据 $C_1 U_1 = C_2 U_2'$，得：

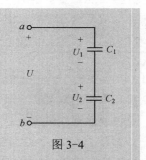

图 3-4

$$U_2' = \frac{C_1 U_1}{C_2} = \frac{200 \times 10^{-6} \times 200}{300 \times 10^{-6}} \approx 133.3 \text{ V}$$

$U_2' < U_2 = 200 \text{ V}$，故假设成立。这时 a、b 两端允许加的最大电压为：

$$U_{\max} = U_1 + U_2' = 200 + 133.3 = 333.3 \text{ V}$$

2. 电容元件的并联及其等效

图 3-5（a）所示为 n 个电容的并联电路。根据 KCL 定律，有：

$$i = i_1 + i_2 + \cdots + i_n$$

根据电容元件上的伏安特性关系，第 k 个电容有 $i_k = C_k \mathrm{d}u / \mathrm{d}t$，将其代入上式得：

$$i = C_1 \frac{\mathrm{d}u}{\mathrm{d}t} + C_2 \frac{\mathrm{d}u}{\mathrm{d}t} + \cdots + C_n \frac{\mathrm{d}u}{\mathrm{d}t} = (C_1 + C_2 + \cdots + C_n) \frac{\mathrm{d}u}{\mathrm{d}t} = C \frac{\mathrm{d}u}{\mathrm{d}t}$$

式中，C 为 n 个电容并联时的等效电容：

$$C = C_1 + C_2 + \cdots + C_n \tag{3-6}$$

并联电容的等效电路如图 3-5（b）所示。

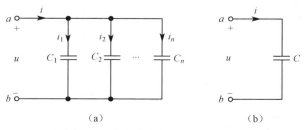

（a）　　　　　　　　　　（b）

图 3-5　多个电容并联及等效电路

? 思考题 3-1

1. 两个电容器，一个电容较大，另一个电容较小，如果他们所带的电荷量一样，那么哪一个电容器上的电压高？如果它们的充电电压相等，那么哪一个电容器的电荷量大？

2. 两只电容器，其中一个电容的电容量为 20 μF，耐压为 25 V，另一只电容的电容量为 50 μF，耐压为 50 V，现将两只电容器并联，求并联后的电容总容量和耐压值；如果将它们串联，求串联后的电容总容量和耐压值？

3.2　电感元件

扫一扫下载
电感元件教
学课件

3.2.1　电感的概念

在工程中广泛应用导线绕制的线圈，例如，在电子电路中常用的空心或带铁氧体的高频线圈，电磁铁或变压器铁芯上绕制的线圈等等。如果线圈通以电流，线圈周围就建立了磁场，或者说线圈储存了能量。绕制线圈的导线是有一定电阻的，作为一种理想的情况，假定电感线圈的电阻小到可以忽略不计，而只考虑其具有储存磁场能量的特性，我们便可抽象出一种理想的电路元件——电感元件，如图 3-6 所示，其图形符号如图 3-7。

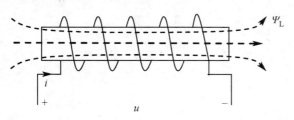

图 3-6　电感

图 3-7　电感元件图形符号

既然通有电流的电感元件会产生磁场，那么显然电流 i 越大，穿过元件（即线圈）的总磁通量（即磁链）ψ 也就越大。我们把 ψ 与 i 的比值称为电感元件的电感，用符号 L 表示：

$$L = \frac{\psi}{i}$$

电感 L 是元件本身的一个固有参数，其大小取决于线圈的几何形状、匝数及其中间的磁介质。如果元件的参数 L 是一个常数，即 ψ 与 i 成正比，则称该元件为线性电感元件，否则称为非线性电感元件。由上式可知，在电流 i 一定时，L 越大，穿过元件的磁链 ψ 也就越大，因此，L 是一个表示元件产生磁场（亦即磁能）能力大小的物理量。

线性电感元件的外特性（韦安特性）是 $\psi - i$ 平面上一条通过原点的直线，本书所讨论的是线性电感元件。

在国际单位制（SI）中，电感的单位为亨利，简称亨，其 SI 符号为 H。使用中还有更小的单位：毫亨（mH）和微亨（μH）。它们的换算关系为：

$$1\,H = 1\,000\,mH \qquad\qquad 1\,mH = 1\,000\,\mu H$$

电感元件可简称为电感，这样，"电感"一词既可以指一种元件，也可以指一种元件的参数，读者应注意区别。

3.2.2　电感元件的伏安特性

当磁链 ψ 随时间变化时，在线圈的两端将产生感应电压。如果感应电压的参考方向与磁链满足右手螺旋定则（如图 3-6），则根据电磁感应定律，有：

$$u = \frac{\mathrm{d}\psi}{\mathrm{d}t}$$

若电感上电流的参考方向与磁链满足右手螺旋准则，则 $\psi = Li$，代入上式得：

$$u = L\frac{\mathrm{d}i}{\mathrm{d}t} \tag{3-7}$$

式（3-7）称为电感元件的电压与电流约束关系（VCR）。由于电压和电流的参考方向与磁链都满足右手螺旋定则，因此电压与电流为关联参考方向。

由式（3-7）可知，当电流 i 为直流稳态电流时，$\mathrm{d}i/\mathrm{d}t = 0$，故 $u = 0$，说明电感在直流稳态电路中相当于短路，有通直流的作用。

若电感上电压 u 与电流 i 为非关联参考方向，则有：

$$u = -L\frac{\mathrm{d}i}{\mathrm{d}t} \tag{3-8}$$

3.2.3 电感元件的储能

在电压和电流的关联参考方向下，线性电感元件吸收的功率为：

$$p = ui = Li\frac{di}{dt}$$

从$-\infty$到 t 的时间段内，电感吸收的磁场能量为：

$$W_L(t) = \int_{-\infty}^{t} p\,dt = \int_{-\infty}^{t} Li\frac{di}{dt}dt = \frac{1}{2}Li^2(t) - \frac{1}{2}Li^2(-\infty)$$

由于在 $t = -\infty$ 时，$i(-\infty) = 0$，代入上式中得：

$$W_L(t) = \frac{1}{2}Li^2(t) \tag{3-9}$$

这就是线性电感元件在任何时刻的磁场能量表达式。

从 t_1 到 t_2 时刻，线性电感元件吸收的磁场能量为：

$$W_L = L\int_{t_1}^{t_2} i\,di = \frac{1}{2}Li^2(t_2) - \frac{1}{2}Li^2(t_1) = W_L(t_2) - W_L(t_1)$$

当电流$|i|$增加时，$W_L > 0$，元件吸收能量；当电流$|i|$减小时，$W_L < 0$，元件释放能量。所以，电感元件是一种储能元件。同时，它不会释放出多于它吸收或存储的能量，因此它是一种无源元件。

实例3-2 有一个电感元件，$L=0.2$ H，通过它的电流 i 的波形如图 3-8 所示，求电感元件两端的电压 u 的波形。

解 当 $0 \leqslant t \leqslant 4\,\text{ms}$ 时，根据图 3-8（b）可知，$i = t$ mA。

所以

$$u = L\frac{di}{dt} = 0.2\,\text{V}$$

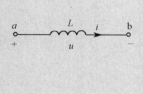

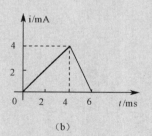

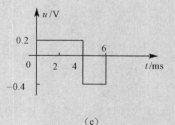

（a）   （b）   （c）

图 3-8

当 $4 \leqslant t \leqslant 6\,\text{ms}$ 时，根据图 3-8（b）可知，$i = (-2t + 12)$ mA

所以，$u = L\dfrac{di}{dt} = 0.2 \times (-2) = -0.4$ V。

按照上面得出的 2 个公式，绘出 u 的波形如图 3-8（c）所示。由图可见：

（1）电流正值增大时，u 为正；电流正值减小时，u 为负。

（2）电流的变化率 di/dt 小，则 u 也小；电流的变化率 di/dt 大，则 u 也大。

（3）电感元件两端的电压 u 和其中电流 i 的波形是不一样的。

3.2.4 电感元件的连接

1. 电感元件的串联及分压特性

如图 3-9（a）所示为 n 个电感串联电路，根据 KVL 定律有：

$$u = u_1 + u_2 + \cdots + u_n$$

而每个电感上的电流与电压，有如下关系：

$$u_1 = L_1 \frac{\mathrm{d}i}{\mathrm{d}t} \quad u_2 = L_2 \frac{\mathrm{d}i}{\mathrm{d}t} \quad \cdots \quad u_n = L_n \frac{\mathrm{d}i}{\mathrm{d}t}$$

将其代入上式得：

$$u = L_1 \frac{\mathrm{d}i}{\mathrm{d}t} + L_2 \frac{\mathrm{d}i}{\mathrm{d}t} + \cdots + L_n \frac{\mathrm{d}i}{\mathrm{d}t}$$

$$= (L_1 + L_2 + \cdots + L_n) \frac{\mathrm{d}i}{\mathrm{d}t}$$

$$= L \frac{\mathrm{d}i}{\mathrm{d}t}$$

$$L = L_1 + L_2 + \cdots + L_n = \sum_{k=1}^{n} L_k \tag{3-10}$$

式中，L 称为 n 个无耦合电感串联的等效电感，它等于各电感之和。

串联电感的等效电路如图 3-9（b）所示。由上述各电感上的电流与电压关系，可得各电感上的电压关系为：

$$\frac{u_1}{L_1} = \frac{u_2}{L_2} = \cdots = \frac{u_n}{L_n} = \frac{u}{L} \tag{3-11}$$

由式（3-11）可知，当多个电感串联时，电压的分配与电感成正比。

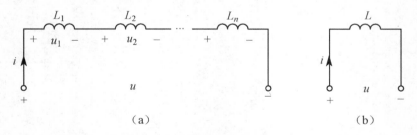

（a）　　　　　　　　　　　　　　（b）

图 3-9　多个电感串联及等效电路

2. 电感元件的并联及其等效

图 3-10（a）所示为 n 个电感并联电路。根据 KCL 定律，有：

$$i = i_1 + i_2 + \cdots + i_n$$

根据第 k 个电感上的电流与电压关系 $i_k = \frac{1}{L_k} \int_{-\infty}^{k} u \mathrm{d}t$ ，代入上式得：

$$i = \frac{1}{L_1} \int_{-\infty}^{t} u \mathrm{d}t + \frac{1}{L_2} \int_{-\infty}^{t} u \mathrm{d}t + \cdots + \frac{1}{L_n} \int_{-\infty}^{t} u \mathrm{d}t$$

$$= \left(\frac{1}{L_1} + \frac{1}{L_2} + \cdots + \frac{1}{L_n} \right) \int_{-\infty}^{t} u \mathrm{d}t$$

$$= \frac{1}{L} \int_{-\infty}^{t} u \mathrm{d}t$$

式中，L 为 n 个无耦合电感并联时的等效电感：

$$\frac{1}{L} = \frac{1}{L_1} + \frac{1}{L_2} + \cdots + \frac{1}{L_n} \tag{3-12}$$

其等效电路如图 3-10（b）所示。

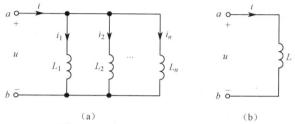

图 3-10　多个电感并联及等效电路

? 思考题 3-2

1. 为什么说电感、电容都是动态元件？
2. 当线圈的两端电压为零时，线圈中有无储能？

3.3　换路定律与电压和电流初始值的确定

 扫一扫下载换路定律与电压和电流初始值的确定教学课件

　　暂态过程的产生是由于物质所具有的能量不能跃变而造成的。因为自然界的任何物质在一定的稳定状态下，都具有一定的或一定变化形式的能量，当条件改变时，能量会随着改变，但是能量的积累或衰减是需要一定时间的。

　　由于电路的接通、切断、短路、电压改变或参数改变等称为换路，使电路中的能量发生变化，但这种变化是不能跃变的。在电感元件中，储有磁能 $\frac{1}{2}Li_L^2$，当发生换路时，磁能不能跃变，这反映在电感元件中的电流 i_L 不能跃变。在电容元件中，储有电能 $\frac{1}{2}Cu_C^2$，当发生换路时，电能不能跃变，这反映在电容元件上的电压 u_C 不能跃变。可见电路的暂态过程是由于储能元件的能量不能跃变而产生的。

　　我们设 $t=0$ 为换路瞬间，而以 $t=0_-$ 表示换路前的终了瞬间，$t=0_+$ 表示换路后的初始瞬间。0_- 和 0_+ 在数值上都等于 0。但前者是指 t 从负值趋近于零，后者是指 t 从正值趋近于零。从 $t=0_-$ 到 $t=0_+$ 瞬间，电感元件中的电流和电容元件上的电压不能跃变，这称为换路定律。如用公式表示，则为：

$$\begin{cases} i_L(0_-) = i_L(0_+) \\ u_C(0_-) = u_C(0_+) \end{cases} \tag{3-13}$$

　　换路定律仅适用于换路瞬间，可根据它来确定 $t=0_+$ 时电路中电压和电流之值，即暂态过程的初始值。确定各个电压和电流的初始值时，先由 $t=0_-$ 的电路求出 $i_L(0_-)$ 或 $u_C(0_-)$，而后由 $t=0_+$ 的电路在已求得的 $i_L(0_+)$ 或 $u_C(0_+)$ 的条件下求其他电压和电流的初始值。

实例3-3　在如图 3-11 所示电路中，直流电源的电压 $U_s=100$ V，$R_2=100\ \Omega$，开关 S 原先合在位置 1，电路处于稳态。试求 S 由位置 1 合到位置 2 的瞬间，电路中电阻 R_1、R_2 上及电容 C 上的电压和电流的初始值。

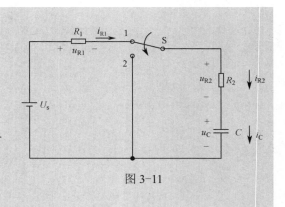

图 3-11

解　选定有关电压和电流的参考方向如图 3-11 所示。由于电容在直流稳态下相当于开路，所以换路前的电容电压为：$u_C(0_-)=U_s=100$ V。

当开关 S 合到位置 2 时，根据换路定律：

$$u_C(0_+)=u_C(0_-)=100\ \text{V}$$

应用基尔霍夫定律：

$$u_{R2}+u_C=0$$

所以　　　　　　　　$$u_{R2}(0_+)=-u_C(0_+)=-100\ \text{V}$$

又　　　　$$i_{R2}(0_+)=\frac{u_{R2}(0_+)}{R_2}=\frac{-100}{100}=-1\ \text{A}$$

$$i_C(0_+)=i_{R2}(0_+)=-1\ \text{A}$$

对于 R_1，则有：　　　$$i_{R1}(0_+)=0$$

$$u_{R1}(0_+)=R_1\times i_{R1}(0_+)=0$$

扫一扫看换路定律与初始值微视频

扫一扫看初始值求解方法（电容）微视频

扫一扫看初始值求解方法（电感）微视频

实例3-4　求图 3-12（a）所示电路当开关 S 合上时各电流的初始值。换路前电路已处于稳态。

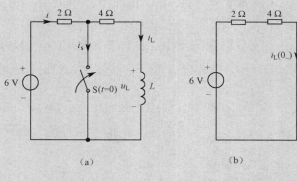

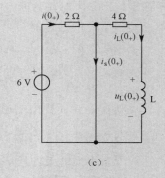

（a）　　　　　　　　　　（b）　　　　　　　　　　（c）

图 3-12

解　在 $t=0_-$ 时，将电感元件短路，图 3-12（a）就化简为图 3-12（b），得出：

$$i_L(0_-)=\frac{6}{2+4}=1\ \text{A}$$

在 $t=0_+$ 时，由换路定律得 $i_L(0_+)=1$ A，开关 S 合上时图 3-12（a）就化简为图 3-12（c），得出：

$$u_L(0_+) = 4 \times (-1) = -4 \text{ V}$$

$$i(0_+) = \frac{6}{2} = 3 \text{ A}$$

$$i_S(0_+) = 3 - 1 = 2 \text{ A}$$

实例3-5　如图 3-13（a）所示电路，求电路中开关 S 打开时各个电压和电流的初始值。设换路前电路处于稳态。

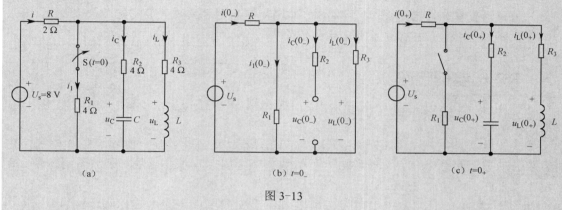

图 3-13

解　先由 $t=0_-$ 时的电路（如图 3-13（b）所示，电容元件视作开路，电感元件视作短路），求得：

$$i_L(0_-) = \frac{R_1}{R_1 + R_3} \times \frac{U_s}{R + \frac{R_1 R_3}{R_1 + R_3}} = \frac{4}{4+4} \times \frac{8}{2 + \frac{4 \times 4}{4+4}} = 1 \text{ A}$$

$$u_C(0_-) = R_3 i_L(0_-) = 4 \times 1 = 4 \text{ V}$$

在 $t=0_+$ 的电路中得：

$$i_L(0_+) = i_L(0_-) = 1 \text{ A}$$

$$u_C(0_+) = u_C(0_-) = 4 \text{ V}$$

扫一扫看电路初始值计算方法

于是由图 3-13（c）可以列出下列方程：

$$\begin{cases} U_s = Ri(0_+) + R_2 i_C(0_+) + u_C(0_+) \\ i(0_+) = i_C(0_+) + i_L(0_+) \end{cases}$$

代入数据得：

$$\begin{cases} 8 = 2i(0_+) + 4i_C(0_+) + 4 \\ i(0_+) = i_C(0_+) + 1 \end{cases}$$

解得：

$$i_C(0_+) = \frac{1}{3} \text{ A} \qquad i(0_+) = \frac{4}{3} \text{ A}$$

并可得出：

$$u_L(0_+) = R_2 i_C(0_+) + u_C(0_+) - R_3 i_L(0_+) = 4 \times \frac{1}{3} + 4 - 4 \times 1 = \frac{4}{3} \text{ V}$$

由上述可知，$u_C(0_+) = u_C(0_-)$，不能跃变，而 $i_C(0_-) = 0$，$i_C(0_+) = \frac{1}{3}$ A，是可以跃变的；

$i_L(0_+) = i_L(0_-)$，不能跃变；而 $u_L(0_-) = 0$，$u_L(0_+) = \dfrac{4}{3}$ V，是可以跃变的。

因此，计算 $t=0_+$ 时电压和电流的初始值，只需要计算 $t=0_+$ 时的 $i_L(0_-)$ 和 $u_C(0_-)$，因为它们不能跃变，即为初始值，而 $t=0_-$ 时的其余电压和电流都与初始值无关，不必去求。

？ 思考题 3-3

1. 什么是暂态过程？具有电感或电容的电路中发生暂态过程的原因是什么？

2. 换路定律的内容是什么？换路瞬间电感电压和电容电流能否突变，为什么？

3. 什么叫初始值？如何求电路的初始值？

3.4 RC 电路的响应

扫一扫下载
RC 电路响应
教学课件

扫一扫看一阶
RC 电路暂态响
应的仿真测试

3.4.1 RC 电路的零输入响应

如果一阶动态电路在换路时具有一定的初始储能，这时电路中即使没有外加电源的存在，仅凭动态元件储存的能量，仍能产生一定的电压和电流，我们称这种外加激励为零，仅由动态元件的初始储能引起的电流或者电压叫作零输入响应。

如图 3-14 所示，RC 放电电路产生的电流和电压，即是典型的零输入响应。

图 3-14 所示的 RC 电路中，开关 S 在 $t=0$ 时闭合，在开关闭合前电容电压已充电到 $u_C(0_-) = U_0$；在开关闭合后，即 $t \geq 0_+$ 时电容经电阻放电，电路中有放电电流。随着时间的推移，电容两端的电压逐渐降低，放电电流逐渐减小，最终等于零，放电结束。研究 RC 电路的零输入响应，就是要找出电容经电阻放电时，电容的电压和电流随时间变化的规律以及放电的时间长短。

电容的初始状态并非为零，具有 U_0 的电压，这叫作非零初始状态。

根据基尔霍夫电压定律，$u_C = Ri$，而 $i = -C\dfrac{du_C}{dt}$，式中负号是因为电流 i 和电压 u_C 为非关联参考方向。将 i 代入上式就得到以 u_C 为变量的微分方程：$RC\dfrac{du_C}{dt} + u_C = 0$，这是一阶常系数线性齐次微分方程。

令 $u_C = Ae^{pt}$，代入上式，就可得到相应的特征方程：$RCp + 1 = 0$

其特征方程根为：$p = -\dfrac{1}{RC}$，所以 $u_C = Ae^{-\frac{1}{RC}t}$

初始条件由换路定理可知，$u_C(0_-) = u_C(0_+) = U_0$，代入 $u_C = Ae^{-\frac{1}{RC}t}$ 后，得 $u_C(0_+) = Ae^0 = U_0$，则 $A = U_0$。

这样，得到满足初始值的微分方程的解为：

$$u_C = U_0 e^{-\frac{1}{RC}t} \qquad\qquad (3-14)$$

这就是电容 C 对 R 放电的过程中电容电压 u_C 的表达式。

电路中的电流，即电容的放电电流为：

$$i = -C\frac{\mathrm{d}u_C}{\mathrm{d}t} = -C\frac{\mathrm{d}}{\mathrm{d}t}(U_0\mathrm{e}^{-\frac{1}{RC}t}) = -C(-\frac{1}{RC})U_0\mathrm{e}^{-\frac{1}{RC}t} = \frac{U_0}{R}\mathrm{e}^{-\frac{1}{RC}t} \tag{3-15}$$

电阻上的电压为：
$$u_R = u_C = U_0\mathrm{e}^{-\frac{1}{RC}t} \tag{3-16}$$

令 $\tau = RC$，则 τ 的单位是秒（s），τ 称为 RC 串联电路的时间常数（time constant），它反映了电路中过渡过程进行的快慢。

电容的放电快慢可以通过改变电路的时间常数来达到。图 3-15 给出了三种不同时间常数下 u_C 的变化曲线。

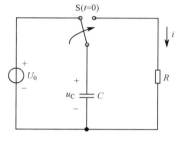

图 3-14　RC 放电电路

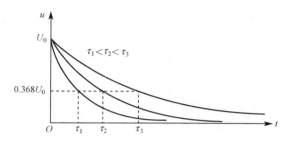

图 3-15　不同时间常数下 u_C 的变化曲线

现将对应于不同时刻的电压 u_C 和电流 i 的数值列于表 3-1。

表 3-1　不同时刻的电压 u_C 和电流 i 的值

扫一扫看一阶动态电路微视频

t	$\mathrm{e}^{-t/\tau}$	u_C	i
0	$\mathrm{e}^0=1$	U_0	$\dfrac{U_0}{R}$
τ	$\mathrm{e}^{-1}=0.368$	$0.368U_0$	$0.368\dfrac{U_0}{R}$
2τ	$\mathrm{e}^{-2}=0.135$	$0.135U_0$	$0.135\dfrac{U_0}{R}$
3τ	$\mathrm{e}^{-3}=0.050$	$0.050U_0$	$0.050\dfrac{U_0}{R}$
4τ	$\mathrm{e}^{-4}=0.018$	$0.018U_0$	$0.018\dfrac{U_0}{R}$
5τ	$\mathrm{e}^{-5}=0.007$	$0.007U_0$	$0.007\dfrac{U_0}{R}$
$\vdots$	$\vdots$	$\vdots$	$\vdots$
∞	$\mathrm{e}^{-\infty}=0$	0	0

由表 3-1 可以看出，时间常数 τ 是电容电压（或电路电流）衰减到原来值的 36.8% 时所需的时间。当 $t=5\tau$ 时，u_C 已是初始值的 0.7% 了。因此在工程实践中一般认为，换路后时间经过 5τ，电容放电基本结束。

在电容放电过程中，电容将储存的电场能量不断地放出，电阻不断地消耗能量；最后，电容储存的全部电场能量在放电过程中被电阻耗尽，动态过程结束，符合能量守恒定律。

实例3-6　在如图 3-16 所示电路中，开关 S 长期闭合在位置 1 上，如在 $t=0$ 时把它合到位置 2 后，试求电容上的电压 u_C 和放电电流 i。

解　在 $t=0_-$ 时，$u_C(0_-) = R_2I = 2\times10^3\times3\times10^{-3} = 6\ \mathrm{V}$

由式（3-14）可得：$u_C = 6e^{-\frac{t}{R_3 C}} = 6e^{-\frac{t}{3\times10^3\times1\times10^{-6}}} = 6e^{-3.3\times10^3 t}$ V

由式（3-15）可得　$i = -C\dfrac{du_C}{dt} = 2\times10^{-3}e^{-\frac{t}{3\times10^3\times1\times10^{-6}}} = 2e^{-3.3\times10^3 t}$ mA

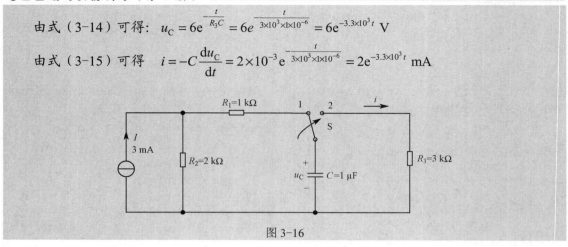

图 3-16

在有些电子设备中，RC 串联电路的时间常数，仅为几分之一微秒，放电过程只有几个微秒；而在电力系统中，有的高压电力容器，其放电时间长达几十分钟。

3.4.2　RC 电路的零状态响应

零状态响应是指动态电路换路时电路没有储存能量，电路仅有外加电源作用产生的响应；由于动态元件的初始状态是零，即 $u_C(0_+) = 0$，所以叫作零状态响应。

RC 电路的零状态响应是指无初始储能的电容通过电阻充电的物理过程，如图 3-17 所示。

电路的初始状态为零，即 $u_C(0_+) = 0$。当开关闭合时，由换路定律可知电容电压的初始值 $u_C(0_-) = u_C(0_+) = 0$，因此在 $t=0_+$ 时，电容相当于短路，电容的初始充电电流 U_s/R。随着电容被不断地充电，电容的电压逐渐升高，充电电流逐渐地减小，当电容电压上升至 U_s 时，充电结束。充电电流等于零，电容相当于开路，充电完毕，过渡过程结束。

我们以开关合上瞬间作为计时起点，即 $t=0$ 时合上开关。选取有关电压和电流的参考方向如图 3-17 所示。

图 3-17　RC 充电电路

根据基尔霍夫电压定律，有：

$$u_R + u_C = U_s$$

因为 $u_R = Ri$，$i = C\dfrac{du_C}{dt}$，代入上式得：

$$RC\frac{du_C}{dt} + u_C = U_s \tag{3-17}$$

上式为一阶常系数线性非齐次微分方程。它的解有特解 u'_C 和相应的齐次方程的通解 u''_C 组成，即 $u_C = u'_C + u''_C$。

由于式（3-17）是描述开关 S 合上后的全过程，所以电容充电结束为稳态时的 u_C 稳态值

必定满足式（3-17），故可把 u_C 的稳态值作为式（3-17）的特解，即 $u_C' = U_s$。

由上节可知，齐次微分方程的通解为：$u_C'' = Ae^{-\frac{1}{RC}t}$

这样，方程（3-17）的全解为：$u_C = u_C' + u_C'' = U_s + Ae^{-\frac{1}{RC}t}$

初始条件是：当开关未合上时，电容没有充电，电压 $u_C(0_+) = 0$，根据换路定律，电容的初始值 $u_C(0_-) = u_C(0_+) = 0$，由这一初始条件来确定系数 A。将电容电压的初始值代入上式得：$0 = U_s + A$，所以 $A = -U_s$。

这样 $\qquad u_C = u_C' + u_C'' = U_s + Ae^{-\frac{1}{RC}t} = U_s - U_se^{-\frac{1}{RC}t} = U_s(1 - e^{-\frac{1}{RC}t})$

同样，令 $\tau = RC$ 为时间常数，则：

$$u_C = U_s(1 - e^{-\frac{t}{\tau}}) \tag{3-18}$$

这就是电容元件充电过程中电容上电压的表达式。式中第一项 U_s 是电容充电完毕的稳态值，称为电压的稳态分量，第二项 $U_se^{-\frac{t}{\tau}}$，当 $t \to \infty$ 时将衰减为零，称为电容电压的暂态分量。

下面我们来看一看电容的充电电流：

$$i = C\frac{du_C}{dt}$$

已知 $u_C = U_s(1 - e^{-\frac{t}{\tau}})$，代入上式得：

$$i = \frac{U_s}{R}e^{-\frac{t}{\tau}} \tag{3-19}$$

电阻上的电压为：

$$u_R = Ri = U_se^{-\frac{t}{\tau}} \tag{3-20}$$

电流 i、电阻上的电压 u_R、电容上的电压 u_C 随时间变化的曲线如图 3-18 所示。

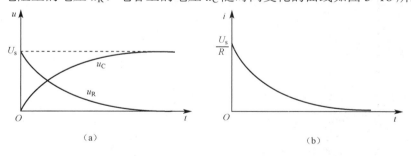

图 3-18 i、u_R、u_C 随时间变化的曲线

由上述分析可以看出，电容在充电时，电容的电压从零开始按指数规律上升到稳态值 U_s；而充电电流开始从零跃变到 U_s/R，然后按同样的指数规律衰减到零。电阻的电压与电流变化规律也与之相同。电压、电流变化进程的快慢，仍取决于电路的时间常数。

从物理意义上看，电阻值越大，充电电流就越小，电容上的电荷增加就慢，电容上电压 u_C 增加也慢；电容量越大，储存的电场能量也就多，因而需要的充电时间就越长。现将电容充电时，对应于不同时刻电容电压 u_C 列于表 3-2。

表 3-2　不同时刻电容电压 u_C 的值

t	$e^{-t/\tau}$	$u_C = U_s(1-e^{-t/\tau})$
0	$e^0 = 1$	0
τ	$e^{-1} = 0.368$	$0.632U_s$
2τ	$e^{-2} = 0.135$	$0.865U_s$
3τ	$e^{-3} = 0.050$	$0.950U_s$
4τ	$e^{-4} = 0.018$	$0.982U_s$
5τ	$e^{-5} = 0.007$	$0.993U_s$
$\vdots$	$\vdots$	$\vdots$
∞	$e^{-\infty} = 0$	U_s

从表 3-2 中可以看出，当 $t = \tau$ 时，电容电压已经充电到稳态值的 63.2%；当 $t = 5\tau$ 时已充电到 99.3%。因此，工程中一般认为，换路后经过 5τ 时间，电容充电基本结束，这时，认为电路已经进入新的稳定状态，过渡过程结束。

图 3-19 给出了不同时间常数所对应的电容电压 u_C 的曲线，其中 $\tau_1 < \tau_2 < \tau_3$。由图可以看出，τ_3 最大，u_{C3} 上升最慢；τ_1 最小，u_{C1} 相对来说上升最快。

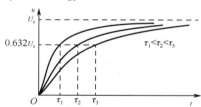

图 3-19　不同时间常数时 u_C 的变化曲线

实例3-7　如图 3-17 所示电路中，已知 $U_s = 220\,V$，$R = 200\,\Omega$，$C = 1\,\mu F$，电容无初始储能，在 $t = 0$ 时，合上开关 S。求（1）时间常数 τ；（2）最大充电电流 i_{max}；（3）u_C、u_R 和 i；（4）做出 i、u_R、u_C 随时间变化的曲线；（5）合上开关后 $1\,ms$ 时的 u_C、u_R 和 i 值。

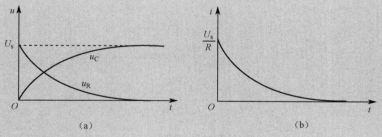

图 3-20　i、u_R、u_C 随时间变化的曲线

解　（1）时间常数：$\tau = RC = 200 \times 1 \times 10^{-6} = 2 \times 10^{-4}\,s = 200\,\mu s$

（2）最大充电电流：$i_{max} = \dfrac{U_s}{R} = \dfrac{220}{200} = 1.1\,A$

（3）$u_C = U_s(1 - e^{-\frac{t}{\tau}}) = 220(1 - e^{-5 \times 10^3 t})\,V$

$$i = \frac{U_s}{R}\mathrm{e}^{-\frac{t}{\tau}} = 1.1\mathrm{e}^{-5 \times 10^3 t}\,\mathrm{A}$$

$$u_R = U_s \mathrm{e}^{-\frac{t}{\tau}} = 220\mathrm{e}^{-5 \times 10^3 t}\,\mathrm{V}$$

（4）i、u_R、u_C 随时间变化的曲线见图 3-20。

（5）$t=1\,\mathrm{ms}=10^{-3}\,\mathrm{s}$ 时：

$$u_C = U_s(1 - \mathrm{e}^{-\frac{t}{\tau}}) = 220(1 - \mathrm{e}^{-5}) \approx 220(1 - 0.007) \approx 218.5\,\mathrm{V}$$

$$i = \frac{U_s}{R}\mathrm{e}^{-\frac{t}{\tau}} = 1.1\mathrm{e}^{-5} \approx 1.1 \times 0.007 = 0.007\,7\,\mathrm{A}$$

$$u_R = U_s \mathrm{e}^{-\frac{t}{\tau}} = 220\mathrm{e}^{-5} \approx 220 \times 0.007 = 1.5\,\mathrm{V}$$

3.4.3 RC 电路的全响应

前面我们讨论了 RC 电路的零输入响应和零状态响应。当一个非零初始状态的电路受到激励时，电路中的响应称为全响应。对于线性电路，全响应为零输入响应和零状态响应两者的叠加。图 3-21 为一个已充电的电容经过电阻连接到直流电压源 U_s，电容上原有的电压为 U_0。

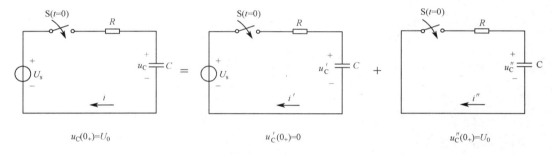

$$u_C(0_+)=U_0 \qquad\qquad u_C'(0_+)=0 \qquad\qquad u_C''(0_+)=U_0$$

图 3-21　RC 电路的全响应

当 $t \geqslant 0$ 时电路中电容电压 u_C 的零状态响应 u_C' 和零输入响应 u_C'' 分别为：

$$u_C' = U_s(1 - \mathrm{e}^{-\frac{t}{\tau}})$$

$$u_C'' = U_s \mathrm{e}^{-\frac{t}{\tau}}$$

而电路的全响应（电容电压）为：

$$u_C = u_C' + u_C'' = U_s(1 - \mathrm{e}^{-\frac{t}{\tau}}) + U_0 \mathrm{e}^{-\frac{t}{\tau}} \qquad\qquad （3\text{-}21）$$

即，全响应=零状态响应 + 零输入响应。

式（3-21）就是电容电压的全响应。

把式（3-21）改写成：

$$u_C = U_s + (U_0 - U_s)\mathrm{e}^{-\frac{t}{\tau}} \qquad\qquad （3\text{-}22）$$

从上式可以看出，右边的第一项是稳态分量，它等于外施的直流电压，而第二项是瞬态分量，它随时间的增长而按指数规律逐渐衰减为零。所以全响应又可以表示为：

全响应 = 稳态分量 + 瞬态分量

电路中的全响应电流 i 也看作零状态响应与零输入响应的叠加，即：

$$i = \frac{U_s}{R}e^{-\frac{t}{\tau}} - \frac{U_0}{R}e^{-\frac{t}{\tau}} \qquad (3-23)$$

由上面的分析可以看出，一阶电路的全响应可以分解为零状态响应和零输入响应，也可以分解为稳态分量和暂态分量。

实例3-8 在图 3-22（a）中，开关长期闭合在位置 1 上，如在 $t=0$ 时把它合到位置 2 后，试求电容元件上的电压 u_C。已知 $R_1=1\,k\Omega$，$R_2=2\,k\Omega$，$C=1\,\mu F$，电压源 $U_1=3\,V$ 和 $U_2=5\,V$。

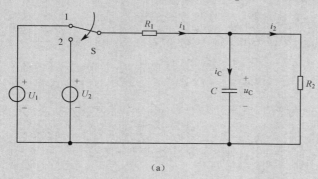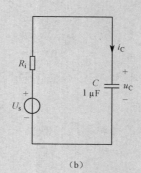

图 3-22

解 在 $t=0_-$ 时，$u_C(0_-) = \frac{U_1 R_2}{R_1+R_2} = \frac{3\times 2\times 10^3}{(1+2)\times 10^3} = 2\,V$

根据换路定律有：$u_C(0_+) = u_C(0_-) = 2\,V$，即 $U_0 = 2\,V$

应用戴维南定理，可知换路后的等效电路如图 3-21（b）所示。

其等效电阻为：$R_i = \frac{R_1 R_2}{R_1+R_2} = \frac{1\times 2}{1+2} = \frac{2}{3}\,k\Omega$

等效电压源为：$U_s = \frac{R_2}{R_1+R_2}U_2 = \frac{2}{1+2}\times 5 = \frac{10}{3}\,V$

$$\tau = R_i C = \frac{2}{3}\times 10^3 \times 1\times 10^{-6} = \frac{2}{3}\times 10^{-3}\,s$$

根据式（3-23）可得：

$$u_C = U_s + (U_0 - U_s)e^{-\frac{t}{\tau}} = \frac{10}{3} - \left(\frac{10}{3} - 2\right)e^{-\frac{t}{\frac{2}{3}\times 10^{-3}}} = \frac{10}{3} - \frac{4}{3}e^{-1500t}\,V$$

思考题 3-4

1. 什么是时间常数？时间常数的大小与充放电的快慢有什么关系？
2. RC 电路的充电过程按什么规律变化？
3. RC 电路的放电过程中，电阻两端的电压怎样变化？
4. RC 电路的充放电过程中，电容中的电流是怎样变化的？

3.5　RL 电路的响应

扫一扫下载
RL 电路响应
教学课件

3.5.1　RL 电路的零输入响应

如图 3-23 所示，在开关 S 打开前电路已处于稳定状态，电感相当于短路，此时电感中的电流为 $I_0 = U_0 / R_1$，电感储存了磁场能量。在 $t=0$ 时，将 S 打开，由于电感电流不能跃变，所以电感电流的初始值 $i_L(0_+) = i_L(0_-) = I_0$，在 $t \geqslant 0_+$ 时，换路后 i_L 继续沿 R 和 L 组成的回路流动，电感的储能不断被电阻消耗而减少，随着电感储存的磁场能量不断通过电阻进行释放，电感储能被全部消耗，此时 $i_L=0$，$u_R=0$，i_L 不再变化，电路处于稳态。由于电路的响应是由电感储存的磁场能量引起，所以为零输入响应。

电压和电流的参考方向如图 3-23 所示，根据基尔霍夫电压定律可得：

$$u_L + Ri_L = 0$$

将 $u_L = L\dfrac{di_L}{dt}$ 代入上式就得到以 i_L 为变量的微分方程：

$$\frac{di_L}{dt} + \frac{R}{L}i_L = 0$$

上式是一阶线性齐次微分方程。

令 $i_L = Ae^{pt}$，代入上式，就可得到相应的特征方程：$Lp + R = 0$

其特征方程根为：$p = -\dfrac{R}{L}$，所以 $i_L = Ae^{-\frac{R}{L}t}$。

初始条件由换路定理可知，$i_L(0_+) = i_L(0_-) = I_0$，把此式代入 $i_L = Ae^{-\frac{R}{L}t}$ 中，得 $i_L(0_+) = Ae^0 = I_0$，则 $A = I_0$。

所以，电路的零输入响应 i_L 为：

$$i_L = I_0 e^{-\frac{R}{L}t} \tag{3-24}$$

电感上的电压为：

$$u_L = L\frac{di_L}{dt} = L\frac{d}{dt}(I_0 e^{-\frac{R}{L}t}) = -RI_0 e^{-\frac{R}{L}t} \tag{3-25}$$

电阻上电压为：

$$u_R = Ri_L = RI_0 e^{-\frac{R}{L}t} \tag{3-26}$$

令 $\tau = \dfrac{L}{R}$，则 τ 的单位是秒（s），τ 称为 RL 串联电路的时间常数（time constant），其意义与上一节所述 RC 电路的时间常数意义相同。这样，式（3-24）和（3-25）可以表示为：

$$i_L = I_0 e^{-\frac{t}{\tau}} \tag{3-27}$$

$$u_L = -RI_0 e^{-\frac{t}{\tau}} \tag{3-28}$$

由上述分析可以看出，一阶 RL 电路的零输入响应（电流和电压）都是按同样的指数规

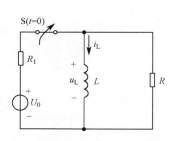

图 3-23 RL 电路的零输入响应

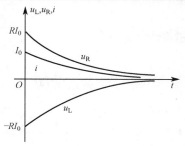

图 3-24 i_L、u_L 和 u_R 随时间变化的曲线

律衰减，最后趋于零，其变化曲线如图 3-24 所示。

过渡过程中由于电阻不断地消耗能量，电流在不断减少，故感应电压必然沿着电流方向在电感两端引起电位上升，在选定电压 u_L 的参考方向下，电感电压应为负值，所以在式（3-25）中出现了负号说明电感电压方向与图中的参考方向相反。RL 电路的短接过程，实际上就是电感元件内所储存的磁场能量转变为热能的过程。

实例3-9 图 3-25 所示 RL 串联电路，已知 $R=5\,\Omega$，$L=0.398\,\text{H}$，直流电源 $U_s=35\,\text{V}$，伏特表量程为 50 V，内阻 $R_V=5\,\text{k}\Omega$。开关 S 为打开时，电路已处于稳定状态。在 $t=0$ 时，拉开开关。求：（1）S 打开时短接的时间常数；（2）i 的初始值；（3）i 和 u_V 的表达式；（4）$t=0$ 时伏特表两端的电压。

解 （1）时间常数：

$$\tau = \frac{L}{R_V} = \frac{0.398}{5 \times 10^3} = 79.6 \times 10^{-6}\,\text{s} = 79.6\,\mu\text{s}$$

（2）在开关未打开时，电路已处于稳态，

$i(0_-) = \dfrac{U_s}{R}$，所以，i 的初始值为：

$$i(0_+) = i(0_-) = \frac{U_s}{R} = \frac{35}{5} = 7\,\text{A}$$

即 $$I_0 = 7\,\text{A}$$

图 3-25

（3）由式（3-27）和式（3-28）得出：$i = I_0 e^{-\frac{t}{\tau}} = 7e^{-12563t}\,\text{A}$

$$u_V = -R_V I_0 e^{-\frac{t}{\tau}} \approx -5 \times 10^3 \times 7e^{-12563t} = -35e^{-12563t}\,\text{kV}$$

（4）$t=0$ 时，$u_V = -35\,\text{kV}$。

上述例题说明出现了过电压，电阻 R_V 越大，这个电压也就越大，这时伏特表要承受很高的电压，会导致伏特表的损坏，所以断开 S 之前，必须先将伏特表拆除。

3.5.2 RL 电路的零状态响应

如图 3-26 所示电路中，电感没有初始储能，即 $i_L(0_+)=0$。当开关闭合时，由换路定律可知 $i_L(0_+) = i_L(0_-) = 0$，因此在 $t=0_+$ 时，电路中没有电流，电感相当于开路，电感电压的初始值 $u_L(0_+) = U_s$。当 $t > 0_+$ 后，电感电流逐渐增加，电感电压逐渐减小，当电感电流上升至

U_s/R 时，电路进入新的稳定状态，这时，电感相当于短路，过渡过程结束。

我们以开关合上瞬间作为计时起点，即 $t=0$ 时合上开关。选取有关电压和电流的参考方向如图 3-26 所示。

根据基尔霍夫电压定律，有：

$$u_R + u_L = U_s$$

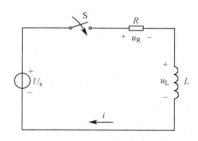

图 3-26 RL 电路的零状态响应

因为 $u_R = Ri_L$，$u_L = L\dfrac{di_L}{dt}$，代入后得：

$$L\frac{di_L}{dt} + Ri_L = U_s \qquad (3\text{-}29)$$

上式为一阶非齐次微分方程。它的解由特解 i_L' 和相应的齐次方程的通解 i_L'' 组成，即 $i_L = i_L' + i_L''$。

以换路后的稳态值作为特解，即 $i_L' = U_s/R$，其次微分方程的通解由上节可知，为：

$$i_L'' = Ae^{-\frac{R}{L}t} = Ae^{-\frac{t}{\tau}}$$

式中，$\tau = \dfrac{L}{R}$，τ 的单位是秒（s），τ 称为 RL 串联电路的时间常数（time constant）。

这样，方程（3-29）的全解为：$i_L = i_L' + i_L'' = \dfrac{U_s}{R} + Ae^{-\frac{t}{\tau}}$

初始条件是：开关未合上时，电感没有初始储能，$i_L(0_-) = 0$，根据换路定律，$i_L(0_+) = i_L(0_-) = 0$，由这一初始条件来确定系数 A。将电容电压的初始值代入上式得：$0 = U_s/R + A$，所以 $A = -U_s/R$。

RL 电路的零状态响应为：

$$i_L = i_L' + i_L'' = \frac{U_s}{R} - \frac{U_s}{R}e^{-\frac{t}{\tau}} = \frac{U_s}{R}(1 - e^{-\frac{t}{\tau}}) \qquad (3\text{-}30)$$

式中第一项 U_s/R 是电容充电完毕的稳态值，称为稳态分量，第二项 $\dfrac{U_s}{R}e^{-\frac{t}{\tau}}$ 当 $t \to \infty$ 时将衰减为零，称为暂态分量。

下面我们来看一看电感电压：

$$u_L = L\frac{di_L}{dt}$$

已知 $i_L = \dfrac{U_s}{R}(1 - e^{-\frac{t}{\tau}})$，代入上式得：

$$u_L = U_s e^{-\frac{t}{\tau}} \qquad (3\text{-}31)$$

电阻上的电压：

$$u_R = Ri_L = U_s(1 - e^{-\frac{t}{\tau}}) \qquad (3\text{-}32)$$

电流 i_L、电感上的电压 u_L 和电阻上的电压 u_R 随时间变化的曲线如图 3-27 所示。

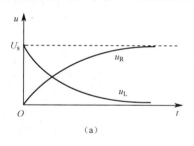 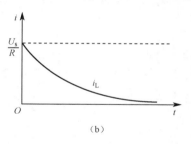

图 3-27 i_L、u_L、u_R 随时间变化的曲线

实例3-10   如图 3-26 所示电路，是一个具有电阻 $R=1\,500\,\Omega$ 及电感 $L=15\,H$ 的串联电路。现连接在电压为 18 V 的直流电源上。电流、电压的参考方向如图 3-26 所示。求（1）时间常数 τ；（2）u_L 和 i 的表达式；（3）经过 0.1 s 后的 u_L 和 i 值。

解 （1）时间常数为： $\tau = \dfrac{L}{R} = \dfrac{15}{1500} = 0.01\,\text{s} = 10\,\text{ms}$

（2）由式（3-31）和式（3-30）得： $u_L = U_s e^{-\frac{t}{\tau}} = 18e^{-100t}\,\text{V}$

$$i = \frac{U_s}{R}(1 - e^{-\frac{t}{\tau}}) = \frac{18}{1\,500}(1 - e^{-100t}) = 0.012(1 - e^{-100t})\,\text{A}$$

（3）当 $t=0.1$ s 时

$$u_L = U_s e^{-\frac{t}{\tau}} = 18e^{-100t} \approx 0.000\,82\,\text{V}$$

$$i = \frac{U_s}{R} e^{-\frac{t}{\tau}} \approx 0.011\,99\,\text{A}$$

3.5.3   RL 电路的全响应

前面我们讨论了 RC 电路的全响应。当一个非零初始状态的电路受到激励时，电路中的响应称为全响应。对于线性电路，全响应为零输入响应和零状态响应两者的叠加。与此相似，下面我们来讨论一下 RL 电路的全响应。在图 3-28 所示电路中，电源电压为 U_s，$i(0_-) = \dfrac{U_s}{R + R_0} = I_0$。当开关闭合时，与图 3-26 一样是一个 RL 串联电路。

当 $t \geq 0$ 时，电路的全响应为：

$$i_L = i'_L + i''_L = \frac{U_s}{R}(1 - e^{-\frac{t}{\tau}}) + I_0 e^{-\frac{t}{\tau}} \qquad (3\text{-}33)$$

即，全响应=零状态响应 + 零输入响应。

把式（3-33）改写成：

$$i_L = i'_L + i''_L = \frac{U_s}{R} + (I_0 - \frac{U_s}{R})e^{-\frac{t}{\tau}} \qquad (3\text{-}34)$$

从上式可以看出，右边的第一项是稳态分量，它等于外加的直流电压，而第二项是暂态分量，它随时间的增长而按指数规律逐渐衰减为零。所以全响应又

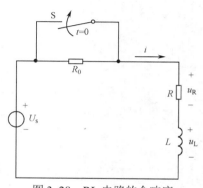

图 3-28   RL 电路的全响应

可以表示为：

$$全响应=稳态分量+暂态分量$$

实例3-11 如电路 3-28 所示，$R_0=6\,\Omega$，$R=6\,\Omega$，$L=0.6\,H$，电压源 $U_s=12\,V$，试求电流 i，并画出变化曲线，换路后多长时间能达到 1.5 A？

解 换路前电感中的电流：$I_0=\dfrac{12}{6+6}=1\,A$

确定时间常数：$\tau=\dfrac{L}{R}=\dfrac{0.6}{6}=0.1\,s$

根据式（3-34）可知：$i=\dfrac{12}{6}+(1-\dfrac{12}{6})e^{-10t}$

$$=2-e^{-10t}\,A$$

当电流等于 1.5 A 时，$1.5=2-e^{-10t}\,A$，求解得经过的时间为 $t=0.069\,s$。

电流 i 的变化曲线如图 3-29 所示。

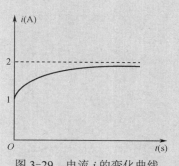

图 3-29 电流 i 的变化曲线

？ 思考题 3-5

1. 换路瞬间，RL 电路中电感的电流如何变化？
2. 什么是 RL 电路的时间常数？时间常数的大小与电流变化的快慢有什么关系？

3.6 一阶线性电路动态分析的三要素法

扫一扫下载一阶线性电路动态分析三要素法教学课件

如前所述，不难得到，在非零初始状态、直流电源输入作用下，一阶电路内各处的电压、电流按照指数规律变化，电压和电流都从初始值开始，逐渐增长或衰减到稳态值，且同一电路中各支路电流和电压的时间常数相等。所以我们要知道换路后的初始值、稳态值和时间常数这三个要素，就能直接写出一阶电路的全响应，这种求解方法成为一阶电路的三要素法。

设 $f(0_+)$ 表示电压或电流的初始值，$f(\infty)$ 表示电压和电流的稳态值，τ 表示电路的时间常数，$f(t)$ 表示电路中待求的电压和电流，一阶电路全响应的三要素法通式为：

$$f(t)=f(\infty)+[f(0_+)-f(\infty)]e^{-\frac{t}{\tau}} \tag{3-35}$$

回忆前几节 RC 电路和 RL 电路的各类响应，可以看出零输入响应和零状态响应是全响应的特例。这样一阶电路的各类响应都可以由式（3-35）来求解。

在式（3-35）中，$f(\infty)$ 是换路后电路中待求量的稳态值，可用电阻性电路中介绍的方法求得，初始值 $f(0_+)$ 的计算已在本章 3.3 节的实例中介绍过，时间常数 τ 在同一电路中为一个值，$\tau=RC$ 或 $\tau=L/R$，其中 R 应理解为在换路后的电路中从储能元件（电容或电感）两端看进去的入端电阻，即戴维南或诺顿等效电路中的等效电阻。

根据 $f(0_+)$ 和 $f(\infty)$ 值的不同，电压和电流随时间变化的情况有以下四种情况，分别如图 3-30、图 3-31、图 3-32、图 3-33 所示。

扫一扫看一阶动态电路三要素法微视频

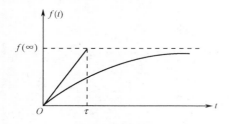

图 3-30　零初始值时 $f(t)$ 增长曲线

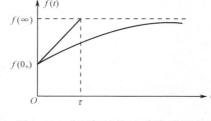

图 3-31　非零初始值时 $f(t)$ 增长曲线

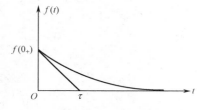

图 3-32　零稳态值时 $f(t)$ 增长曲线

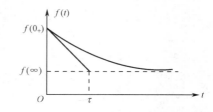

图 3-33　非零稳态值时 $f(t)$ 增长曲线

下面我们用具体实例来说明。

实例3-12　图 3-34（a）所示电路中，已知 $U_s = 12\,\text{V}$，$R_1 = 1\,\text{k}\Omega$，$R_2 = 2\,\text{k}\Omega$，$C = 10\,\mu\text{F}$。试用三要素法求开关 S 合上后 u_C、i_C 的解析式。

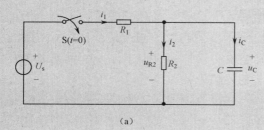

（a）

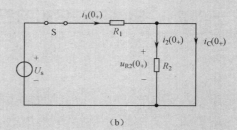

（b）

图 3-34

解　电容上的电压属于零初始值 $f(t)$ 逐渐增长的情况。令 $f(0_+) = 0$，则有：

$$f(t) = f(\infty)(1 - e^{-\frac{t}{\tau}})$$

（1）求 $f(\infty)$ 即求 $u_C(\infty)$：开关闭合后，电路处于稳态时，电容相当于开路，所以：

$$u_C(\infty) = \frac{U_s}{R_1 + R_2} R_2 = \frac{12}{(1+2) \times 10^3} \times 2 \times 10^3 = 8\,\text{V}$$

（2）求时间常数 τ。开关闭合后，从电容两端看进去的入端电阻为 R_1 与 R_2 的并联电阻，故：

$$\tau = \frac{R_1 R_2}{R_1 + R_2} C = \frac{1 \times 10^3 \times 2 \times 10^3}{(1+2) \times 10^3} \times 10 \times 10^{-6} = \frac{2}{3} \times 10^{-2}\,\text{s}$$

所以

$$u_C(t) = 8(1 - e^{-\frac{t}{\frac{2}{3} \times 10^{-2}}}) = 8(1 - e^{-150t})\,\text{V}$$

电路中的电流 i_C 属于 $f(t)$ 逐渐衰减至零的情况。令 $f(\infty)=0$，则 $f(t)=f(0_+)\mathrm{e}^{-\frac{t}{\tau}}$。已知 $u_C(0_+)=u_C(0_-)=0$，即 R_2 的两端电压初始值为零，所以 $i_2(0_+)=0$。

当开关刚闭合时，电容可以视为短路，等效电路图如图 3-34（b）所示，因此可得：

$$i_1(0_+)=\frac{U_s}{R}=\frac{12}{1\times10^3}=12\times10^{-3}=12\ \mathrm{mA}$$

$$i_C(0_+)=i_1(0_+)-i_2(0_+)=12\ \mathrm{mA}$$

由通式可知

$$i_C(t)=i_C(0_+)\mathrm{e}^{-\frac{t}{\tau}}=12\mathrm{e}^{-150t}\ \mathrm{mA}$$

实例3-13　图 3-35（a）所示电路已处于稳态，在 $t=0$ 时，开关由位置 a 扳向 b。试绘出 $i(t)$ 和 $i_L(t)$ 的波形图，并写出解析式。

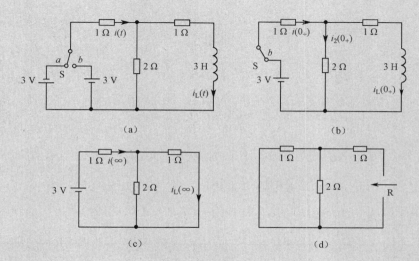

图 3-35

解　（1）求 $i(0_+)$ 和 $i_L(0_+)$：换路前电路已经处于稳态，电感相当于短路，故得

$$i_L(0_-)=-\frac{3}{1+\dfrac{1\times2}{1+2}}\times\frac{2}{1+2}=-\frac{6}{5}\ \mathrm{A}$$

$$i_L(0_+)=i_L(0_-)=-\frac{6}{5}\ \mathrm{A}$$

$t=0_+$ 时，电路如图 3-35（b）所示。由基尔霍夫电流定律可得 $2\,\Omega$ 电阻中的电流为 $i_2(0_+)=i(0_+)-i_L(0_+)$。由基尔霍夫电压定律可知，$1\,\Omega$ 电阻上的压降加 $2\,\Omega$ 电阻上的压降等于外加电源，即：

$$1\times i(0_+)+2[i(0_+)-i_L(0_+)]=3$$

将 $i_L(0_+)$ 的值代入得：

$$3i(0_+)+2\times\frac{6}{5}=3$$

故

$$i(0_+)=0.2\ \mathrm{A}$$

（2）求 $i(\infty)$ 和 $i_L(\infty)$：$t=\infty$，电感相当于短路，电路如图 3-35（c）所示。

$$i(\infty)=\frac{3}{1+\frac{1\times2}{1+2}}=\frac{9}{5}=1.8\text{ A} \qquad i_L(\infty)=\frac{9}{5}\times\frac{2}{1+2}=1.2\text{ A}$$

（3）求 τ：当开关扳向设置 b 后，从电感两端看进去的戴维南等效电路的电阻如图 3-35（d）所示。

$$R=1+\frac{2\times1}{2+1}=\frac{5}{3}\ \Omega=1.67\ \Omega$$

从而

$$\tau=\frac{L}{R}=\frac{3}{5/3}=\frac{9}{5}=1.8\text{ s}$$

代入三要素法通式，得：

$$i(t)=i(\infty)+[i(0_+)-i(\infty)]e^{-\frac{t}{\tau}}$$
$$=\frac{9}{5}+\left[\frac{1}{5}-\frac{9}{5}\right]e^{-\frac{5}{9}t}$$
$$=\frac{9}{5}-\frac{8}{5}e^{-\frac{5}{9}t}\text{ A}$$

$$i_L(t)=i_L(\infty)+[i_L(0_+)-i_L(\infty)]e^{-\frac{t}{\tau}}$$
$$=\frac{6}{5}+\left[-\frac{6}{5}-\frac{6}{5}\right]e^{-\frac{5}{9}t}$$
$$=\frac{6}{5}-\frac{12}{5}e^{-\frac{5}{9}t}\text{ A}$$

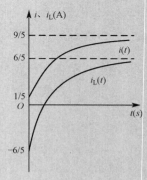

图 3-36 i 及 i_L 的波形

i 及 i_L 的波形如图 3-36 所示。

思考题 3-6

1. 三要素公式能否应用于零输入响应或零状态响应？

2. 什么是一阶电路响应的三要素？怎样计算一阶电路响应的三要素？

3. 有人认为："用三要素法求任一电路响应，其初始值用 $f(0_+)$ 或 $f(0_-)$ 都可以"，此话对吗？为什么？

项目训练 6 一阶 RC 电路暂态响应的测量

1. 训练目的

扫一扫下载一阶 RC 电路暂态响应测量实训指导课件

（1）研究一阶 RC 电路暂态响应的基本规律和特点；

（2）学会一阶电路时间常数的测量方法；

（3）了解电路参数变化对过渡过程的影响。

2. 训练说明

1）一阶 RC 电路零状态响应

一阶 RC 电路零状态是换路前电容元件未储存电能、电容两端的电压 $u_C(0_-)=0$。在此条

件下，由电源激励所产生的电路响应，称为零状态响应。如图 3-37，在 $t=0$ 时合上开关 S，电路即与恒定电压为 U_s 的电压源接通，并对电容元件开始充电，电容元件两端的电压 u_C 是随着充电时间按指数规律上升的，其数学表达式为：

$$u_C(t) = U_s(1 - e^{-\frac{t}{\tau}})$$

式中，$\tau = RC$ 称为电路时间常数。$u_C(t)$ 的波形如图 3-38 所示。当 $t = \tau$ 时，$u_C = 0.632U_s$，即充电电压上升到稳态值的 63.2%。当 $t = 5\tau$ 时，$u_C = 0.993U_s$，一般认为已上升到稳态值 U_s。

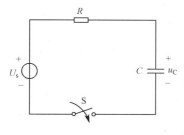

图 3-37 一阶 RC 电路

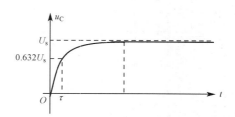

图 3-38 一阶 RC 电路零状态响应曲线

2）一阶 RC 电路的零输入响应

一阶 RC 电路零输入是指无电源激励、输入信号为零。在此条件下，由电容元件的初始状态 $u_C(0_+)$ 所产生的响应，称为零输入响应。如图 3-39 所示，若开关 S 原在位置 2，电路处于稳态，在 $t=0$ 时刻，开关由位置 2 切换到位置 1，则电容将通过电阻放电，此时，电容电压 u_C 是随着放电时间按指数规律下降的，其数学表达式为：

$$u_C(t) = U_s e^{-\frac{t}{\tau}}$$

式中，$\tau = RC$ 称为电路的时间常数。$u_C(t)$ 的波形如图 3-40 所示。当 $t = \tau$ 时，$u_C = 0.368U_s$，即下降为初始值的 36.8%。

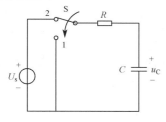

图 3-39 一阶 RC 电路

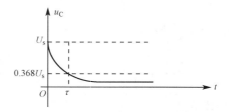

图 3-40 一阶 RC 电路零输入响应曲线

3．测试设备

电工电路综合测试台 1 台，函数信号发生器 1 台，双踪示波器 1 台，直流稳压电源 1 台，秒表 1 只，万用表 1 只，电解电容、电阻若干。

4．测定一阶 RC 电路的零状态和零输入响应的变化规律

测试电路如图 3-41 所示，R=20 kΩ、C=1000

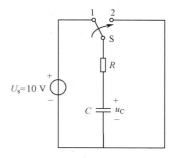

图 3-41 一阶 RC 电路充放电测量电路

μF（电解电容），调节直流稳压电源输出电压为 10 V，万用表置于直流电压挡，用来测量电容器两端的电压。

先用导线将电容器短路放电，以确保电容器的初始电压为 0，然后将开关 S 由位置 2 合向位置 1，电容器开始充电，同时立刻用秒表和万用表读取不同时刻的电容电压 u_C，直到时间 $t=5\tau$ 时结束，并将 t 和 u_C 记入表 3-3。

表 3-3　测量数据记录表

$t(s)$	$U_s=$ _____	$R=$ _____	$C=$ _____								
	0	10	15	20	25	30	40	60	80	100	120	150
u_C(V)（充电）												
u_C(V)（放电）												
时间常数测定	充电 $\tau_1=$ _____　　　放电 $\tau_2=$ _____											

再将开关 S 合向位置 2，电容器开始放电，同时立刻用秒表和万用表重新读取不同时刻的电容电压 u_C，并记入表 3-3 中。

5. 时间常数 τ 值的测定

RC 电路时间常数 τ 的大小决定过渡过程（充放电时间）的快慢。充电时，时间常数 τ 是电容电压 u_C 从 0 上升到 63.2%U_s 所需的时间。放电时，时间常数 τ 是电容电压 u_C 从 U_s 下降到 36.8%U_s 所需的时间。

所以只需要在表 3-2 中找到 $u_C = 0.632U_s$（充电）或 $u_C = 0.368U_s$（放电）的值所对应的时间 t，即可得到充放电时间常数 τ 值。

6. 观察电路参数对充放电波形的影响

保持 $\tau = 10^{-4}$ s 不变，$R = 10\,k\Omega$、$C = 0.01\,\mu F$，观察电路参数的改变对充放电波形的影响。

? 思考题 3-7

1. 根据表 3-3 中的数据，绘制 RC 充放电电压 $u_C - t$ 曲线，曲线上标明时间常数，并与理论计算值比较。

2. 在图 3-42 中绘制 RC 充放电时两个不同参数的电压、电流波形。

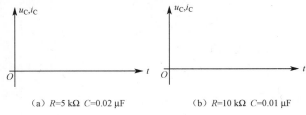

　　(a) $R=5\,k\Omega$　$C=0.02\,\mu F$　　　　　(b) $R=10\,k\Omega$　$C=0.01\,\mu F$

图 3-42

3. 比较上述步骤 6 中所观测到的 u_C 波形，分析参数对过渡过程的影响。

项目训练 7　一阶 RC 电路方波响应的测量

扫一扫下载一阶 RC 电路方波响应测量实训指导课件

1．训练目的

（1）观察 RC 电路在矩形脉冲作用下电阻、电容上电压的波形；
（2）学会用示波器测定时间常数及掌握使用双踪示波器的方法。

2．训练说明

扫一扫看一阶 RC 电路方波响应测量微视频

1）RC 串联电路的暂态响应（方波响应）

当电路的暂态过程很快时，要应用电流或电压方法来记录变化过程就比较困难，因此可使用示波器来观察电路的响应，即方波响应。

电路如图 3-43 所示，电源为一个方波发生器（信号），其输出电压波形如图 3-44（a）所示，即当 $t = 0 \sim \frac{1}{2}T$ 时，相当于一个直流电压源 U，对电容充电；当 $t = \frac{1}{2}T \sim T$ 时，输出电压为零，相当于短路放电。当 $t = T \sim \frac{3}{2}T$ 时，情况同 $t = 0 \sim \frac{1}{2}T$，当 $t = \frac{3}{2}T \sim 2T$ 时，情况同 $t = \frac{1}{2}T \sim T$，如此不断重复。方波发生器输出电压 U 加于 RC 串联电路，采用双踪示波器即可观察 RC 电路充放电电压和电流波形图。如图 3-44（b）和 3-44（c）所示。

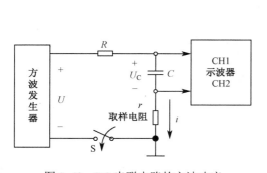

图 3-43　RC 串联电路的方波响应

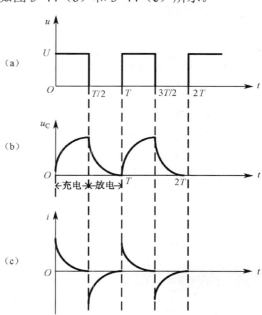

图 3-44　RC 充放电电路的电压和电流波形图

2）RC 电路时间常数 τ 值的测量方法

RC 电路时间常数 τ 的大小决定过渡过程（充放电时间）的快慢。充电时，时间常数 τ 是

电容电压 u_C 从 0 上升到 63.2%U_s 所需的时间。放电时，时间常数 τ 是电容电压 u_C 从 U_s 下降到 36.8%U_s 所需的时间。所以只需要取得 $u_C = 0.632U_s$ 或 $u_C = 0.368U_s$ 值，即可得到充放电时间常数 τ 值。

3．测试设备

电工电路综合测试台 1 台，函数信号发生器 1 台，双踪示波器 1 台，交流毫伏表 1 台，电阻、电解电容若干。

4．测定一阶 RC 电路的方波响应的变化规律

测试电路如图 3-45 所示，电阻 R=10 kΩ，电容 C =0.1 μF 和 1 μF（也可以根据实验室现有的电阻和电容元件合理取值）。函数信号发生器为方波输出频率 100 Hz、1 kHz、10 kHz，输出电压为 1 V，用毫伏表测量输出电压 U_o，记入表 3-4 中。

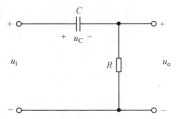

图 3-45　一阶 RC 电路的方波响应测试电路

表 3-4　不同频率下的电压值

f（Hz）	100 Hz	1 kHz	1 kHz
U_o(V)（C=0.1 μF）			
U_o(V)（C=1 μF）			

5．观察电路的输入输出波形

用示波器观察图 3-45 电路的输出波形，函数信号发生器的波形为方波输出，输入信号电压 U_i=1 V，调整示波器，输入电压接到 CH1 通道，输出电压接到 CH2 通道，观察输入输出波形。

? 思考题 3-8

1．根据示波器的输出波形，绘制输出电压波形。

2．如果将图 3-45 测试电路改接成图 3-46 电路，用示波器观察波形如何变化？

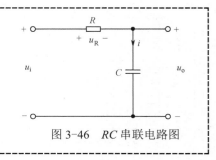

图 3-46　RC 串联电路图

知识梳理与总结

扫一扫开始本章自测题练习

扫一扫看本章自测题答案

3.1　电容元件

电容元件是一个能储存电场能量的元件，即 $i_C = C\dfrac{\mathrm{d}u_C}{\mathrm{d}t}$（$u$ 与 i 为关联方向）。

电容元件的连接：当有 n 个电容串联时，其等效电容为 $\dfrac{1}{C} = \dfrac{1}{C_1} + \dfrac{1}{C_2} + \cdots + \dfrac{1}{C_n}$；当有 n

个电容并联时，其等效电容为 $C = C_1 + C_2 + \cdots + C_n$。

3.2 电感元件

电感元件是一个能储存磁场能量的元件，即 $u_L = L\dfrac{\mathrm{d}i_L}{\mathrm{d}t}$（$u$ 与 i 为关联方向）。

电感元件的连接：当有 n 个无耦合电感串联时，其等效电感为 $L = L_1 + L_2 + \cdots + L_n$；当有 n 个无耦合电感并联时，其等效电感为 $\dfrac{1}{L} = \dfrac{1}{L_1} + \dfrac{1}{L_2} + \cdots + \dfrac{1}{L_n}$。

3.3 换路定律与电压和电流初始值的确定

引起过渡过程的电路变化称为换路。由于电路含储能元件电感和电容，其能量不能跃变，所以电容电压和电感电流不能跃变，即

$$u_C(0_+) = u_C(0_-) \qquad\qquad i_L(0_+) = i_L(0_-)$$

用换路定律可以求出一阶电路的初始值 $f(0_+)$。

3.4 RC 电路的响应

RC 电路的零输入响应：$u_C = U_0 \mathrm{e}^{-\frac{t}{\tau}}$

RC 电路的零状态响应：$u_C = U_s - U_s \mathrm{e}^{-\frac{t}{\tau}}$

RC 电路的全响应：$u_C = U_s + (U_0 - U_s)\mathrm{e}^{-\frac{t}{\tau}}$

3.5 RL 电路的响应

RL 电路的零输入响应：$i_L = I_0 \mathrm{e}^{-\frac{t}{\tau}}$

RL 电路的零状态响应：$i_L = \dfrac{U_s}{R} - \dfrac{U_s}{R}\mathrm{e}^{-\frac{t}{\tau}}$

RL 电路的全响应：$i_L = \dfrac{U_s}{R} + \left(I_0 - \dfrac{U_s}{R}\right)\mathrm{e}^{-\frac{t}{\tau}}$

3.6 一阶线性电路动态分析的三要素法

设 $f(0_+)$ 表示电压或电流的初始值，$f(\infty)$ 表示电压或电流的稳态值，τ 表示电路的时间常数，$f(t)$ 表示电路中待求的电压或电流，一阶电路全响应的三要素法通式为：

$$f(t) = f(\infty) + [f(0_+) - f(\infty)]\mathrm{e}^{-\frac{t}{\tau}}$$

练习题 3

扫一扫看
本练习题
答案

3.1 求图 3-47 所示电路的等效电容。

3.2 如图 3-48 所示的电路，已知 200 μF 电容的耐压为 200 V，300 μF 电容的耐压为 300 V，若在 a、b 两端加直流电压 500 V，电路是否安全？

3.3 有一个电容元件，$C = 1$ F，电容两端的电压 u 的波形如图 3-49 所示，求通过电容元件的电流 i 的波形。

3.4 在 0.01 s 内，通过一个线圈的电流从 0.2 A 增加到 0.4 A，线圈产生 5 V 的电压，求：（1）线圈的电感值是多少？（2）如果该线圈的电流在 0.05 s 内由 0.5 A 增加到 1 A，产生的

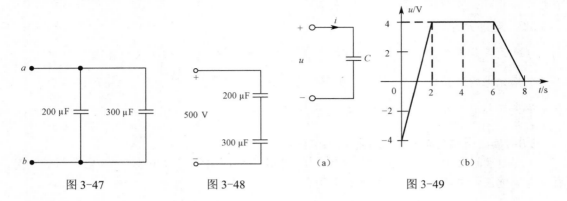

图 3-47   图 3-48   图 3-49

电压又是多大？

3.5 如图 3-50 所示电路，已知 $U_s = 10\text{ V}$，$R_1 = 2\text{ k}\Omega$，$R_2 = 3\text{ k}\Omega$，$C = 4\,\mu\text{F}$，试求开关 S 打开瞬间 $u_C(0_+)$、$i_C(0_+)$、$u_{R1}(0_+)$ 各为多少？

3.6 如图 3-51 所示电路，已知 $U_s = 10\text{ V}$，$R_1 = R_2 = 100\,\Omega$，开关 S 合上前电容电压为零，试求开关 S 合上时的 $i_C(0_+)$。

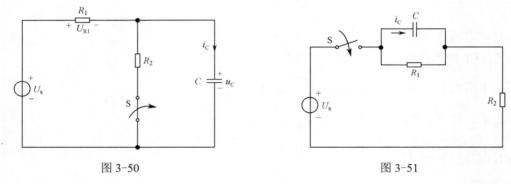

图 3-50   图 3-51

3.7 如图 3-52 所示的各电路在换路前处于稳态，试求换路后电流的初始值 $i(0_+)$ 和稳态值 $i(\infty)$。

3.8 如图 3-53 所示电路中，已知 $U_s = 1\text{ V}$，$R_1 = 4\,\Omega$，$R_2 = 6\,\Omega$，$L = 5\text{ mH}$，求开关 S 打开后的 $i_L(0_+)$、$u_L(0_+)$ 和 $u_{R1}(0_+)$。

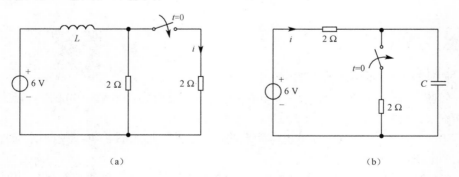

（a）   （b）

图 3-52

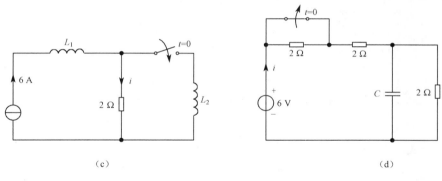

（c）　　　　　　　　　　　　　（d）

图 3-52（续）

3.9　电路如图 3-54 所示，在 $t<0$ 时，开关 S 位于设置 1，已处于稳态，当 $t=0$ 时，开关 S 由设置 1 闭合到 2，求初始值 $i_L(0_+)$、$u_L(0_+)$。

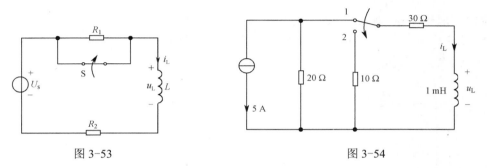

图 3-53　　　　　　　　　　　　　图 3-54

3.10　如图 3-55 所示的电路中，已知 $U_s=10\,\text{V}$，$R=4\,\Omega$，$R_1=6\,\Omega$，$R_2=6\,\Omega$，开关 S 合上前电容和电感均未储能。求开关 S 闭合后的 $i(0_+)$、$i_1(0_+)$、$i_2(0_+)$ 和 $u_L(0_+)$。

3.11　如图 3-56 所示电路，在换路前已处于稳定状态，在 $t=0$ 时，开关打开，求 $u_C(t)$。

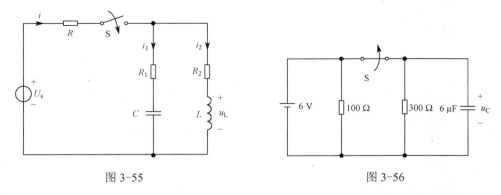

图 3-55　　　　　　　　　　　　　图 3-56

3.12　如图 3-57 所示电路，在开关 S 闭合前电路已处于稳态。求 $t \geqslant 0$ 时 u_C 和 i_1，并做出它们随时间的变化曲线。

3.13　如图 3-58 所示电路，开关动作前电容电压为零。在 $t=0$ 时，开关由位置 a 投向 b，求 $u_C(t)$、$u_R(t)$，并画出曲线。

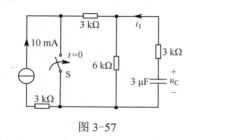

图 3-57

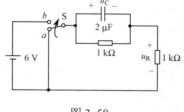

图 3-58

3.14 已知 $C=10\,\mu\text{F}$、$u_C(0_-)=0$ 的 RC 充电电路接到 $U_s=10\,\text{V}$ 的电源上，要使接通 $0.02\,\text{s}$ 时，$u_C=8.7\,\text{V}$，求电阻 R 的大小。

3.15 如图 3-59 所示电路，已知 $U_s=100\,\text{V}$，$R_1=R_3=10\,\Omega$，$R_2=20\,\Omega$，$C=50\,\mu\text{F}$，开关 S 打开前，电路已处于稳态。当 $t=0$ 时，S 打开，求 $u_C(t)$、$i_C(t)$，并画出曲线。

3.16 有一个 RL 串联电路，$R=10\,\Omega$，$L=0.5\,\text{H}$，通过稳定的电流 $1.2\,\text{A}$，RL 短接后，试求 i_L 减少到一半所需的时间。

3.17 如图 3-60 所示电路，已知 $U_s=10\,\text{V}$，$R_1=2\,\text{k}\Omega$，$R_2=4\,\text{k}\Omega$，$R_3=4\,\text{k}\Omega$，$L=200\,\text{mH}$。开关 S 未打开前电路已处于稳态。$t=0$ 时把开关打开。求开关打开后：（1）电感中的电流；（2）电感上的电压。

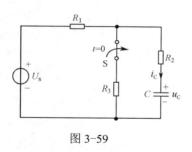

图 3-59

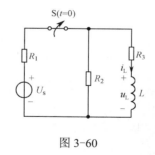

图 3-60

3.18 如图 3-61 所示电路，换路前电路处于稳态，在 $t=0$ 时，开关 S 闭合，求 $i_L(t)$、$u_L(t)$。

3.19 如图 3-62 所示电路，换路前电路处于稳态。在 $t=0$ 时，开关 S 闭合，求开关 S 闭合后的 $i_L(t)$。

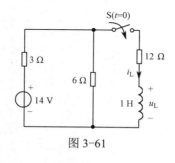

图 3-61

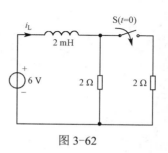

图 3-62

3.20 如图 3-63 所示电路中，开关 S 合在位置 1，电路处于稳态，当 $t=0$ 时，开关 S 合于位置 2，求 $u_C(t)$ 和 $i(t)$。

3.21 图 3-64 所示电路中，当 $t=0$ 时，开关 S 由位置 1 投向位置 2，试求 $i(t)$、$i_1(t)$，已

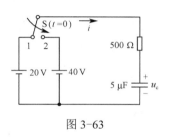

图 3-63

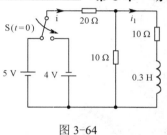

图 3-64

知换路前电路处于稳态。

3.22　如图 3-65 所示电路，当 $t=0$ 时，开关 S 闭合。闭合前电路处于稳态，求 $t \geqslant 0$ 时的 $u_C(t)$，并画出其波形。

3.23　电路如图 3-66 所示，在 $t<0$ 时，开关 S 位于位置 1，电路处于稳态。在 $t=0$ 时，开关闭合到位置 2，求 $t \geqslant 0$ 时的电流 i_L 和电压 u。

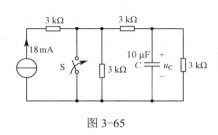

图 3-65

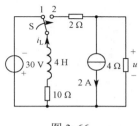

图 3-66

3.24　电路如图 3-67 所示，在 $t<0$ 时，开关 S 位于位置 1，电路处于稳态。在 $t=0$ 时，开关闭合到位置 2，经 2 s 后，开关又由位置 2 闭合到位置 3。

（1）求 $t \geqslant 0$ 时的电压 u_C，并画出波形；

（2）求电压 u_C 恰好等于 3 V 的时刻 t 的值。

3.25　如图 3-68 所示电路中，开关 S 打开已久，当 $t=0$ 时开关闭合，求电阻 1 kΩ 中的电流 $i(t)$。

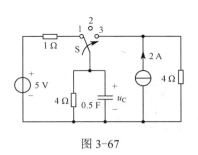

图 3-67

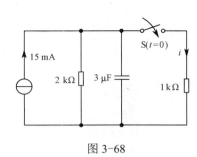

图 3-68

扫一扫看
本练习题
详解过程

第4章 正弦交流电的概念与相量表示

教学导航

教学重点	1. 理解正弦交流电的三要素、相位差及有效值； 2. 掌握正弦交流电的各种表示方法以及相互间的关系； 3. 掌握复数的运算规则及正弦交流量的相量表示法
教学难点	掌握复数的运算规则
参考学时	8 学时

扫一扫下载
安全用电教
学课件

扫一扫看本
章补充例题
与解答

在电子技术、实际生产和日常生活中广泛使用交流电。交流电被广泛采用的主要原因有：一是交流电压易于升高和降低，这样便于高压输送和低压使用；二是交流电机比直流电机性能优越、使用方便。某些需要直流的地方，往往也是将交流电通过整流设备变换为直流电使用的。本章主要介绍正弦交流电的概念与表示方法，以及正弦交流量的相量表示法。

4.1　周期交流电的概念与产生

扫一扫下载周期交流电概念与产生教学课件

4.1.1　周期交流电的概念

在前面所述的直流电路中，电流、电压的大小和方向都不随时间变化，这种电流、电压统称为直流电。而在交流电路中，大小和方向均随时间作周期性变化，且在一个周期内平均值为零的电流、电压以及电动势，分别叫作交变电流、交变电压以及交变电动势，统称为交流电。

大小和方向随时间周期性变化的交流电，按变化规律的不同可分为正弦交流电和非正弦交流电两种。常见的非正弦交流电有两类，一类是大小、方向都随时间周期性变化，这一类非正弦交流电根据波形的形状取名，如图 4-1（a）中交流电称作矩形波，其电压随时间变化的波形是矩形；图 4-1（b）中交流电称作三角波，其电压随时间变化的波形是三角形。另一类非正弦交流电的大小随时间周期性变化，而方向不改变，这一类非正弦交流电则称作脉冲，如图 4-1（c）所示的脉冲称作矩形脉冲波，而 4-1（d）所示的脉冲称作锯齿脉冲波。

随时间按正弦规律变化的交流电，称为正弦交流电。若不特别声明，以后所说的交流电，均指正弦交流电。正弦交流电压的波形如图 4-2 所示。

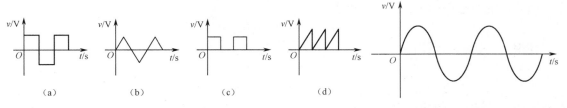

　　（a）　　　　　　（b）　　　　　　（c）　　　　　　（d）

图 4-1　非正弦交流电波形　　　　　　　图 4-2　正弦交流电压波形

4.1.2　正弦交流电的产生原理

在电力系统中，正弦交流电动势由交流发电机产生，图 4-3（a）为两极交流发电机的原理示意图。N 和 S 是两个静止不动的磁极（静止部分称作定子），假设其间的恒定磁场为均匀的，磁感应强度为 B，方向自上而下。磁极间有一个可以转动的圆柱形铁芯，其上嵌有线圈，铁芯和线圈合称电枢（转动部分称作转子）。电枢由原动机（汽轮机、水轮机或柴油机等）带动旋转，发电机的这种结构称为转枢式。

当线圈 AX 以角速度 ω 按逆时针方向绕轴匀速旋转时，线圈的两条导体边要切割磁力线而产生感应电动势。在 $t=0$ 瞬间，线圈平面与中性面的夹角为 φ，经过时间 t，线圈的角位移为 ωt，则 t 时刻线圈平面与中性面的夹角为 $\omega t+\varphi$。若线圈边做圆周运动的线速度为 v，切割磁力线的有效长度为 l，线圈匝数为 n，此时线圈中的感应电动势为：

$$e = 2nBlv_{\text{pe}} = 2nBlv\sin(\omega t+\varphi) \tag{4-1}$$

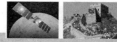

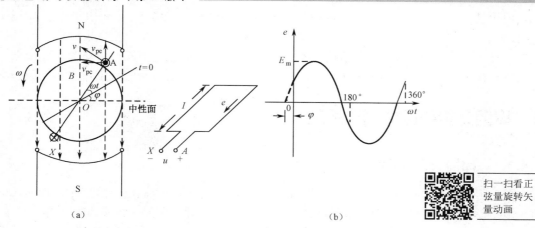

图4-3　正弦交流电的产生

式中，v_{pe} 为线速度 v 垂直于磁场方向的分量。感应电动势的方向如图4-3（a）所示。由于 n、l 和 v 都是定值，因而电动势 e 将随线圈运动时所处的位置而变化，即：

$$e = 2nBlv\sin(\omega t + \varphi) = E_m\sin(\omega t + \varphi) \qquad (4-2)$$

式中，E_m 是线圈电动势的最大值，感应电动势的波形图如图4-3（b）所示。

若线圈未接外电路，线圈中没有电流，则当参考方向选择为从 A 指向 X 时，两个引出端子间的电压等于感应电动势，即：

$$u = e$$

因此，这一电压也是正弦量，可表示为：

$$u = U_m\sin(\omega t + \varphi) \qquad (4-3)$$

其中：

$$U_m = E_m = 2nBlv$$

正弦交流电完成一次变化要经历 2π 或 $360°$ 的角度，这样规定的角度称为电角度。对于有两个磁极（或一对磁极）的发电机，电角度就是空间角。

❓ 思考题 4-1

1. 直流电与交流电有何区别？
2. 周期性交流电，按其变化规律的不同可分为哪两种类型？

4.2　正弦交流电的三要素

扫一扫下载正弦交流电三要素教学课件

扫一扫看正弦量三要素的仿真测试

电路中按正弦规律变化的电压或电流，统称为正弦量。图4-4（a）所示为正弦波交流电流。在正弦交流电路中各支路的电流、电压都是时间 t 的函数，通常以 $i(t)$、$u(t)$ 表示，也可以表示为 i、u。

如图4-4（a）所示，正弦电流或电压的方向是周期性变化的，在电路图上所标的方向是指它们的参考方向，即代表正半周时的方向。在负半周时，实际方向与参考方向相反，其值为负。图4-4（b）中实线箭头代表电流的参考方向，虚线箭头代表电流的实际方向。

正弦电流 i 在所规定参考方向下的数学表达式为：

$$i(t) = I_m \sin(\omega t + \varphi) \tag{4-4}$$

式中，I_m 称为幅值（又称振幅值或最大值），ω 称为角频率，φ 称为初相位。一个正弦量只要幅值、角频率和初相位三个量确定了，这个正弦量的数学表达式或波形图就可以写出或画出了。我们把这三个量称为正弦量的三要素。

4.2.1　幅值、角频率及初相位

1．瞬时值与幅值

 扫一扫看正弦交流电基本概念微视频 1 和 2

正弦量的瞬时值是指正弦量在变化过程中任一瞬间所对应的数值，用小写字母 i、u 表示，也可以表示成 $i(t)$、$u(t)$，如正弦电压 $u(t) = 220\sqrt{2}\sin(\omega t + 30°)$ V。

幅值是正弦量在整个变化过程中所能达到的最大数值。例如，某一正弦电流 $i(t) = 5\sin(\omega t + 45°)$ A，其幅值为 5 A；另一正弦电流 $i(t) = -5\sin(\omega t + 45°)$ A，其幅值也为 5 A。

正弦量的幅值用带下标 m 的大写字母来表示，如电流的幅值 I_m、电压的幅值 U_m。图 4-5 绘出了两个不同幅值的正弦电压波形。

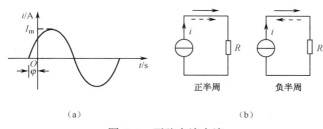

图 4-4　正弦交流电流

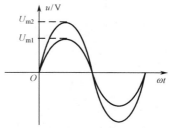

图 4-5　不同幅值的正弦量

2．频率与周期

正弦量循环一次所需要的时间称为周期，它是反映正弦量变化快慢的一个物理量，用符号 T 表示，单位为秒（s）。正弦量在单位时间内（1 s）循环的次数称为频率，用符号 f 表示，单位为赫兹（Hz），简称赫。显然，周期和频率互为倒数关系，即：

$$f = \frac{1}{T} \tag{4-5}$$

要反映正弦量变化快慢，除了使用周期和频率外，角频率也是描述正弦量变化快慢的物理量，用符号 ω 表示。角频率是正弦函数在单位时间内所变化的电角度（弧度数）。一个周期时间内，正弦量经历的电角度为 2π，即：

$$\omega = \frac{2\pi}{T} = 2\pi f \tag{4-6}$$

角频率 ω 的单位为弧度/秒，用符号 rad/s 表示。我国电力系统的正弦交流电频率是 50 Hz，通常称为工频，它的周期是 0.02 s，角频率 $\omega = 2\pi f = 314$ rad/s。少数国家的工频为 60 Hz。

3．相位与初相位

正弦量的相位和初相位与计时起点的选择有关。计时起点的选择是任意的，计时起点不

同，相位和初相位也不同。正弦量的一般解析式为：

$$i(t) = I_{\mathrm{m}} \sin(\omega t + \varphi) \tag{4-7}$$

式中，$\alpha = (\omega t + \varphi)$是正弦量的相位角，简称相位。相位表示从正弦量零值开始经历的电角度，所以$\alpha = (\omega t + \varphi)$也称为电角度。正弦量任一时刻的瞬时值及其变化趋势均与相位有关，且每经历2π弧度，正弦量又重复原先的变化规律。

φ是$t=0$（即计时起点）时的相位，叫作正弦量的初相位，简称初相。初相是从正弦量零值开始到$t=0$时所经历的电角度。相位与初相常用弧度或度表示。

计时起点即$t=0$的时刻。计时起点可任意选择，但一经选定后，初相的大小和正负也就确定了。例如，当正弦量到达零值（正弦量每变化一周期有两次为零，零值是指由负向正过渡时的值）时作为计时起点，则$\varphi=0$，如图4-6（a）所示；当正弦量到达某一正值时作为计时起点，则$\varphi>0$，如图4-6（b）所示；当正弦量到达某一负值时作为计时起点，则$\varphi<0$，如图4-6（c）所示。在波形图上可以看到，正弦量的初相是由正弦量的零值到坐标原点之间的角度表示的。我们规定φ的取值范围为$|\varphi|\leqslant\pi$，即$-180°\leqslant\pi\leqslant180°$。

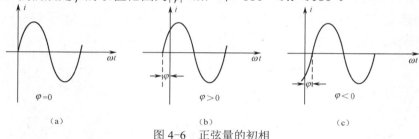

图4-6　正弦量的初相

因为正弦量的瞬时值是对应于选定的参考方向而言的，因此正弦量的初相、相位及解析式也都是对应于所选定的参考方向而言的。例如对同一正弦量，若参考方向选取相反方向，其瞬时值即为：

$$-I_{\mathrm{m}} \sin(\omega t + \varphi) = I_{\mathrm{m}} \sin(\omega t + \varphi \pm \pi) \tag{4-8}$$

由此可知，改变参考方向的结果是将正弦量的初相加上（或减去）π，而不影响幅值与频率。

实例4-1　在已知选定参考方向下，正弦量的波形如图4-7所示，求：（1）写出正弦量的解析式；（2）若参考方向与图中参考方向相反，请重新写出该正弦量的表达式。

解　（1）从波形可知电压的解析式为：

$$u = 100 \sin(\omega t + \frac{\pi}{3}) \text{ V}$$

（2）当参考方向与图中参考方向相反时，其电压表达式为：

$$u = -100 \sin(\omega t + \frac{\pi}{3}) = 100 \sin(\omega t + \frac{\pi}{3} - \pi) = 100 \sin(\omega t - \frac{2\pi}{3}) \text{ V}$$

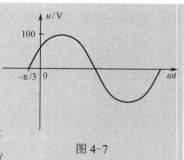

图4-7

实例 4-2　在选定参考方向下，已知两正弦量的解析式为$u = -10\sqrt{2} \sin(314t - 30)° \text{ V}$、$i = 0.2 \sin(314t + 240°) \text{ A}$，求每个正弦量的三要素。

解　由题意可知：

$$u = -10\sqrt{2}\sin(314t-30°) = 10\sqrt{2}\sin(314t-30°+180°) = 10\sqrt{2}\sin(314t+150°) \text{ V}$$

其幅值 $U_m = 10\sqrt{2}$ V，初相 $\varphi = 150°$，角频率 $\omega = 314 \text{ rad/s}$。

$$i = 0.2\sin(314t+240°) = 0.2\sin(314t+240°-360°) = 0.2\sin(314t-120°) \text{ A}$$

其幅值 $I_m = 0.2$ A，初相 $\varphi = -120°$，角频率 $\omega = 314 \text{ rad/s}$。

> ❗ **注意**　初相 $|\varphi|$ 不得超过 $180°$。

4.2.2　同频率正弦量的相位差

在分析正弦交流电路时，经常需要比较几个同频率正弦量的相位，以区别它们之间变化的先后顺序。两个同频率正弦量的相位之差称为相位差，用 φ_{12} 表示。设有两个同频率正弦电流：

$$i_1(t) = I_{m1}\sin(\omega t + \varphi_1)$$
$$i_2(t) = I_{m2}\sin(\omega t + \varphi_2)$$

其相位差为：

$$\varphi_{12} = (\omega t + \varphi_1) - (\omega t + \varphi_2) = \varphi_1 - \varphi_2 \tag{4-9}$$

可见，同频率正弦量的相位差又等于它们的初相之差，且与时间 t 无关。当两个同频率正弦量的计时起点改变时，它们的初相也随之改变，但二者的相位差保持不变。而不同频率的两个正弦量之间的相位差是随时间变化的。我们今后所说的相位差，都是对同频率正弦量而言的。相位差决定了两个正弦量之间的相位关系。

两个同频率正弦量之间存在相位差，表示它们在变化过程中到达零值的先后顺序，先到达零值的叫超前，后到达的叫滞后，图 4-8 所示为 i_1 超前 i_2。

同频率正弦量的相位差也可以通过计算得到。若 $\varphi_{12} = \varphi_1 - \varphi_2 > 0$，称 i_1 超前 i_2 相位角 φ_{12}（或称 i_2 滞后 i_1 相位角 φ_{12}）；若 $\varphi_{12} = \varphi_1 - \varphi_2 < 0$，称 i_1 滞后 i_2 相位角 φ_{12}（或称 i_2 超前 i_1 相位角 φ_{12}）；图 4-8 所示为 i_1 超前 i_2 相位角 φ_{12}。为使超前或滞后不致发生混乱，规定相位差的取值范围为 $|\varphi_{12}| \leqslant \pi$。

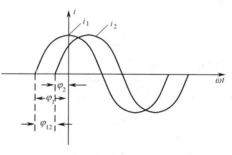

图 4-8　相位差

相位差有几个特殊值：若 $\varphi_{12} = \varphi_1 - \varphi_2 = 0$，则表示它们同时到达零值，这种情况称为同相，如图 4-9（a）所示；若 $\varphi_{12} = \varphi_1 - \varphi_2 = \pm\dfrac{\pi}{2}$，则称这两个同频率的正弦量为正交，如图 4-9（b）所示；若 $\varphi_{12} = \varphi_1 - \varphi_2 = \pm\pi$，则称反相，如图 4-9（c）所示。

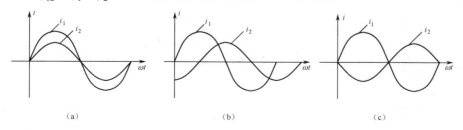

(a)　　　　　　　　　　(b)　　　　　　　　　　(c)

图 4-9　同相、正交、反相

在电路分析中，为了更方便地比较几个正弦量的相位关系，通常确定一个正弦量的初相为零，称这个正弦量为参考正弦量，而其他正弦量的初相就等于它们与参考正弦量之间的相位差。但在同一个正弦电路中，只能取一个参考正弦量。

实例 4-3 现有两个同频率的正弦量，$u = 311\sin(\omega t + 60°)$ V、$i = 10\sin(\omega t - 60°)$ A，求这两个正弦量的相位差。

解 已知 $\qquad \varphi_u = 60° \qquad \varphi_i = -60°$

则 $\qquad\qquad \varphi_{ui} = \varphi_u - \varphi_i = 60° - (-60°) = 120°$

即 u 超前 i 相位角 $120°$，或 i 滞后 u 相位角 $120°$。

实例 4-4 已知正弦交流电压 $u_1 = 10\sin(100\pi t)$ V，$u_2 = 30\sin(100\pi t - 50°)$ V，$u_3 = 60\sin(100\pi t + 50°)$ V，要使它们的相位差保持不变，以 u_2 为参考正弦量，即 u_2 的初相为零，重新写出它们的解析式。

解 改变初相，相当于改变初始时刻，而相位差总是保持不变的。先求出它们的相位差。

u_1 超前 u_2 为： $\qquad\qquad \varphi_{12} = \varphi_1 - \varphi_2 = 0 - (-50°) = 50°$

u_2 超前 u_3 为： $\qquad\qquad \varphi_{23} = \varphi_2 - \varphi_3 = (-50°) - 50° = -100°$

以 u_2 为参考正弦量，解析式为 $\qquad u_2 = 30\sin(100\pi t)$ V

则 u_1、u_3 的解析式分别为：

$$u_1 = 10\sin(100\pi t + 50°) \text{ V}，\quad u_3 = 60\sin(100\pi t + 100°) \text{ V}$$

应当指出，相位和相位差的概念在直流电路中从未出现过，交流电的复杂性多半表现在这里。因此，不要把直流电路的规律简单地套用到交流电路中，要注意相位与相位差在交流电路中的作用。

？ 思考题 4-2

1. 在某电路中，$u_1 = 10\sqrt{2}\sin(314t + 100°)$ V，试指出它的频率、周期、角频率、幅值和初相，并画出其波形图。

2. 三个同频率正弦电流 i_1、i_2 和 i_3，若 i_1 的初相为 $20°$，i_2 较 i_1 滞后 $30°$，i_3 较 i_2 超前 $40°$，则 i_1 较 i_3 滞后多少度？

3. $u_1 = 10\sin(\omega t + 30°)$ V、$u_2 = 20\sin(\omega t - 45°)$ V，两者的相位差为 $75°$，对不对？

4.3 正弦交流电的有效值和平均值

扫一扫下载正弦交流电有效值和平均值教学课件

前面介绍的正弦交流电最大值、瞬时值均不能准确地反映出交流电在电路中能量转换的实际效果。为了直观地反映正弦交流电在电路中能量转换的实际效果，客观地衡量正弦交流电的大小，引出了衡量正弦交流电大小的另一个物理量——有效值。

4.3.1 有效值

交流电的有效值是与它热效应相等的直流值。当一个交流电流 i 和一个直流电流 I，分

别作用于同一电阻，如果经过一个周期 T 的时间二者产生的热量相等，则该直流电流 I 称为交流电流 i 的有效值。

在交流电的一个周期时间 T 内，直流电流 I 通过电阻所产生的热量为：

$$Q = I^2 RT$$

在相同时间内，交流电流 i 通过同一电阻所产生的热量为：

$$Q' = \int_0^T i^2 R dt$$

由定义可知，交流、直流产生的热量相等，则：

$$\int_0^T i^2 R dt = I^2 RT \tag{4-10}$$

可得周期电流的有效值为：

$$I = \sqrt{\frac{1}{T} \int_0^T i^2 dt} \tag{4-11}$$

设正弦量 $i(t) = I_{\mathrm{m}} \sin \omega t$，代入上式，得：

$$I = \sqrt{\frac{1}{T} \int_0^T i^2 dt} = \sqrt{\frac{1}{T} \int_0^T I_{\mathrm{m}}^2 \sin^2 \omega t dt} = \sqrt{\frac{I_{\mathrm{m}}^2}{T} \int_0^T \frac{1 - \cos 2\omega t}{2} dt}$$

$$= \sqrt{\frac{I_{\mathrm{m}}^2}{2T} [\int_0^T dt - \frac{1}{2\omega} \int_0^T \cos 2\omega t d(2\omega t)]} = \sqrt{\frac{I_{\mathrm{m}}^2}{2T} [t \Big|_0^T - \frac{1}{2\omega} \sin 2\omega t \Big|_0^T]}$$

$$= \sqrt{\frac{I_{\mathrm{m}}^2}{2T} [T - 0]} = \sqrt{\frac{I_{\mathrm{m}}^2}{2}} = \frac{I_{\mathrm{m}}}{\sqrt{2}} = 0.707 I_{\mathrm{m}}$$

所以，正弦电流的有效值为：

$$I = \frac{I_{\mathrm{m}}}{\sqrt{2}} = 0.707 I_{\mathrm{m}} \tag{4-12}$$

同样，正弦电压的有效值为：

$$U = \frac{U_{\mathrm{m}}}{\sqrt{2}} = 0.707 U_{\mathrm{m}} \tag{4-13}$$

引入有效值后，正弦量的解析式常写为：

$$\begin{cases} i(t) = \sqrt{2} I \sin(\omega t + \varphi_{\mathrm{i}}) \\ u(t) = \sqrt{2} U \sin(\omega t + \varphi_{\mathrm{u}}) \end{cases}$$

如果不加以说明，正弦量的大小皆是指有效值。例如，民用交流电压 220 V、工业用交流电压 380 V，交流电气设备铭牌上所标的电流、电压值都是有效值。某些交流电表测量出来的数值也是指其有效值。

4.3.2　平均值

除了有效值的概念外，在电工、电子技术中，有时也会用到正弦交流电的平均值。

周期性交流量的波形图在一个周期内其横轴上部的面积等于横轴下部的面积，故一个周期内交流量的平均值为零。而正弦交流电的平均值是指在半个周期内瞬时值的平均值，用 I_{av}、U_{av} 表示。

如图4-10所示，交变电流在半个周期内曲线与横轴所包围的面积除以$T/2$得到半个周期内的平均值，即：

$$I_{av} = \frac{\int_0^{\frac{T}{2}} i\mathrm{d}t}{\frac{T}{2}} = \frac{2}{T}\int_0^{\frac{T}{2}} i\mathrm{d}t \qquad (4\text{-}14)$$

设正弦量$i(t) = I_m \sin\omega t$，代入上式，得正弦电流的平均值：

$$I_{av} = \frac{2}{\pi}I_m \approx 0.637 I_m \qquad (4\text{-}15)$$

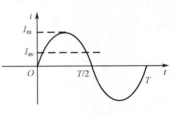

图4-10　正弦交流电的平均值

同样，正弦电压的平均值为：

$$U_{av} = \frac{2}{\pi}U_m \approx 0.637 U_m \qquad (4\text{-}16)$$

实例4-5　正弦电流的振幅值为$100\,\mathrm{mA}$，求用安培表测出的数值是多少？

解　用安培表测出的是交流有效值，则有：

$$I = \frac{I_m}{\sqrt{2}} = 0.707 I_m = 0.707 \times 100 = 70.7\,\mathrm{mA}$$

用安培表测出的读数值是$70.7\,\mathrm{mA}$。

实例4-6　有一个电容器，耐压为$110\,\mathrm{V}$，问能否接在电压为$110\,\mathrm{V}$的交流电源上。

解　交流电源的电压为$110\,\mathrm{V}$，其电压最大值为：

$$U_m = \sqrt{2} \times 110 \approx 155.5\,\mathrm{V}$$

超过了电容器的耐压$110\,\mathrm{V}$，可能会击穿电容器，所以不能这样接。

思考题4-3

1. 某正弦电压，初相为$-60°$，当$t = \dfrac{T}{2}$时，其瞬时电压值为$-100\,\mathrm{V}$，试求该电压的有效值。

2. 试指出正弦量的瞬时值、幅值、有效值和平均值之间的关系。

3. 根据本书规定的符号，写成$U = 10\sin(314t + 90°)\,\mathrm{V}$、$i = I\sin(314t + \varphi)\,\mathrm{A}$，对不对，为什么？

4.4　复数的基本知识

扫一扫下载复数基本知识教学课件

相量法是正弦稳态交流电路分析的一种简便有效的方法，应用相量法，需要运用复数的运算知识，本节对复数的相关知识进行简明扼要的叙述。

4.4.1　复数的表示

复数有多种表示形式，其代数形式为$A = a + \mathrm{i}b$。其中a为实部，b为虚部，$\mathrm{i} = \sqrt{-1}$，称为虚单位。

在电气工程中，复数常表示为：

$$A = a + jb \qquad (4\text{-}17)$$

式中，$j = \sqrt{-1}$，用 j 代替 i 是由于电工中 i 用来表示电流。式中 $\text{Re}[A] = a$，$\text{Im}[A] = b$ 分别表示取复数 A 的实部和虚部。

一个复数也可以用复平面上的点来表示。在直角坐标系中，横轴为实轴，单位为 1，纵轴为虚轴，单位为 j，这两个坐标轴所构成的平面称为复平面，如图 4-11（a）所示。这样，每一个复数在复平面上可以找到唯一的一点与之对应，而复平面上的每一个点也都对应唯一的一个复数。如图 4-11（b）所示，复数 $1 + j2$ 对应于复平面上的 P_1 点，而复数 $-2 - j2$ 对应于复平面上的 P_2 点。

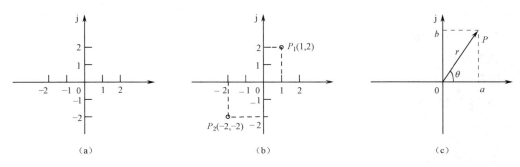

图 4-11　复数的复平面表示法

复数还可以用复平面上从坐标原点指向该点的有向线段来表示，称为复矢量。如图 4-11（c），任意一个复数 $A = a + jb$ 可对应一个复矢量 OP。矢量的长度 r 称为复数的模，模恒为正，矢量与实轴正方向的夹角 θ，称为复数的幅角。矢量在实轴和虚轴上的投影分别表示复数的实部与虚部，因此可以把点 P 在复平面的位置唯一地确定下来，即 r 和 θ 作为点 P 的坐标，叫作极坐标。复数的极坐标形式记为：

$$A = r \angle \theta \qquad (4\text{-}18)$$

复数的实部、虚部以及模、幅角之间的换算关系为：

$$r = |A| = \sqrt{a^2 + b^2}$$

$$\theta = \arctan \frac{b}{a} \qquad (-\pi \leqslant \theta \leqslant \pi)$$

由三角函数可知：

$$a = r\cos\theta, \quad b = r\sin\theta$$

这样，复数又可写成：

$$A = a + jb = |A|\cos\theta + j|A|\sin\theta = r\cos\theta + jr\sin\theta$$

根据前面所述，我们知道一个复数可以用代数形式、三角函数式、指数式、极坐标式四种形式表示，即：

$$
\begin{aligned}
A &= a + jb & &\text{（代数形式）}\\
&= r\cos\theta + jr\sin\theta & &\text{（三角函数形式）}\\
&= r e^{j\theta} & &\text{（指数形式，根据尤拉公式：} e^{j\theta} = \cos\theta + j\sin\theta \text{ 得到）}\\
&= r\angle\theta & &\text{（极坐标形式）}
\end{aligned}
$$

四种形式的复数表示式可以进行等价互换，也可以把它表示在复平面上。

实例4-7 写出复数 $A_1 = 4 + j4$ 和 $A_2 = 5\angle(-53.1°)$ 的其他三种表达式，并画出它们的矢量图。

解 A_1 的模 $r_1 = \sqrt{4^2 + 4^2} = 4\sqrt{2}$，$A_1$ 的幅角 $\theta_1 = \arctan\dfrac{4}{4} = 45°$

三角函数式：$A_1 = 4\sqrt{2}\cos(45°) + j4\sqrt{2}\sin(45°)$

指数式：$A_1 = 4\sqrt{2}e^{j45°}$

极坐标式：$A_1 = 4\sqrt{2}\angle 45°$

A_2 的实部 $a_2 = 5\cos(-53.1°) = 3$

A_2 的虚部 $b_2 = 5\sin(-53.1°) = -4$

代数式：$A_2 = 3 - j4$

三角函数式：$A_2 = 5\cos(-53.1°) + j5\sin(-53.1°)$

指数式：$A_2 = 5e^{j(-53.1°)}$

两复数的矢量图如图4-12所示。

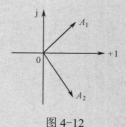

图4-12

实例4-8 写出复数1、-1、j、$-j$ 的极坐标式。

解 复数1的实部为1，虚部为0，极坐标式 $1 = 1\angle 0°$；

复数 -1 的实部为 -1，虚部为0，极坐标式 $-1 = 1\angle 180°$；

复数 j 的实部为0，虚部为1，极坐标式 $j = 1\angle 90°$；

复数 $-j$ 的实部为0，虚部为 -1，极坐标式 $-j = 1\angle(-90°)$ 分别

如图4-13所示。

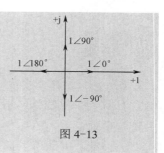

图4-13

4.4.2 复数的运算法则

扫一扫看复数形式转换计算方法

1. 复数的加减法运算

复数的加、减运算常用代数形式进行。运算时，将实部和实部相加（相减），虚部和虚部相加（相减）。设 $A = a_1 + jb_1$，$B = a_2 + jb_2$，则有：

$$A \pm B = (a_1 + jb_1) \pm (a_2 + jb_2) = (a_1 \pm a_2) + j(b_1 \pm b_2) \qquad (4\text{-}19)$$

复数的加减运算还可以用矢量图来表示，两复数相加减其矢量满足"平行四边形法则"，如图4-14所示。

实例4-9 已知复数为 $A = 9 + j12$，$B = 5\angle 36.9°$，求 $A + B$ 和 $A - B$。

解 把两复数转换成代数形式，$A = 9 + j12$，$B = 4 + j3$。

$A + B = (9 + j12) + (4 + j3) = (9 + 4) + j(12 + 3) = 13 + j15$

$A - B = (9 + j12) - (4 + j3) = (9 - 4) + j(12 - 3) = 5 + j9$

2. 复数的乘除法运算

复数的乘除法运算通常用指数形式或极坐标形式进行。复数相乘时，将模相乘，幅角相

加。复数相除时，将模相除，幅角相减。设复数 $A = r_1 \mathrm{e}^{\mathrm{j}\theta_1} = r_1 \angle \theta_1$，　$B = r_2 \mathrm{e}^{\mathrm{j}\theta_2} = r_2 \angle \theta_2$，则有：

$$A \times B = r_1 \mathrm{e}^{\mathrm{j}\theta_1} \times r_2 \mathrm{e}^{\mathrm{j}\theta_2} = r_1 r_2 \mathrm{e}^{\mathrm{j}(\theta_1 + \theta_2)} = r_1 r_2 \angle (\theta_1 + \theta_2) \tag{4-20}$$

$$\frac{A}{B} = \frac{r_1 \mathrm{e}^{\mathrm{j}\theta_1}}{r_2 \mathrm{e}^{\mathrm{j}\theta_2}} = \frac{r_1}{r_2} \mathrm{e}^{\mathrm{j}(\theta_1 - \theta_2)} = \frac{r_1}{r_2} \angle (\theta_1 - \theta_2) \tag{4-21}$$

复数的乘、除运算也可以采用作图法。例如，一个复数乘以（或除以）j，相当于在复平面上将该复数所对应的矢量逆时针（或顺时针）方向旋转 90°，如图 4-15 所示。

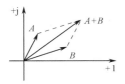 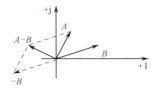 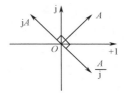

图 4-14　平行四边形法则（加减运算）　　　图 4-15　复数的乘法与除法运算

实例 4-10　已知复数为 $A = 6 - \mathrm{j}8$，$B = 5\angle 36.9°$，求 $A \times B$ 和 A / B。

解　把两复数转换成极坐标形式，$A = 10\angle(-53.1°)$，$B = 5\angle 36.9°$。

$$A \times B = 10\angle(-53.1°) \times 5\angle 36.9° = 50\angle(-16.2°)$$

$$\frac{A}{B} = \frac{10\angle(-53.1°)}{5\angle 36.9°} = 2\angle -90°$$

3. 两复数相等

和代数运算不同的是，任意两个实数可以相互比较大小，而复数则通常无法比较大小，只能讨论它们是否相等。要使两个复数相等，必须满足实部与实部相等、虚部与虚部相等，或者模相等、幅角相等。设 $A = a_1 + \mathrm{j}b_1 = r_1 \mathrm{e}^{\mathrm{j}\theta_1} = r_1 \angle \theta_1$，$B = a_2 + \mathrm{j}b_2 = r_2 \mathrm{e}^{\mathrm{j}\theta_2} = r_2 \angle \theta_2$，若 $A = B$，则

$$a_1 = a_2, \quad b_1 = b_2$$

或

$$r_1 = r_2, \quad \theta_1 = \theta_2$$

若有两个复数，它们的实部相等，虚部大小相等，但符号相反，此时称之为共轭复数。例如，复数 $A = 6 - \mathrm{j}8$ 的共轭复数为 $B = 6 + \mathrm{j}8$。

> **？ 思考题 4-4**
>
> 1. 将 $10\angle 30°$，$5\angle 0°$，$220\angle(-120°)$，$10\angle(-45°)$ 化为代数形式。
>
> 2. 将 $3 - \mathrm{j}4$，$6 + \mathrm{j}6$，-5，$-\mathrm{j}9$ 化为极坐标式。
>
> 3. 已知 $A = 5 + \mathrm{j}3$，$B = 4 - \mathrm{j}4$，求 $A + B$、$A - B$、$A \cdot B$、A / B。

4.5　正弦交流量的相量表示法

正弦量在数学上可以用解析式和波形图来表示，虽然这两种方式能清楚地表示出正弦量的三要素，但直接应用它们去分析、计算正弦交流电路是很不方便的。为了便于分析和解决问题，正弦交流电路普遍采用以复数运算为基础的相量法。相量法的前提是用相量表示正弦量。本节介绍正弦量的相量表示法。

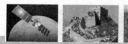

4.5.1 用相量表示正弦量

一个正弦量是由它的幅值、角频率和初相三要素决定的。本章所研究的交流电路是指在线性电路中，全部激励为同一频率的正弦量，且在电路中的全部稳态响应也将是同一频率的正弦量，这种电路称为正弦稳态交流电路。因此给出激励的频率，就确定了响应的频率，即每个正弦量响应的三要素中，只有幅值和初相两个要素是待求的未知量。所谓正弦量的相量表示，就是借用复数来表示正弦量的幅值和初相。为了与一般的复数相区别，把表示正弦量的复数叫作相量，并用大写字母上加一个圆点"·"表示。

在数学中，每一个复数对应着唯一的模和幅角两个要素，因此，已知频率的正弦量与复数之间存在着对应的可能性。设有一个正弦电压 $u = U_m \sin(\omega t + \varphi)$，与一个复数函数对应：

$$A = U_m e^{j(\omega t + \varphi)} = U_m \cos(\omega t + \varphi) + j U_m \sin(\omega t + \varphi)$$

比较以上两式可知，正弦电压 u 正好是复数 A 的虚部，即：

$$u = \text{Im}[A] = \text{Im}[U_m e^{j(\omega t + \varphi)}] = \text{Im}[U_m e^{j\varphi} e^{j\omega t}] = \text{Im}[\dot{U}_m e^{j\omega t}]$$

式中，$\dot{U}_m = U_m e^{j\varphi}$。

可见，通过数学变换方法可以把一个正弦函数与一个复数函数唯一对应起来。式中，$\text{Im}[\ ]$ 是"取虚部"的运算符号；$e^{j\omega t}$ 是旋转因子，它对所有同频率正弦量都是一样的；复常数 $\dot{U}_m$，其模 U_m 等于正弦电压 u 的振幅值，其幅角 φ 等于 u 的初相，即包含了正弦量的振幅和初相两个要素。因此，一个已知频率的正弦量，与一个复常数之间具有唯一的对应关系（不是相等关系），即：

$$u = U_m \sin(\omega t + \varphi) \Leftrightarrow U_m e^{j\varphi} = U_m \angle \varphi = \dot{U}_m \qquad (4\text{-}22)$$

复常数 $\dot{U}_m$ 称为正弦量 u 的最大值相量。另外使用更多的是有效值相量，写成：

$$\dot{U} = U e^{j\varphi} = U \angle \varphi \qquad (4\text{-}23)$$

今后没有特别说明，提到的相量一般指的是有效值相量。

用相量表示正弦量，还可以用相量的几何意义来说明。在复平面上，一个长度为正弦量幅值 I_m、初相位为 φ 的有向线段，按逆时针方向以 ω 的角速度旋转，该有向线段称为旋转矢量，它任意时刻在纵轴上的投影为 $I_m \sin(\omega t + \varphi)$。当旋转矢量旋转一周时，其投影对应于一个完整的周期正弦波，如图 4-16 所示。

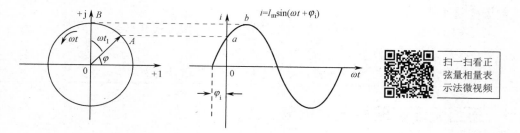

图 4-16　正弦量与旋转矢量

可见，复平面上的一个旋转相量可以完整地表示一个正弦量。该旋转相量所对应的复数函数为：

$$I_m e^{j(\omega t + \varphi)} = I_m e^{j\varphi} e^{j\omega t} = \dot{I}_m e^{j\omega t}$$

式中，$\dot{I}_m = I_m e^{j\varphi}$ 表示正弦量的相量。

正弦量 $i(t) = I_m \sin(\omega t + \varphi)$ 的相量，可以写成：

$$\dot{I}_m = I_m e^{j\varphi} = I_m \angle \varphi \quad 或 \quad \dot{I} = I e^{j\varphi} = I \angle \varphi \tag{4-24}$$

由以上分析表明正弦量与相量之间存在的对应关系非常简单，只要知道其中一方，就可以直接写出对应的另一方，而不必写出中间的变换过程。

实例 4-11　已知正弦电压 $u_1 = 311\sin(\omega t - 30°)$ V，$u_2 = 100\sin(\omega t + 100°)$ V，写出 u_1 和 u_2 的相量形式。

解　u_1 的有效值相量：$\dot{U}_1 = \dfrac{311}{\sqrt{2}} \angle(-30°) \approx 220\angle(-30°)$ V

u_2 的有效值相量：$\dot{U}_2 = \dfrac{100}{\sqrt{2}} \angle 100° \approx 70.7\angle 100°$ V

实例 4-12　已知 $\dot{I} = 10\angle\left(-\dfrac{\pi}{3}\right)$ A，$\dot{U} = 3 - j4$ V，写出 $\dot{I}$ 和 $\dot{U}$ 所表示的正弦量。

解　i 的瞬时值表示式为：$i = 10\sqrt{2}\sin\left(\omega t - \dfrac{\pi}{3}\right)$ A

因为　　　　　　$\dot{U} = 3 - j4 = 5\angle(-53.1°)$ V

所以，u 的瞬时值表示式为：$u = 5\sqrt{2}\sin(\omega t - 53.1°)$ V

4.5.2　相量图

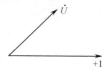

扫一扫看正弦量相量表示法注意问题

在复平面上，用于表示正弦量的矢量图叫作相量图。相量只能表示出正弦量三个要素中的两个，角频率需要另外加说明。只有同频率的正弦量，其相量才能画在同一复平面上。

例如，正弦电压 $u = \sqrt{2}U\sin(\omega t + \varphi)$，其相量为 $\dot{U} = U\angle\varphi$，所对应的相量图如图 4-17 所示。

图 4-17　相量图

频率正弦量所对应的相量，在复平面上的相对位置不随时间变化。任意两个相量之间的夹角就是它们所对应正弦量的相位差。

实例 4-13　已知正弦电压 $u_1 = 5\sqrt{2}\sin(\omega t - 30°)$ V，$u_2 = 10\sqrt{2}\sin(\omega t + 45°)$ V，求这两个正弦量的相位差，并画出相量图。

解　u_1 和 u_2 间的相位差为：

$$\varphi_{12} = \varphi_1 - \varphi_2 = (-30°) - 45° = -75°$$

故 u_1 滞后 u_2 相位角 75°。相量图见图 4-1。

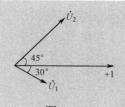

图 4-18

? 思考题 4-5

1. 设已知正弦电压：$u_1 = 141\sin(\omega t + \dfrac{\pi}{4})$ V，$u_2 = 380\sin(\omega t - \dfrac{\pi}{4})$ V。写出 u_1 和 u_2 的相量，并画出相量图。

2. 写出下列相量对应的正弦量（$f = 50\,\text{Hz}$）。

（1）$\dot{U}_1 = 220\angle 40° \text{ V}$ （2）$\dot{I}_1 = 3\angle 30° \text{ A}$

（3）$\dot{U}_2 = 380\angle(-50°) \text{ V}$ （4）$\dot{I}_2 = 4\angle(-120°) \text{ A}$

3. 判断下列连等式是否成立？若不成立，请指出不等之处，并简要说明理由。

（1）$i(t) = 5\sin(\omega t) \text{ A} = 5\angle 0° \text{ A} = 5 \text{ A}$

（2）$\dot{U}_\text{m} = 10\angle 30° \text{ V} = 10\sqrt{2}\sin(\omega t + 30°) \text{ V}$

项目训练8　用示波器、信号发生器测量交流电

1．训练目的

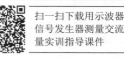

扫一扫下载用示波器
信号发生器测量交流
量实训指导课件

（1）熟悉信号发生器、交流毫伏表的使用。

（2）认识示波器面板旋钮的作用，练习使用示波器。

（3）学习用示波器观察信号波形，测量正弦电压的频率和峰值。

2．训练说明

1）信号发生器

目前作为通用仪器的函数信号发生器能产生正弦波信号、三角波信号、方波信号等。输出信号的电压幅度可通过电压调节旋钮进行调节；信号的频率可以由分挡开关和调节旋钮联合进行调节。

2）示波器

示波器是在电子技术领域广泛使用的电子仪器，可以用来显示各种电信号的波形。双踪示波器既可以定性、定量地观测某一待测信号，又能将两个不同信号同时在屏幕上显示，以便对它们进行比较和分析。

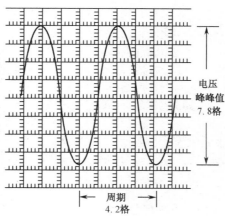

被测信号经输入信号通道（如 CH1 通道）输入，调节扫描速度"t/div"和触发电平旋钮，使波形稳定在屏幕上。为便于观测，将其调整到屏幕的中心位置，如图 4-19 所示。

在屏幕上根据纵坐标刻度读出被测信号波形在 Y 轴上所占格数（设为 N），读出示波器幅度旋钮位置"V/div"挡级，则正弦波电压的峰—峰值为：

$$U_\text{P-P} = N \times \text{V/div}$$

在屏幕上按横坐标读出被测正弦波信号波形的一个周期所占的 X 轴格数（设为 N），乘以扫描速率"t/div"所指示的值，可得该正弦波电压的周期为：

$$T = N \times \text{t/div}$$

则频率为：

图 4-19　交流电压（电流）测量方法

扫一扫看示波器使用操作视频

$$f = \frac{1}{T} = \frac{1}{N \times t/div}$$

3）交流毫伏表

交流毫伏表是测量正弦交流电压信号的测量仪器，具有量限多、频率范围宽、灵敏度高等特点，在电子电路的测量中得到广泛应用。

3．测试设备

电工电路综合测试台 1 台，数字万用表 1 只，直流稳压电源 1 台，函数信号发生器 1 台，双踪示波器 1 台。

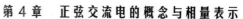

4．测试步骤

1）练习信号发生器与交流毫伏表的使用

调节信号发生器输出电压为 2 V/600 Hz，其操作过程如下：

（1）打开电源开关，输出衰减放在 0 dB，频挡选择放在 1000 Hz，调节频率微调旋钮至 600 Hz，调幅度调节旋钮将输出电压调至 2 V（此时输出电压有效值为 2 V）；

（2）测量交流毫伏表和万用表的频率特性。按图 4-20 所示电路接线，分别用交流毫伏表和万用表测量信号发生器的输出电压，将测量数据填入表 4-1 中；

（3）若信号发生器输出电压取不同值时，仍用交流毫伏表和万用表测量信号发生器的输出电压并填入表 4-1 中，比较两组数据的不同之处，由此能得到什么结论？

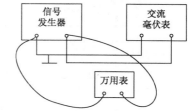

图 4-20　信号发生器与交流毫伏表的连接

2）练习信号发生器与双踪示波器的使用

调节信号发生器输出电压为 2 V/600 Hz，按图 4-21 电路连接，将信号发生器的电压输出端、交流毫伏表的输入端和双踪示波器的 CH1 通道输入端用三根信号线分别接入，并将三根信号线的红夹子夹在一起，黑夹子夹在一起。用双踪示波器测量信号发生器输出电压的幅值与周期，并将数值填入表 4-2、4-3 中。改变信号发生器的输出电压数值，仍用双踪示波器测量并将数值填入表 4-2、4-3 中。

表 4-1　测量数据

信号发生器	交流毫伏表（V）	万用表（V）
1 V/150 Hz		
2 V/600 Hz		
3 V/1000 Hz		
4 V/2000 Hz		
4 V/30 kHz		
4 V/60 kHz		

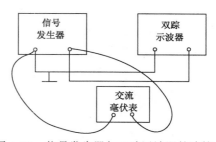

图 4-21　信号发生器与双踪示波器的连接

表4-2　信号频率数据

信号发生器的 信号频率	扫描速率 (t/div)	一个周期所占的 X 轴格数（div）	测量周期 T	测量信号频率 $f=1/T$
150 Hz				
600 Hz				
1 kHz				
100 kHz				

表4-3　电压有效值与峰-峰值

信号发生器的 输出电压	示波器幅度旋钮 位置（V/div）	Y 轴格数 （div）	示波器测量 峰峰值 $U_{P\text{-}P}$	示波器测量 有效值 U	毫伏表测量 有效值 U
0.5 V/150 Hz					
2 V/600 Hz					
5 V/1 kHz					
7 V/100 kHz					

❓ 思考题 4-6

1. 用双踪示波器测出的电压有效值、峰峰值、频率与信号发生器输出的电压信号是否一致？如果不一致，请分析产生误差的原因，有何调整方法？

2. 用示波器观察正弦波电压时，若屏幕上出现波形跳动现象，应如何调节？

知识梳理与总结

 扫一扫开始本章自测题练习

 扫一扫看本章自测题答案

4.1　周期交流电的概念与产生

大小和方向均随时间作周期性变化，且在一个周期内平均值为零的电流、电压以及电动势，分别叫作交变电流、交变电压以及交变电动势，统称为交流电。随时间按正弦规律变化的交流电，称为正弦交流电。

4.2　正弦交流电的三要素

正弦电流 i 在所规定参考方向下的数学表达式为：

$$i(t)=I_{\mathrm m}\sin(\omega t+\varphi)$$

式中，$I_{\mathrm m}$ 称为幅值，ω 称为角频率，φ 称为初相。幅值、角频率和初相称为正弦量的三要素。

两个同频率的正弦量的相位之差称为相位差，用 φ_{12} 表示。设有两个同频率正弦电流：

$$i_1(t)=I_{\mathrm{m1}}\sin(\omega t+\varphi_1)、\quad i_2(t)=I_{\mathrm{m2}}\sin(\omega t+\varphi_2)$$

其相位差为：

$$\varphi_{12}=(\omega t+\varphi_1)-(\omega t+\varphi_2)=\varphi_1-\varphi_2$$

可见，同频率正弦量的相位差又等于它们的初相之差，且与时间 t 无关。

4.3　正弦交流电的有效值和平均值

交流电的有效值是与它热效应相等的直流值。当一个交流电流 i 和一个直流电流 I，分别作用于同一电阻，如果经过一个周期 T 的时间二者产生的热量相等，则该直流电流 I 称为

交流电流 i 的有效值。

正弦电流的有效值为 $I = \dfrac{I_m}{\sqrt{2}} = 0.707 I_m$；正弦电压的有效值为 $U = \dfrac{U_m}{\sqrt{2}} = 0.707 U_m$。

周期性交流量的波形图在一个周期内其横轴上部的面积等于横轴下部的面积，故一个周期内交流量的平均值为零。而正弦交流电的平均值是指在半个周期内瞬时值的平均值，用 I_{av}、U_{av} 表示。其中，$I_{av} = \dfrac{2}{\pi} I_m \approx 0.637 I_m$；$U_{av} = \dfrac{2}{\pi} U_m \approx 0.637 U_m$。

4.4　复数的基本知识

一个复数可以用代数形式、三角函数式、指数式、极坐标式四种形式表示，即：

$$
\begin{aligned}
A &= a + jb & \text{（代数形式）}\\
&= r\cos\theta + jr\sin\theta & \text{（三角函数形式）}\\
&= re^{j\theta} & \text{（指数形式，根据尤拉公式：} e^{j\theta} = \cos\theta + j\sin\theta \text{ 得到）}\\
&= r\angle\theta & \text{（极坐标形式）}
\end{aligned}
$$

四种形式的复数表示式可以进行等价互换，也可以把它表示在复平面上。

复数的加、减运算常用代数形式进行。设 $A = a_1 + jb_1$，$B = a_2 + jb_2$，则：

$$A \pm B = (a_1 + jb_1) \pm (a_2 + jb_2) = (a_1 \pm a_2) + j(b_1 \pm b_2)$$

复数的乘除法运算通常用指数形式或极坐标形式进行。设复数 $A = r_1 e^{j\theta_1} = r_1 \angle\theta_1$，$B = r_2 e^{j\theta_2} = r_2 \angle\theta_2$，则：

$$A \times B = r_1 e^{j\theta_1} \times r_2 e^{j\theta_2} = r_1 r_2 e^{j(\theta_1 + \theta_2)} = r_1 r_2 \angle(\theta_1 + \theta_2)$$

$$\frac{A}{B} = \frac{r_1 e^{j\theta_1}}{r_2 e^{j\theta_2}} = \frac{r_1}{r_2} e^{j(\theta_1 - \theta_2)} = \frac{r_1}{r_2} \angle(\theta_1 - \theta_2)$$

4.5　正弦交流量的相量表示法

一个已知频率的正弦量与一个复常数之间具有唯一对应关系（不是相等关系），即：

$$u = U_m \sin(\omega t + \varphi) \Leftrightarrow U_m e^{j\varphi} = U_m \angle\varphi = \dot{U}_m$$

复常数 $\dot{U}_m$ 称为正弦量 u 的最大值相量。另外使用更多的是有效值相量，写成

$$\dot{U} = U e^{j\varphi} = U \angle\varphi$$

练习题 4

 扫一扫看
本练习题
答案

4.1　解释名词：周期、频率、相位、初相位、相位差、瞬时值、最大值、有效值、平均值。

4.2　写出初相位 $\dfrac{\pi}{3}$、工频、380 V 的电压解析式，写出初相位 30°、工频、220 V 的电压解析式。

4.3　已知 $i_1 = 10\sqrt{2}\sin\left(100\pi t + \dfrac{\pi}{6}\right)$ A，$i_2 = 20\sin(100\pi t)$ A，试求：

（1）i_1、i_2 的最大值；（2）有效值；（3）周期及频率；（4）i_1、i_2 之间的相位差。

4.4　照明用工频单相交流电的电压为 220 V，动力用工频三相电的电压为 380 V，试求：

（1）它们的最大值；（2）有效值；（3）周期；（4）每秒钟电流方向改变的次数。

4.5 按照已选定的参考方向，电流 $i = 3\sin(314t + \frac{\pi}{6})$ A，如果把参考方向选取为相反的方向，则电流的解析式应如何写？

4.6 已知有三个正弦电压 $u_A = 200\sin(314t)$ V、$u_B = 140\sin(314t - \frac{2\pi}{3})$ V、$u_C = 300\sin(314t + \frac{2\pi}{3})$ V，试问：

（1）u_A 比 u_B 超前多少？u_B 比 u_C 超前多少？u_C 比 u_A 超前多少？

（2）若选 u_B 为参考正弦量，试重写它们的解析式。

4.7 将下列复数写成代数式：

（1）$6\angle 0°$； （2）$5\angle 60°$； （3）$20\angle(-90°)$；

（4）$5\angle(-40°)$； （5）$10\angle 120°$； （6）$2\angle 105°$。

4.8 将下列复数写成极坐标式：

（1）3； （2）$6 - j8$； （3）$20 + j20$；

（4）$20 - j30$； （5）$-3 + j4$； （6）$-10 + j20$。

4.9 已知 $A_1 = 10\angle 30°$，$A_2 = 5\angle(-53.1°)$，求 $A_1 + A_2$、$A_1 - A_2$、$A_1 \times A_2$、$A_1 \div A_2$。

4.10 已知 $Z_1 = 6 + j8\ \Omega$，$Z_2 = j5\ \Omega$，求 $Z_1 + Z_2$、$\frac{Z_1 Z_2}{Z_1 + Z_2}$。

4.11 写出下列正弦量对应的相量，并画出相量图。

（1）$u_1 = 10\sqrt{2}\sin(\omega t)$ V；

（2）$u_2 = 20\sqrt{2}\sin(\omega t + 45°)$ V；

（3）$u_3 = 30\sqrt{2}\sin(\omega t - 135°)$ V。

4.12 求下列相量所代表正弦量的瞬时值表达式（设角频率为 ω）。

（1）$\dot{U} = 5\angle 36.9°$ V； （2）$\dot{I} = 15 - j20$ A； （3）$\dot{I} = 20\angle 100°$ A。

4.13 已知 $u = 220\sqrt{2}\sin(100\pi t - 30°)$ V，$i = 14.1\sin(100\pi t + 45°)$ A，试写出各正弦量的振幅相量和有效值相量，并作出相量图。

扫一扫看
本练习题
详解过程

第5章

正弦交流电路的分析与计算

教学导航

教学重点	1. 理解电路基本定律的相量形式，并掌握用相量法计算简单正弦交流电路的方法； 2. 能用相量法计算 RLC 串联电路和多阻抗并联电路，并作相量图； 3. 掌握有功功率和功率因数的计算方法； 4. 了解瞬时功率、无功功率、视在功率的概念和提高功率因数的经济意义
教学难点	1. 用相量法分析正弦交流电路的方法； 2. 功率的计算方法
参考学时	20 学时

扫一扫下载日光灯电路实例教学课件

扫一扫看本章补充例题与解答

在正弦电源激励下，处于稳定工作状态的电路称为正弦稳态电路，此时电路的响应为正弦稳态响应。正弦稳态电路分析在电工电子技术领域占有十分重要的地位。本章研究用相量法分析计算线性时不变正弦稳态电路。

5.1 纯电阻的交流电路

扫一扫下载纯电阻交流电路教学课件

纯电阻电路是最简单的交流电路，它由交流电源和纯电阻组成。例如，在日常生活和工作中接触到的白炽灯、电炉等电阻性负载与交流电源连接组成的电路属于纯电阻电路。

5.1.1 电阻元件 VCR 的相量形式

在纯电阻电路中，电流与电压同相，电压瞬时值与电流瞬时值之间服从欧姆定律，即

$$u_R = Ri_R \qquad (5\text{-}1)$$

如图 5-1（a）所示，设电阻的端电压与电流采用关联参考方向。若流过电阻的电流为：

$$i_R = I_{Rm} \sin(\omega t + \varphi_i) \qquad (5\text{-}2)$$

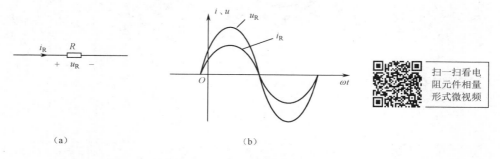

（a）　　　　　　　　　　　（b）

扫一扫看电阻元件相量形式微视频

图 5-1　纯电阻电路的伏安关系

根据欧姆定律可知电阻两端的电压为：

$$u_R = Ri_R = RI_{Rm} \sin(\omega t + \varphi_i) = U_{Rm} \sin(\omega t + \varphi_u) \qquad (5\text{-}3)$$

式中，I_{Rm} 和 φ_i 是电流 i_R 的振幅和初相位，U_{Rm} 和 φ_u 是电压 u_R 的振幅和初相位。

令 $RI_{Rm} = U_{Rm}$，称为电阻元件的端电压与电流最大值关系；若等式两端同除以 $\sqrt{2}$，可得 $RI_R = U_R$，称为电阻元件的端电压与电流有效值关系；若 $\varphi_i = \varphi_u$，则表明电阻元件两端的电压与电流同相。

式（5-2）、（5-3）表明，在正弦电流作用下，电阻元件的端电压与电流是同频率的正弦量。电阻上的电流、电压波形如图 5-1（b）所示。

在关联参考方向下，流过电阻的电流 $i_R = I_{Rm} \sin(\omega t + \varphi_i)$，对应的相量为 $\dot{I}_R = I_R \angle \varphi_i$，电阻两端的电压 $u_R = RI_{Rm} \sin(\omega t + \varphi_i)$，其对应的相量为 $\dot{U}_R = RI_R \angle \varphi_i$，即

$$\dot{U}_R = R\dot{I}_R \qquad (5\text{-}4)$$

上式即为电阻元件伏安关系的相量形式，相量关系式既表示电压与电流有效值关系，也能表示其相位关系。有效值关系：$U_R = RI_R$；相位关系：$\dot{U}_R$ 与 $\dot{I}_R$ 同相。

图 5-2（a）给出了电阻元件的端电压、电流相量形式的示意图，图 5-2（b）给出了电阻

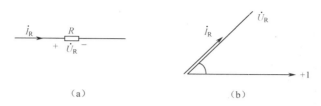

（a）　　　　　　　　　　　　（b）

图 5-2　电阻元件 VCR 的相量关系

元件的端电压与电流的相量图。

5.1.2　纯电阻电路的功率

在纯电阻交流电路中，当电流 i 流过电阻时，电阻上要产生热量，即把电能转化为热能，电阻上必然有功率消耗。由于交流电路中的电流和电压都是随时间变化的，所以电阻上消耗的功率也是随时间变化的。

1．瞬时功率

在交流电路中，电压电流采用关联方向，任意瞬间电阻元件上的电压瞬时值与电流瞬时值的乘积叫作该元件吸收（或消耗）的瞬时功率，用小写字母 p 表示：

$$p = u_R i_R \tag{5-5}$$

以电流为参考正弦量：

$$i_R = I_{Rm} \sin(\omega t)$$

则电阻两端的电压为：

$$u_R = U_{Rm} \sin(\omega t)$$

则正弦交流电路中电阻元件的瞬时功率为：

$$p = u_R i_R = U_{Rm} \sin \omega t \times I_{Rm} \sin \omega t = U_{Rm} I_{Rm} \sin^2 \omega t$$

$$= U_{Rm} I_{Rm} \frac{1 - \cos 2\omega t}{2} = U_R I_R - U_R I_R \cos 2\omega t \tag{5-6}$$

按照式（5-6）画出瞬时功率的曲线，如图 5-3 所示。图中可以看出 $p \geqslant 0$，其最大值是 $2UI$，最小值是零。这是因为 u、i 参考方向一致，任一瞬间电压与电流同号，所以瞬时功率 p 恒为正值，表示电阻元件在任一瞬间均从电源取用功率，是一个耗能元件。

2．平均功率

由于瞬时功率是随时间变化的，测量和计算都不方便，而且不能表示电阻元件的实际耗能效果，所以在实际工作中常用平均功率，用

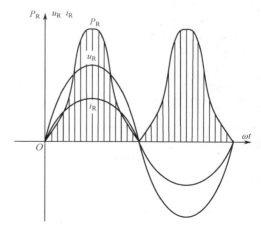

图 5-3　电阻元件上电流、电压与功率的曲线

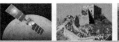

大写字母 P 表示。

周期性交流电路中的平均功率就是瞬时功率在一个周期内的平均值，即：

$$P = \frac{1}{T} \int_0^T p\,\mathrm{d}t \tag{5-7}$$

正弦交流电路中电阻元件的平均功率指平均接收功率：

$$P = \frac{1}{T} \int_0^T p\,\mathrm{d}t = \frac{1}{T} \int_0^T U_R I_R (1 - \cos 2\omega t)\,\mathrm{d}t$$

$$= \frac{U_R I_R}{T} \left[t - \frac{\sin 2\omega t}{2\omega} \right]_0^T = U_R I_R \tag{5-8}$$

因为 $U_R = I_R R$ 或 $I_R = U_R G$，代入上式得：

$$P = U_R I_R = I_R^2 R = \frac{U_R^2}{R} = U_R^2 G \tag{5-9}$$

功率的单位为瓦（W），工程上也常用千瓦（kW），即 $1\,\mathrm{kW} = 10^3\,\mathrm{W}$。

由于平均功率反映了元件实际消耗电能的情况，所以又称有功功率，习惯上常把"平均"或"有功"二字省略，简称功率。例如，灯泡的功率为 40 W，电炉的功率为 2000 W，电阻的功率为 3 W 等，都指的是平均功率。

通过以上讨论，我们可以得到纯电阻交流电路的几个结论：

（1）在纯电阻交流电路中，电阻上的电流和电压同相；

（2）电压与电流的最大值、有效值和瞬时值之间，都服从欧姆定律；

（3）有功功率等于电流有效值与电阻两端电压有效值之积。

实例 5-1　有一个阻值 $R = 100\,\Omega$ 的电阻丝，通过电阻丝的电流为 $i_R = 2\sqrt{2} \sin(\omega t - 45°)\,\mathrm{A}$，求电阻丝两端的电压 u_R、U_R 及其消耗的功率 P_R。

解　选定电压与电流为关联参考方向。由于电阻元件上的电压瞬时值与电流瞬时值之间服从欧姆定律，可得电压瞬时值为：

$$u_R = R i_R = 100 \times 2\sqrt{2} \sin(\omega t - 45°) = 200\sqrt{2} \sin(\omega t - 45°)\,\mathrm{V}$$

电阻两端电压有效值为：

$$U_R = \frac{U_{Rm}}{\sqrt{2}} = \frac{200\sqrt{2}}{\sqrt{2}} = 200\,\mathrm{V}$$

通过电阻丝的电流有效值为：

$$I_R = \frac{I_{Rm}}{\sqrt{2}} = \frac{2\sqrt{2}}{\sqrt{2}} = 2\,\mathrm{A}$$

有功功率为：

$$P = U_R I_R = 200 \times 2 = 400\,\mathrm{W}$$

❓ 思考题 5-1

1. 把一个 $R = 100\,\Omega$ 的电阻元件接到频率为 50 Hz、电压有效值为 10 V 的电源上，问电流是多少？如保持电压值不变，而电源频率改变为 5 000 Hz，这时电流为多少？

2. "电阻元件的瞬时功率总为正值，即 $p \geqslant 0$。"这句话对吗？为什么？

5.2　纯电感的交流电路

纯电感电路是理想电路，实际的电感线圈有一定的电阻，若当电感线圈中的电阻可以忽略不计时，电感线圈与交流电源连接的电路可以视为纯电感电路。

5.2.1　电感元件 VCR 的相量形式

如图 5-4（a）所示，电感元件电路在正弦稳态下的伏安关系为：

$$u_L = L\frac{\mathrm{d}i_L}{\mathrm{d}t} \qquad (5\text{-}10)$$

设电感的端电压与电流采用关联参考方向，若流过电感的电流为：

$$i_L = I_{Lm}\sin(\omega t + \varphi_i) \qquad (5\text{-}11)$$

则电感两端的电压为：

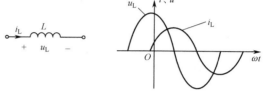

图 5-4　纯电感电路的伏安关系

$$
\begin{aligned}
u_L &= L\frac{\mathrm{d}i_L}{\mathrm{d}t} = L\frac{\mathrm{d}I_{Lm}\sin(\omega t + \varphi_i)}{\mathrm{d}t} \\
&= \omega L I_{Lm}\cos(\omega t + \varphi_i) \\
&= \omega L I_{Lm}\sin(\omega t + \varphi_i + \frac{\pi}{2}) \\
&= U_{Lm}\sin(\omega t + \varphi_u)
\end{aligned} \qquad (5\text{-}12)
$$

　扫一扫看电感元件相量形式微视频

式中，$\omega L I_{Lm} = U_{Lm}$，若等式两端同除以 $\sqrt{2}$，可得 $\omega L I_L = U_L$，称为电感元件的端电压与电流有效值关系。u_L 和 i_L 为同频率的正弦量，其频率由电源频率决定。根据电流和电压的解析式，作出电感上电流和电压的波形图，如图 5-4（b）所示。

令 $X_L = \omega L$，X_L 称为感抗，单位为欧姆（Ω）。感抗是用来表示电感元件对电流起阻碍作用的一个物理量。感抗 $X_L = \omega L = 2\pi f$ 与电源频率（或角频率）及电感成正比。当频率 $f = 0$（相当于直流激励）时，感抗为零，电感相当于短路。

由上述分析结论可知，当电流 $i_L = I_{Lm}\sin(\omega t + \varphi_i)$，其相量形式为 $\dot{I}_L = I_L\angle\varphi_i$，则有：

$$u_L = U_{Lm}\sin(\omega t + \varphi_u) = X_L I_{Lm}\sin(\omega t + \varphi_i + \frac{\pi}{2})$$

用相量形式表示为：

$$\dot{U}_L = X_L I_L\angle(\varphi_i + \frac{\pi}{2}) = \mathrm{j}X_L\dot{I}_L \qquad (5\text{-}13)$$

上式即为电感元件伏安关系的相量形式，同时它们还存在如下关系。

有效值关系：$U_L = X_L I_L = \omega L I_L = 2\pi f L I_L$

相位关系：$\varphi_u = \varphi_i + \dfrac{\pi}{2}$，即电感上的电压超前电流 90°，或者说电流滞后电压 90°。

图 5-5（a）给出了电感元件的端电压、电流相量形式的示意图，图 5-5（b）给出了电感

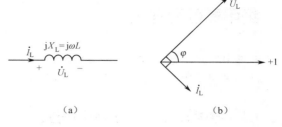

元件的端电压与电流的相量图。

图 5-5　电感元件的相量关系

5.2.2　纯电感电路的功率

1. 瞬时功率

在交流电路中，电压电流采用关联方向，纯电感电路中的瞬时功率等于电压瞬时值与电流瞬时值的乘积，用小写字母 p 表示：

$$p = u_L i_L \tag{5-14}$$

以电流为参考正弦量：

$$i_L = I_{Lm} \sin(\omega t)$$

则电感两端的电压为：

$$u_L = U_{Lm} \sin(\omega t + \frac{\pi}{2})$$

正弦交流电路中电感元件的瞬时功率为：

$$
\begin{aligned}
p_L = u_L i_L &= U_{Lm} \sin(\omega t + \frac{\pi}{2}) I_{Lm} \sin \omega t \\
&= U_{Lm} I_{Lm} \cos \omega t \sin \omega t = \frac{1}{2} U_{Lm} I_{Lm} \sin 2\omega t \\
&= U_L I_L \sin 2\omega t
\end{aligned}
\tag{5-15}
$$

按照式（5-15）画出瞬时功率的曲线，如图 5-6 所示。电感元件的瞬时功率 p_L 是随时间按正弦规律变化的，其频率为电源频率的 2 倍，振幅为 UI。

2. 平均功率

平均功率（或称有功功率）值可通过曲线与 t 轴包围面积的和来求。在第一及第三个 1/4 周期内，瞬时功率为正值，电感元件吸取电源的电能，并把电能转换成磁场能量，储存在元件的磁场中；在第二及第四个 1/4 周期内，瞬时功率为负值，把磁场储存的能量仍归还给电源。因而在电感元件中没有能量损耗，说明纯电感电路中平均功率为零，即：

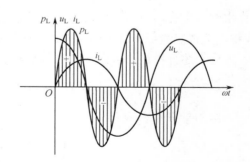

图 5-6　电感元件上电流、电压与功率的曲线

$$P_L = 0 \tag{5-16}$$

3．无功功率

虽然纯电感电路不消耗能量，但是电感线圈和电源之间在不停地进行着能量交换。为反映出纯电感电路中能量的相互转换，把单位时间内能量转换的最大值（即瞬时功率的最大值），叫作无功功率，用符号 Q_L 表示：

$$Q_L = U_L I_L = I_L^2 X_L = \frac{U_L^2}{X_L} \tag{5-17}$$

无功功率的单位为乏尔（var），简称乏。工程中有时还用千乏（kvar）。

必须指出，无功功率中"无功"的含义是"交换"而不是"消耗"，它是相对于"有功"而言的。决不可把"无功"理解为"无用"。它实质上是表明电路中能量交换的最大速率。无功功率在工农业生产中占有很重要的地位，具有电感性质的变压器、电机等设备都是靠电磁转换工作的。

实例 5-2　把一个电阻可以忽略的线圈，接到 $u = 220\sqrt{2}\sin(100\pi t + 60°)$ V 的电源上，线圈的电感为 0.4 H，试求：（1）线圈的感抗 X_L；（2）电流 i_L 及 I_L；（3）电路的无功功率。

解　（1）电感上电压与电流采用关联参考方向。

$$X_L = \omega L = 100\pi \times 0.4 \approx 125.6 \ \Omega$$

（2）电压的有效值为 $U = 220$ V，则流过线圈的电流有效值为：

$$I_L = \frac{U}{X_L} = \frac{220}{125.6} \approx 1.75 \ \text{A}$$

在纯电感电路中，电压超前电流的相角角为 90°，则电流瞬时值为：

$$i_L = 1.75\sqrt{2}\sin(100\pi t - 30°) \ \text{V}$$

（3）电路的无功功率为：

$$Q_L = U I_L = 220 \times 1.75 = 385 \ \text{var}$$

? 思考题 5-2

1．已知某一线圈通过 50 Hz 电流时，其感抗为 10 Ω，试问当电源频率为 50 kHz 时，其感抗为多少？

2．电感元件若接在直流电路中，应如何处理？

3．试用相量法求解实例 5-2。

5.3　纯电容的交流电路

扫一扫下载纯电容的交流电路教学课件

纯电容电路是理想电路，如果电容器的漏电电阻和分布电感可以忽略不计，则电容器与交流电源连接的电路可以视为纯电容电路。

5.3.1　电容元件 VCR 的相量形式

扫一扫看电容元件的相量形式微视频

如图 5-7（a）所示，电容元件电路在正弦稳态下的伏安关系为：

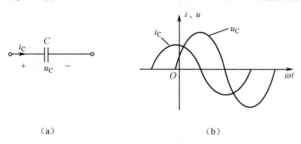

图 5-7　纯电容电路的伏安关系

$$i_{\mathrm{C}} = C\frac{\mathrm{d}u_{\mathrm{C}}}{\mathrm{d}t} \tag{5-18}$$

设电容的端电压与电流采用关联参考方向。若电容两端的电压为：

$$u_{\mathrm{C}} = U_{\mathrm{Cm}}\sin(\omega t + \varphi_{\mathrm{u}}) \tag{5-19}$$

则流过电容的电流为：

$$
\begin{aligned}
i_{\mathrm{C}} &= C\frac{\mathrm{d}u_{\mathrm{C}}}{\mathrm{d}t} = C\frac{\mathrm{d}U_{\mathrm{Cm}}\sin(\omega t + \varphi_{\mathrm{u}})}{\mathrm{d}t} \\
&= \omega C U_{\mathrm{Cm}}\cos(\omega t + \varphi_{\mathrm{u}}) \\
&= \omega C U_{\mathrm{Cm}}\sin(\omega t + \varphi_{\mathrm{u}} + \frac{\pi}{2}) \\
&= I_{\mathrm{Cm}}\sin(\omega t + \varphi_{\mathrm{i}})
\end{aligned} \tag{5-20}
$$

式中，$\omega C U_{\mathrm{Cm}} = I_{\mathrm{Cm}}$，若等式两端同除以 $\sqrt{2}$，可得 $\omega C U_{\mathrm{C}} = I_{\mathrm{C}}$ 或 $U_{\mathrm{C}} = \dfrac{1}{\omega C} I_{\mathrm{C}}$，称为电容元件的端电压与电流有效值关系。$u_{\mathrm{C}}$ 和 i_{C} 为同频率的正弦量，其频率由电源频率决定。

令 $X_{\mathrm{C}} = \dfrac{1}{\omega C}$，$X_{\mathrm{C}}$ 称为容抗，单位为欧姆（Ω）。容抗是用来表示电容器在充放电过程中对电流的一种阻碍作用，在电压一定的条件下，容抗越大，电路电流越小。容抗 $X_{\mathrm{C}} = \dfrac{1}{\omega C} = \dfrac{1}{2\pi f C}$ 与电源频率（或角频率）及电容成反比。当频率 $f = 0$（相当于直流激励）时，电容元件的容抗为无穷大，相当于开路，即电容元件有隔直（流）作用。当 f 很高时，X_{C} 趋近于零，所以频率越高，信号越容易通过电容元件。

根据电流和电压的解析式，作出电容上电流和电压的波形图，如图 5-7（b）所示。

由上述分析结论可知，当电压 $u_{\mathrm{C}} = U_{\mathrm{Cm}}\sin(\omega t + \varphi_{\mathrm{u}})$，其相量形式为 $\dot{U}_{\mathrm{C}} = U_{\mathrm{C}}\angle\varphi_{\mathrm{u}}$，则电流为：

$$i_{\mathrm{C}} = I_{\mathrm{Cm}}\sin(\omega t + \varphi_{\mathrm{i}}) = \omega C U_{\mathrm{Cm}}\sin(\omega t + \varphi_{\mathrm{u}} + \frac{\pi}{2})$$

其相量形式为：

$$\dot{I}_{\mathrm{C}} = \omega C U_{\mathrm{C}}\angle(\varphi_{\mathrm{u}} + \frac{\pi}{2}) = \mathrm{j}\omega C\dot{U}_{\mathrm{C}} \tag{5-21}$$

也可以表示为：

$$\dot{U}_{\mathrm{C}} = \frac{\dot{I}_{\mathrm{C}}}{\mathrm{j}\omega C} = -\mathrm{j}\frac{1}{\omega C}\dot{I}_{\mathrm{C}} = -\mathrm{j}X_{\mathrm{C}}\dot{I}_{\mathrm{C}} \tag{5-22}$$

上式称为电容元件伏安关系的相量形式。它包含了电容元件的电压和电流的有效值关系 $U_C = X_C I_C$，又包含了电流超前电压 90° 的相位关系。

有效值关系：$U_C = X_C I_C = \dfrac{1}{\omega C} I_C$

相位关系：$\varphi_i = \varphi_u + \dfrac{\pi}{2}$，即电容上电流超前电压 90°，或者说电压滞后电流 90°。

图 5-8（a）给出了电容元件的端电压、电流相量形式的示意图，图 5-8（b）给出了电容元件的端电压与电流的相量图。

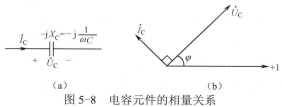

（a）　　　　　　　　　　　　　（b）

图 5-8　电容元件的相量关系

5.3.2　纯电容电路的功率

1．瞬时功率

在交流电路中，电压电流采用关联参考方向，纯电容电路中的瞬时功率等于电压瞬时值与电流瞬时值的乘积，用小写字母 p 表示，即：

$$p = u_C i_C \tag{5-23}$$

以电压为参考正弦量：

$$u_C = U_{Cm} \sin \omega t$$

则电容上电流为：

$$i_C = I_{Cm} \sin\left(\omega t + \dfrac{\pi}{2}\right)$$

正弦交流电路中电容元件的瞬时功率为：

$$p_C = u_C i_C = U_{Cm} \sin \omega t I_{Cm} \sin\left(\omega t + \dfrac{\pi}{2}\right)$$

$$= U_{Cm} I_{Cm} \sin \omega t \cos \omega t = \frac{1}{2} U_{Cm} I_{Cm} \sin 2\omega t$$

$$= U_L I_L \sin 2\omega t \tag{5-24}$$

按照式（5-24）画出瞬时功率的曲线，如图 5-9 所示。电容元件的瞬时功率 p_C 是随时间按正弦规律变化的，其频率为电源频率的 2 倍，振幅为 UI。

2．平均功率

平均功率（或称有功功率）值可通过曲线与 t 轴包围面积的和来求。电容在第一及第三个 1/4 周期从电源吸收的能量，又在第二及第四个 1/4 周期中都全

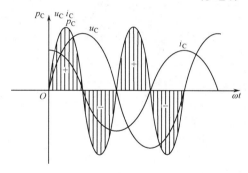

图 5-9　电容元件上电流、电压与功率的曲线

部还给电源，电容和电源间在不停地进行着能量的交换。电容元件中没有能量损耗，说明纯电容电路中平均功率为零，即：

$$P_C = 0 \tag{5-25}$$

3．无功功率

虽然纯电容电路不消耗能量，但是电容元件和电源之间在不停地进行着能量交换。电容的无功功率是瞬时功率的最大值，用符号 Q_C 表示：

$$Q_C = U_C I_C = I_C^2 X_C = \frac{U_C^2}{X_C} \tag{5-26}$$

无功功率的单位为乏尔（var），简称乏。工程中有时还用千乏（kvar）。

实例 5-3 已知 220 V、40 W 的日光灯上并联的电容器为 4.75 μF，求：（1）电容的容抗；（2）电容上电流的有效值；（3）电容的无功功率。

解 （1）容抗：

$$X_C = \frac{1}{\omega C} = \frac{1}{2\pi f C} = \frac{1}{2\pi \times 50\,\text{Hz} \times 4.75 \times 10^{-6}\,\text{F}} \approx 670\,\Omega$$

（2）电流的有效值：

$$I_C = \frac{U}{X_C} = \frac{220}{670} \approx 0.328\,\text{A}$$

（3）无功功率：

$$Q_C = U_C I_C = 220 \times 0.328 = 72.25\,\text{var}$$

实例 5-4 将 $C = 50\,\mu\text{F}$ 的电容接在电压 $u = 220\sqrt{2}\sin(2000t + 60°)\,\text{V}$ 的电源上，求电路中的电流 i，并画出电压和电流的相量图。

解 电路的容抗为：

$$X_C = \frac{1}{\omega C} = \frac{1}{2000 \times 50 \times 10^{-6}}\,\Omega = 10\,\Omega$$

电压 $u = 220\sqrt{2}\sin(2000t + 60°)\,\text{V}$，其相量为 $\dot{U} = 220\angle 60°\,\text{V}$，

根据电容元件 VCR 的相量形式 $\dot{U}_C = -jX_C \dot{I}_C$，有：

$$\dot{I}_C = \frac{\dot{U}_C}{-jX_C} = \frac{220\angle 60°}{-j10} = 22\angle 150°\,\text{A}$$

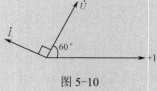

图 5-10

电容元件上电压和电流的相量图见图 5-10。

> **？ 思考题 5-3**
>
> 1．"由于电阻、电感、电容元件都能从外部电路吸收功率，所以它们都是耗能元件。"这句话对吗？为什么？
>
> 2．把一个 50 μF 的电容器先后接在 $f = 50\,\text{Hz}$ 和 $f = 500\,\text{Hz}$、电压为 220 V 的电源上，试分别计算在上述两种情况下的容抗、通过电容的电流有效值及无功功率。

5.4　电路基本定律的相量表示法

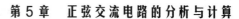

在直流电路中讨论过的基尔霍夫定律同样适用于交流电路。

5.4.1　相量形式的基尔霍夫电流定律

基尔霍夫电流定律（KCL）：在任一瞬间，流过电路一个节点（或闭合面）的各电流瞬时值的代数和等于零，即：

$$\sum i = 0$$

当上式中的电流都是与电源同频率的正弦量时，则可变换为相量形式，即：

$$\sum \dot{I} = 0 \tag{5-27}$$

如图 5-11 所示电路，根据 KCL 定律，有：

$$-i_1 - i_2 + i_3 + i_4 + i_5 = 0$$

根据相量形式的 KCL 定律，有：

$$-\dot{I}_1 - \dot{I}_2 + \dot{I}_3 + \dot{I}_4 + \dot{I}_5 = 0$$

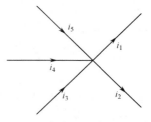

图 5-11　基尔霍夫电流定律

> ❗ **注意**　列写 KCL 定律方程时，电流前的正负符号由其参考方向决定，若参考方向指向节点的电流取正号，离开节点的电流则取负号。

5.4.2　相量形式的基尔霍夫电压定律

基尔霍夫电压定律（KVL）：在同一瞬间，电路的一个回路中各段电压瞬时值的代数和等于零，即：

$$\sum u = 0$$

当上式中的电压都是与电源同频率的正弦量时，则可变换为相量形式，即：

$$\sum \dot{U} = 0 \tag{5-28}$$

如图 5-12 所示电路，根据 KVL 定律，则有：

$$u_1 + u_2 - u_3 - u_4 = 0$$

根据相量形式的 KVL 定律，有：

$$\dot{U}_1 + \dot{U}_2 - \dot{U}_3 - \dot{U}_4 = 0$$

同样，列写 KVL 方程时应注意其参考方向与绕行方向的关系。

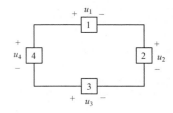

图 5-12　基尔霍夫电压定律

> **实例 5-5**　如图 5-13（a）所示，已知 $i_1 = \sqrt{2}\sin\omega t$ A，$i_2 = 5\sqrt{2}\sin(\omega t + \pi)$ A，$i_3 = 3\sqrt{2}\sin(\omega t + \frac{\pi}{2})$ A，求电流 i，并画出相量图。

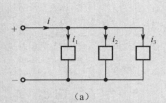

(a)

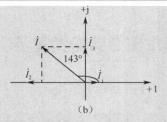

(b)

图 5-13

解 由题可知：$\dot{I}_1 = 1\angle 0° = 1\,\text{A}$；$\dot{I}_2 = 5\angle 180° = -5\,\text{A}$；$\dot{I}_3 = 3\angle 90° = j3\,\text{A}$

根据 KCL 定律的相量形式，得：$\dot{I} = \dot{I}_1 + \dot{I}_2 + \dot{I}_3 = 1 - 5 + j3 = -4 + j3 = 5\angle 143°\,\text{A}$

因此，$i = 5\sqrt{2}\sin\omega t + 143°\,\text{A}$，相量图如图 5-13（b）所示。

实例 5-6 如图 5-14（a）所示的部分电路中，已知 $u_1 = 10\sqrt{2}\sin(314t + 45°)\,\text{V}$，$u_2 = 10\sqrt{2}\sin(314t - 45°)\,\text{V}$，试求电压 u_3，并作出各电压的相量图。

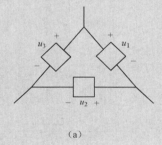

(a)

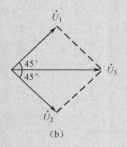

(b)

图 5-14

解 电压 u_1、u_2 所对应的相量分别为：

$$\dot{U}_1 = 10\angle 45°\,\text{V}，\quad \dot{U}_2 = 10\angle(-45°)\,\text{V}$$

根据 KVL 定律的相量形式，得：

$$\dot{U}_3 = \dot{U}_1 + \dot{U}_2 = 10\angle 45° + 10\angle(-45°) = 10\sqrt{2}\angle 0°\,\text{V}$$

因此，$u_3 = 10\sqrt{2} \times \sqrt{2}\sin(314t) = 20\sin(314t)\,\text{V}$，各电压的相量图见图 5-14（b）。

实例 5-7 如图 5-15（a）所示，已知 u 和 u_1 均为工频正弦电压，其值分别为 200 V 和 100 V，且 u_1 超前 u 30° 角。求（1）电压表的读数；（2）u_2 的表达式；（3）画出电压的相量图。

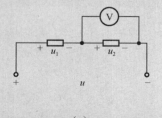

(a)

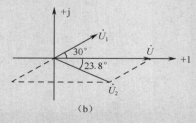

(b)

图 5-15

解　（1）令 u 为参考正弦量，其对应的相量即为参考相量，则：

$$\dot{U} = 200\angle 0^\circ \ \text{V}, \quad \dot{U}_1 = 100\angle 30^\circ \ \text{V}$$

由 KVL 定律的相量形式，可知：

$$\dot{U}_2 = \dot{U} - \dot{U}_1 = 200\angle 0^\circ - 100\angle 30^\circ = 124\angle -23.8^\circ \ \text{V}$$

因此，电压表的读数为 124 V。

（2）u 的表达式为：$u = 124\sqrt{2}\sin(314t - 23.8^\circ)$ V

（3）电压的相量图如图 5-15（b）所示。

？ 思考题 5-4

1. 在正弦稳态电路中，设电感元件电压、电流参考方向关联，则电感电压相位超前电流 90°。试问电感电压、电流参考方向非关联时，上述结论是否仍成立？为什么？

2. 在单个元件电路中，具有关联方向，下列表达式是否正确？

（1）$U = IR$；（2）$U = IL$；（3）$\dot{U} = \dfrac{1}{\omega C}\dot{I}$；（4）$\dot{U} = \omega L \dot{I}$

（5）$\dot{I} = \text{j}\omega C \dot{U}$；（6）$\dot{U} = \text{j}X_\text{L}\dot{I}$。

3. 某一正弦电压源 $\dot{U}_\text{s} = 130\angle 90^\circ$ V，$\omega = 100$ rad/s，若将该电压源分别加于下列各元件上，求各电流相量，并画出相量图。

（1）$R = 100\ \Omega$；（2）$L = 20$ mH；（3）$C = 100$ pF。

4. 已知 $u_1 = 220\sqrt{2}\sin(\omega t + 45^\circ)$ V，$u_2 = 120\sqrt{2}\sin(\omega t - 240^\circ)$ V，求 $u_1 - u_2$，并画相量图。

5.5　相量法分析 RLC 串联电路

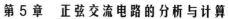

扫一扫下载相量法分析 RLC 串联电路教学课件

前面所讲的是单一元件（即纯电阻、纯电感、纯电容元件）的正弦交流电路。实际电路中，大部分电气设备都可以看成由两种及以上元件组成，例如日光灯可以看成是电阻元件和电感元件的组合。本节讨论一种具有代表性的交流电路模型，即由电阻、电容、电感元件串联起来的正弦电路，而 RL 串联电路和 RC 串联电路都可以认为是这种电路的特例。

5.5.1　电压与电流的关系

扫一扫看 RLC 串联电路微视频

将电阻、电感与电容元件串联后连接在交流电源上组成的电路，称作 RLC 串联电路。

RLC 串联电路如图 5-16 所示，电路中通过各元件的电流是同一电流，按习惯选定电阻电压 u_R、电感电压 u_L、电容电压 u_C、电路端电压 u 和电流 i 的参考方向一致，若设电流 i 为：

$$i = I_\text{m}\sin\omega t$$

对应的相量即为：

$$\dot{I} = I\angle 0^\circ$$

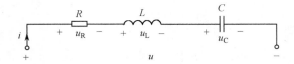

图 5-16　RLC 串联电路

（1）电阻两端的电压 u_R 为：　　　$u_R = I_m R \sin \omega t = U_{Rm} \sin \omega t$

其对应的相量：　　　　　　　　　　$\dot{U}_R = \dot{I} R$

（2）电感两端的电压 u_L 的相位超前电流90°，即为：　$u_L = X_L I_m \sin(\omega t + 90°)$

其对应的相量：　　　　　　　　　　$\dot{U}_L = jX_L \dot{I}$

（3）电容两端的电压 u_C 的相位滞后电流90°，即为：　$u_C = X_C I_m \sin(\omega t - 90°)$

其对应的相量：　　　　　　　　　　$\dot{U}_C = -jX_C \dot{I}$

由于 u_R、u_L、u_C、u 和 i 都是同频率的正弦量，据 KVL 定律可得：

$$\begin{aligned} \dot{U} &= \dot{U}_R + \dot{U}_L + \dot{U}_C = R\dot{I} + jX_L\dot{I} - jX_C\dot{I} \\ &= [R + j(X_L - X_C)]\dot{I} \\ &= (R + jX)\dot{I} \\ &= Z\dot{I} \end{aligned} \qquad (5\text{-}29)$$

式中，X 称为 RLC 串联电路的电抗，单位为欧姆（Ω），电抗等于感抗与容抗之差，即 $X = X_L - X_C$。电抗 X 的正负体现了电路中电感与电容所起作用的大小，关系到电路的性质。Z 称为电路的复数阻抗，即复阻抗，单位为欧姆（Ω），即：

$$Z = R + j(X_L - X_C) = R + jX \qquad (5\text{-}30)$$

将复数阻抗分别取模和幅角，$|Z| = \sqrt{R^2 + X^2}$ 称为阻抗，$\varphi = \arctan(X/R)$ 称为阻抗角，它也是电路端电压与电流的夹角。

欧姆定律的相量形式 $\dot{U} = Z\dot{I}$，包含了 u、i 的大小关系和相位关系，即：

（1）有效值关系：$U = I|Z|$；

（2）相位关系：$\varphi_u = \varphi_i + \varphi$。

由于 φ 角的取值不同，电路可分为如下三种情况讨论。

1. 感性电路 $(X > 0)$

当 $X_L > X_C$ 时，则 $U_L > U_C$，$\varphi > 0$。以 $\dot{I}$ 为参考相量，分别画出与电流同相的 $\dot{U}_R$、超前于电流90°的 $\dot{U}_L$、滞后于电流90°的 $\dot{U}_C$，$\dot{U}_X = \dot{U}_L + \dot{U}_C$，将各电压相量相加，即得总电压 $\dot{U}$，相量图见图 5-17（a）。从相量图中可以看出，电路端电压 $\dot{U}$ 超前电流 $\dot{I}$，电路感抗大于容抗，电感起决定作用，此时电路呈感性。

2. 容性电路 $(X < 0)$

当 $X_L < X_C$ 时，则 $U_L < U_C$，$\varphi < 0$。相量图见图 5-17（b），电路的电流 $\dot{I}$ 超前于电压 $\dot{U}$，电路容抗大于感抗，电容起决定作用，此时电路呈容性。

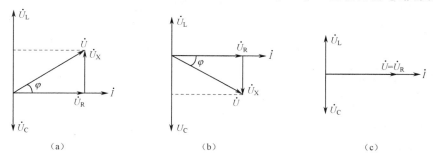

图 5-17　RLC 串联电路三种情况的相量图

3. 电阻性电路（串联谐振）$(X = 0)$

当 $X_L = X_C$ 时，则 $U_L = U_C$，$\varphi = 0$。其相量图见图 5-17（c），此时 $\dot{I}$ 与 $\dot{U}$ 同相，这是电路的一种特殊情况，此时电路性质称为纯电阻性（电路处于"串联谐振"状态，关于这部分内容，我们将在第 6.1 节中介绍）。

将图 5-17（a）和 5-17（b）中的相量 $\dot{U}_L + \dot{U}_C$ 平移至相量 $\dot{U}_R$ 箭头顶点，可得一个由电阻电压 $\dot{U}_R$，电感电压与电容电压之和 $\dot{U}_L + \dot{U}_C$ 以及总电压 $\dot{U}$ 构成的直角三角形，称为电压三角形，如图 5-18 所示。

由电压三角形可以得到：

$$U_R = U \cos\varphi \tag{5-31}$$

$$U_X = U_L - U_C = U \sin\varphi \tag{5-32}$$

$$\varphi = \arctan \frac{U_L - U_C}{U_R} \tag{5-33}$$

式中，φ 角为电路端电压 $\dot{U}$ 与电流 $\dot{I}$ 的夹角，大小等于电路的阻抗角。

若图 5-18 电压三角形的各条边同除以电流有效值 I，将会得到以阻抗 $|Z|$、电抗 X、电阻 R 为三条边的三角形，称为阻抗三角形，如图 5-19 所示。

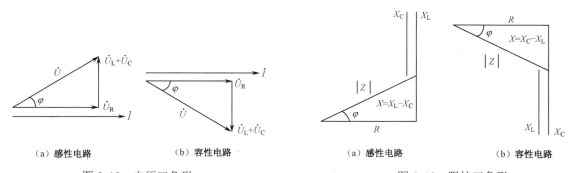

（a）感性电路　　　　（b）容性电路　　　　　　　（a）感性电路　　　　　　（b）容性电路

图 5-18　电压三角形　　　　　　　　　　　图 5-19　阻抗三角形

由阻抗三角形可以得到：

$$|Z| = \sqrt{R^2 + (X_L - X_C)^2}$$

$$\varphi = \arctan \frac{X_L - X_C}{R}$$

当 $X_L > X_C$ 时，即 $X > 0$ 时，φ 为正值。

当 $X_L < X_C$ 时，即 $X < 0$ 时，φ 为负值。

5.5.2 电路的功率

在 RLC 串联电路中，既有耗能元件电阻，又有储能元件电感和电容，所以电路中既有有功功率 P，又有无功功率 Q_L 和 Q_C。

有功功率是电路实际消耗的功率，定义为：

$$P = UI\cos\varphi = U_R \cdot I = I^2 R \tag{5-34}$$

由于 RLC 串联电路中唯有电阻是耗能元件，故电路中有功功率 P 等于电阻上消耗的功率。

无功功率反映了电路与电源之间能量交换的情况，用符号 Q 表示，单位为乏尔（var），即：

$$Q = UI\sin\varphi = U_X I = I^2 X \tag{5-35}$$

因为 $X = X_L - X_C$，所以：

$$Q = I^2(X_L - X_C) = Q_L - Q_C$$

电源提供给电路的总功率，反映了交流电源的容量大小。在交流电路中，总电压有效值与总电流有效值的乘积定义为电路的视在功率或表现功率，用符号 S 表示，单位为伏安（VA），即：

$$S = UI = \sqrt{P^2 + Q^2} \tag{5-36}$$

把电压三角形的三条边同乘以电流 I，可得到一个相似三角形，它的三条边分别表示 P、Q 和 S，因此称为功率三角形，见图 5-20。

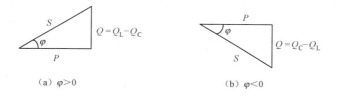

（a）$\varphi > 0$　　　　　　　　（b）$\varphi < 0$

图 5-20　功率三角形

RL 串联电路、RC 串联电路、电阻元件、电感元件、电容元件均可视为 RLC 串联电路的特例。在 RLC 串联电路中，有：

$$Z = R + j(X_L - X_C)$$

当 $X_C = 0$ 时，$Z = R + jX_L$，即 RL 串联电路。

当 $X_L = 0$ 时，$Z = R - jX_C$，即 RC 串联电路。

因此，RLC 串联电路是一个基本电路，对它的分析方法和计算公式应熟练掌握。

实例 5-8　如图 5-21(a)所示电路，已知电阻 $R = 40\,\Omega$，电感 $L = 223\,\text{mH}$，电容 $C = 80\,\mu\text{F}$，电路两端的电压 $u = 220\sqrt{2}\sin(314t + 30°)\,\text{V}$，求（1）电路电流 $\dot{I}$；（2）各元件两端的电压 $\dot{U}_R$、$\dot{U}_L$、$\dot{U}_C$；（3）确定电路的性质；（4）画出电压和电流的相量图。

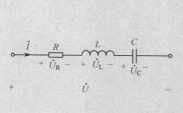

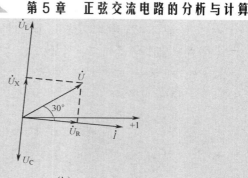

图 5-21

解 （1）感抗：
$$X_L = \omega L = 314 \times 223 \times 10^{-3} \approx 70\ \Omega$$

容抗：
$$X_C = \frac{1}{\omega C} = \frac{1}{314 \times 80 \times 10^{-6}} \approx 40\ \Omega$$

电路总复阻抗为：
$$Z = Z_R + Z_L + Z_C = R + jX_L - jX_C = 40 + j70 - j40 = 40 + j30 = 50 \angle 36.9°\ \Omega$$

电路两端的电压 $u = 220\sqrt{2}\sin(314t + 30°)$ V，其相量为 $\dot{U} = 220 \angle 30°$ V

电路的电流为：$\dot{I} = \dfrac{\dot{U}}{Z} = \dfrac{220 \angle 30°}{50 \angle 36.9°} = 4.4 \angle (-6.9°)$ A

（2）各元件端电压为：
$$\dot{U}_R = \dot{I}R = 4.4 \angle (-6.9°) \times 40 = 176 \angle (-6.9°)\ \text{V}$$
$$\dot{U}_L = jX_L \dot{I} = j70 \times 4.4 \angle (-6.9°) = 308 \angle 83.1°\ \text{V}$$
$$\dot{U}_C = -jX_C \dot{I} = -j40 \times 4.4 \angle (-6.9°) = 176 \angle (-96.9°)\ \text{V}$$

（3）由于阻抗角 $\varphi = 36.9° > 0$ 判断电路为电感性电路。

（4）在复平面上，先作出相量 $\dot{I} = 4.4 \angle (-6.9°)$ A，$\dot{U}_R$ 与 $\dot{I}$ 同相，$\dot{U}_L$ 超前 $\dot{I}$ 的相位角为 $\pi/2$，$\dot{U}_C$ 滞后 $\dot{I}$ 的相位角为 $\pi/2$，按比例作出 $\dot{U}_R$、$\dot{U}_L$、$\dot{U}_C$，最后按三角形法作出 $\dot{U}$。相量图如图 5-21（b）所示。

实例 5-9　如图 5-22（a）所示 RC 串联电路中，设已知输入电压频率 $f = 800$ Hz，$C = 0.046\ \mu$F，需要输出电压滞后于输入电压 30°，求电阻值大小。

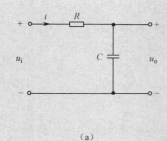

扫一扫看电
表测量 RC
电路方法

图 5-22

解 选定 u_i、i、u_o 的参考方向一致，见图 5-22（a）。

设以电流 $\dot{I}$ 为参考相量，即 $\dot{I} = I\angle 0°$ A。作出电流与电压的相量图，见图 5-22（b）。

已知输出电压 $\dot{U}_o$（即 $\dot{U}_C$）滞后于输入电压 $\dot{U}_i$ 为 30°，见图 5-22（b），则电压 $\dot{U}_i$ 与电流 $\dot{I}$ 的相位差为 $\varphi = -60°$。

令：

$$X_C = \frac{1}{\omega C} = \frac{1}{2 \times 3.14 \times 800 \times 0.046 \times 10^{-6}} \approx 4\ 327\ \Omega$$

因为

$$\tan\varphi = \frac{-X_C}{R}$$

所以

$$R = \frac{-X_C}{\tan\varphi} = \frac{-4327}{\tan(-60°)} \approx 2498\ \Omega$$

即 $R = 2\ 498\ \Omega$ 时，输出电压就能滞后于输入电压 30°。

? 思考题 5-5

1．在 RL 串联电路中，已知 $R = 3\ \Omega$，$L = 40\ \text{mH}$，将它们接在电压为 $u = 110\sqrt{2}\sin(100t + 30°)$ V 的电源上，求电路的电流 i 和有功功率 P。

2．在 RLC 串联电路中，已知 $R = 10\ \Omega$，$X_C = 50\ \Omega$，电容两端的电压为 $U_C = 110$ V，若所接电源的电压为 $u = 141\sin100t$ V，求电感 L 的值。

3．判断下列电路的性质。

（1）$\dot{U} = 5\angle 30°$ V，$\dot{I} = 2\angle(-30°)$ A；（2）$\varphi = -45°$；（3）$Z = 5 - \text{j}3\ \Omega$。

5.6 复阻抗的串、并联电路

扫一扫下载复阻抗串并联电路教学课件

为了便于分析正弦稳态电路，我们引入了相量的概念，并讨论了 R、L、C 三种元件 VCR 的相量形式。若要把电阻电路的分析方法推广应用到正弦稳态电路中，还需引入正弦稳态电路的阻抗和导纳的概念。

5.6.1 复阻抗与复导纳

1．复阻抗

图 5-23（a）所示为一个无源二端网络，网络只含线性电阻、电感、电容。在正弦稳态情况下，在端口施加交流电压 u，将产生同频率的交流电流 i，若电压和电流取关联参考方向，则端口电压相量和电流相量的比值定义为该电路的复阻抗，简称阻抗，用字母 Z 表示。即：

$$Z = \frac{\dot{U}}{\dot{I}} \tag{5-37}$$

复阻抗的单位为欧姆（Ω）。

Z 虽然是复数，但它并不表示正弦量，故不能用相量表示复阻抗（即 Z 的上面不能加小点）。由于 Z 为复数，因此它可写成代数式和极坐标式，即：

$$Z = R + \text{j}X = |Z|\angle\varphi \tag{5-38}$$

 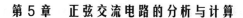

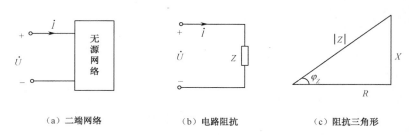

（a）二端网络　　　　　　（b）电路阻抗　　　　　　（c）阻抗三角形

图 5-23　无源二端网络的阻抗

那么电阻、电抗、阻抗和阻抗角之间的关系为：

$$R = |Z|\cos\varphi \; ; \quad X = |Z|\sin\varphi$$

$$|Z| = \sqrt{R^2 + X^2} \; ; \quad \varphi = \arctan\frac{X}{R} \tag{5-39}$$

如图 5-23（c）所示，电阻、电抗、阻抗三者之间的关系可以用一个直角三角形来表示，我们称它为阻抗三角形。

$Z = R + jX = R + j(X_L - X_C)$ 和 $\dot{U} = Z\dot{I}$ 不仅适用于 RLC 串联电路，而且还具有普遍意义。阻抗中的电阻为正值，电抗可以为正，也可以为负。若 $X > 0$，则阻抗角 $\varphi_Z > 0$，该阻抗为电感性阻抗；若 $X < 0$，则阻抗角 $\varphi_Z < 0$，该阻抗为电容性阻抗；若 $X = 0$，则 $\varphi_Z = 0$，该阻抗为电阻性阻抗。

2. 复导纳

阻抗的倒数称为复导纳（或称导纳），用大写字母 Y 表示，即：

$$Y = \frac{1}{Z} = \frac{\dot{I}}{\dot{U}} \tag{5-40}$$

导纳的单位为西门子，简称西（S）。导纳也可以表示为：

$$Y = |Y|\angle\varphi_y = |Y|\cos\varphi_y + j|Y|\sin\varphi_y = G + jB \tag{5-41}$$

式中，G 称为电导，B 称为电纳，$|Y|$ 称为导纳模，φ_y 称为导纳角，各量之间关系为：

$$G = |Y|\cos\varphi' \; ; \quad B = |Y|\sin\varphi'$$

$$|Y| = \sqrt{G^2 + B^2} \; ; \quad \varphi' = \arctan\frac{B}{G} \tag{5-42}$$

根据以上定义可知，单个元件电阻、电厂、电容的复导纳分别为：

$$Y_G = \frac{1}{R} = G$$

$$Y_L = \frac{1}{jX_L} = -j\frac{1}{X_L} = -jB_L$$

$$Y_C = \frac{1}{-jX_C} = j\frac{1}{X_C} = jB_C$$

式中，G 称为电导，B_L 称为感纳，B_C 称为容纳。

3. 复阻抗与复导纳的关系

由阻抗和导纳的定义可知，对同一个二端网络，有：

$$Y = \frac{1}{Z} = \frac{1}{R + jX} = \frac{R}{R^2 + X^2} + j\frac{-X}{R^2 + X^2} = G + jB$$

同理：

$$Z = \frac{1}{Y} = \frac{1}{G + jB} = \frac{G}{G^2 + B^2} + j\frac{-B}{G^2 + B^2} = R + jX$$

又因为：

$$Z = \frac{\dot{U}}{\dot{I}} = |Z| \angle \varphi = R + jX, \quad Y = \frac{\dot{I}}{\dot{U}} = |Y| \angle \varphi' = G + jB$$

根据复导纳的定义：

$$Y = \frac{1}{Z}$$

于是有：

$$|Y| = \frac{1}{|Z|} \qquad\qquad \varphi' = -\varphi$$

5.6.2 复阻抗的串联电路分析

阻抗的串联在形式上与电阻的串联相似。如图 5-24（a）为多阻抗串联电路，图 5-24（b）为多阻抗串联电路的等效电路。

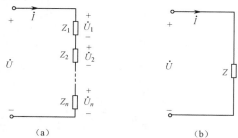

（a） （b）

图 5-24 阻抗串联及其等效电路

电路的总阻抗为：

$$Z = Z_1 + Z_2 + \cdots + Z_n \tag{5-43}$$

式中，阻抗 Z 为串联电路的等效阻抗，又因为 $Z = R + jX = |Z| \angle \varphi$，则有：

$R = R_1 + R_2 + \cdots + R_n$ 为串联电路的等效电阻；

$X = X_1 + X_2 + \cdots + X_n$ 为串联电路的等效电抗；

$|Z| = \sqrt{R^2 + X^2}$ 为串联电路的阻抗模；

$\varphi = \arctan \dfrac{X}{R}$ 为串联电路的阻抗角。

⚠ **注意** $|Z| \neq |Z_1| + |Z_2| + \cdots + |Z_n|$， $\varphi \neq \varphi_1 + \varphi_2 + \cdots + \varphi_n$。

各个阻抗的电压分配关系为：

$$\dot{U}_1 = Z_1\dot{I} = (R_1 + jX_1)\dot{I}$$
$$\dot{U}_2 = Z_2\dot{I} = (R_2 + jX_2)\dot{I}$$
$$\cdots$$
$$\dot{U}_n = Z_n\dot{I} = (R_n + jX_n)\dot{I}$$

对于串联电路，根据 KVL 定律得：

$$\dot{U} = \dot{U}_1 + \dot{U}_2 + \cdots + \dot{U}_n$$

实例 5-10　如图 5-25 所示电路，设有两个负载 $Z_1 = 3 + j3\ \Omega$、$Z_2 = 8 - j6\ \Omega$ 相串联，接在 $u = 50\sqrt{2}\sin(\omega t + 30°)$ V 的电源上，求等效阻抗 Z、电路电流 i 和负载电压 u_1、u_2。

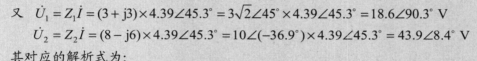

图 5-25

解　参考方向如图 5-25 所示，等效阻抗为：

$$Z = Z_1 + Z_2 = (3 + j3) + (8 - j6) = 11 - j3 = 11.4\angle(-15.3°)\ \Omega$$

电压 $u = 50\sqrt{2}\sin(\omega t + 30°)$ V 的相量为 $\dot{U} = 50\angle 30°$ V

则电流为：

$$\dot{I} = \frac{\dot{U}}{Z} = \frac{50\angle 30°}{11.4\angle(-15.3°)} \approx 4.39\angle 45.3°\ A$$

所以

$$i = 4.39\sqrt{2}\sin(\omega t + 45.3°)\ A$$

又

$$\dot{U}_1 = Z_1\dot{I} = (3 + j3)\times 4.39\angle 45.3° = 3\sqrt{2}\angle 45° \times 4.39\angle 45.3° = 18.6\angle 90.3°\ V$$
$$\dot{U}_2 = Z_2\dot{I} = (8 - j6)\times 4.39\angle 45.3° = 10\angle(-36.9°)\times 4.39\angle 45.3° = 43.9\angle 8.4°\ V$$

其对应的解析式为：

$$u_1 = 18.6\sqrt{2}\sin(\omega t + 90.3°)\ V，\quad u_2 = 43.9\sqrt{2}\sin(\omega t + 8.4°)\ V$$

实例 5-11　如图 5-26 所示电路，已知电压表 V_1 和电压表 V_2 的读数均为 100 V，求总表 V 的读数。

解　选定电压与电流参考方向如图 5-26 所示。

设串联电路电流为：$\dot{I} = I\angle 0°$ A

则电阻电压为：$\dot{U}_R = 100\angle 0°$ V，电感电压为：

$$\dot{U}_L = 100\angle 90°\ V$$

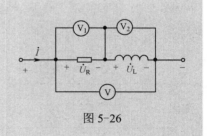

图 5-26

电路总电压为：$\dot{U} = \dot{U}_R + \dot{U}_C = 100\angle 0° + 100\angle 90° = 100 + j100 = 141.4\angle 45°$ V

总表 V 的读数为：141.4 V。

5.6.3　复阻抗的并联电路分析

1. 阻抗法

如图 5-27 所示，若对于有多条支路的并联电路，其等效阻抗为：

$$\frac{1}{Z} = \frac{1}{Z_1} + \frac{1}{Z_2} + \cdots + \frac{1}{Z_n} \tag{5-44}$$

各个阻抗的电流分配关系为：

$$\dot{I}_1 = \frac{\dot{U}}{Z_1} , \quad \dot{I}_2 = \frac{\dot{U}}{Z_2} , \quad \cdots , \quad \dot{I}_n = \frac{\dot{U}}{Z_n}$$

对于并联电路，根据 KCL 定律得：

$$\dot{I} = \dot{I}_1 + \dot{I}_2 + \cdots + \dot{I}_n$$

用阻抗法分析并联电路，一般适应于两个支路并联的电路。如图 5-28 所示为两阻抗并联电路，选定电压电流参考方向如图 5-28 所示。

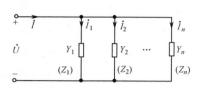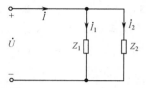

图 5-27　多阻抗并联电路　　　　图 5-28　两阻抗并联电路

各支路电流为：

$$\dot{I}_1 = \frac{\dot{U}}{Z_1} , \quad \dot{I}_2 = \frac{\dot{U}}{Z_2}$$

总电流为：

$$\dot{I} = \dot{I}_1 + \dot{I}_2 = \frac{\dot{U}}{Z_1} + \frac{\dot{U}}{Z_2} = \dot{U}\left(\frac{1}{Z_1} + \frac{1}{Z_2}\right) = \frac{\dot{U}}{Z}$$

式中，阻抗 Z 为并联电路的等效阻抗，即：

$$\frac{1}{Z} = \frac{1}{Z_1} + \frac{1}{Z_2} \quad \text{或} \quad Z = \frac{Z_1 Z_2}{Z_1 + Z_2} \tag{5-45}$$

图 5-28 所示的两支路并联电路中，若电路总电流 $\dot{I}$ 已知，可用分流公式求取各阻抗支路的电流，即：

$$\dot{I}_1 = \frac{Z_2}{Z_1 + Z_2}\dot{I} , \quad \dot{I}_2 = \frac{Z_1}{Z_1 + Z_2}\dot{I}$$

> ❗ **注意** $\quad \dfrac{1}{|Z|} \neq \dfrac{1}{|Z_1|} + \dfrac{1}{|Z_2|}$。

2. 导纳法

多条支路并联电路不仅可以用阻抗法分析，也可以用导纳法分析。如图 5-27 所示电路的总导纳为：

$$Y = Y_1 + Y_2 + \cdots + Y_n \tag{5-46}$$

式中，Y 为并联电路的等效导纳，又因为 $Y = G + jB$，所以：

$$G = G_1 + G_2 + \cdots + G_n，为并联电路的等效电导；$$

$$B = B_1 + B_2 + \cdots + B_n，为并联电路的等效电纳。$$

如图 5-27 所示电路中，各支路的电流为：

$$\dot{I}_1 = Y_1\dot{U} \ , \quad \dot{I}_2 = Y_2\dot{U} \ , \quad \cdots \ , \quad \dot{I}_n = Y_n\dot{U}$$

则电路总电流为：

$$\dot{I} = \dot{I}_1 + \dot{I}_2 + \cdots + = (Y_1 + Y_2 + \cdots + Y_n)\dot{U} = Y\dot{U}$$

下面以 RLC 并联电路为例，如图 5-29 所示，用导纳法分析电路中电压与电流的相量关系，各支路复导纳分别为：

$$Y_1 = \frac{1}{Z_1} = \frac{1}{R} = G \quad （该支路电纳为 0）$$

$$Y_2 = \frac{1}{Z_2} = \frac{1}{jX_L} = -jB_L \quad （该支路电导为 0）$$

$$Y_3 = \frac{1}{Z_3} = \frac{1}{-jX_C} = j\frac{1}{X_C} = jB_C \quad （该支路电导为 0）$$

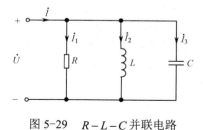

图 5-29　$R-L-C$ 并联电路

各支路电流相量为：

$$\dot{I}_1 = Y_1\dot{U} = G\dot{U}$$

$$\dot{I}_2 = Y_2\dot{U} = -jB_L\dot{U}$$

$$\dot{I}_3 = Y_3\dot{U} = jB_C\dot{U}$$

根据 KCL 定律，总电流为：

$$\dot{I} = \dot{I}_1 + \dot{I}_2 + \dot{I}_3 = [G + j(B_C - B_L)]\dot{U} = (G + jB)\dot{U} = Y\dot{U}$$

即

$$\dot{I} = Y\dot{U}$$

由此可知，电压和电流的大小、相位关系如下。

（1）大小关系：$I = |Y| \cdot U$

（2）相位关系：$\varphi_i = \varphi_u + \varphi'$ （φ' 为导纳角，也叫电流超前电压的相位角）

当 φ' 取值不同时，相位关系有以下三种情况。

（1）$\varphi' > 0$，此时 $B > 0$，即 $B_C > B_L$，$I_3 > I_2$，容纳作用大于感纳作用，电路为容性，如图 5-30（a）所示。

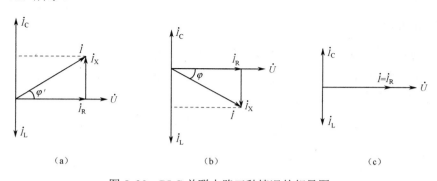

图 5-30　RLC 并联电路三种情况的相量图

（2）$\varphi' < 0$，此时 $B < 0$，即 $B_C < B_L$，$I_3 < I_2$，感纳作用大于容纳作用，电路为感性，如图 5-30（b）所示。

（3）$\varphi' = 0$，此时 $B = 0$，即 $B_C = B_L$，$I_3 = I_2$，容纳作用与感纳作用相当（并联谐振状

态），电路为纯电阻性，如图 5-30（c）所示。

5.6.4 功率

1. 瞬时功率 p

如图 5-31（a）所示为无源二端网络，将端口电压 u 和端口电流 i 的乘积定义为该电路的瞬时功率，用小写字母 p 表示：

$$p = ui \tag{5-47}$$

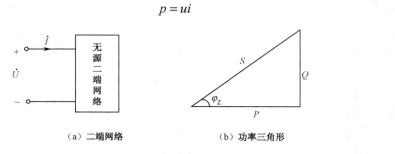

（a）二端网络　　　　　　（b）功率三角形

图 5-31　二端网络的功率

瞬时功率的实际意义不大，工程中人们更关注的是有功功率（P）、无功功率（Q）和视在功率（S）。

2．有功功率 P

有功功率（又称平均功率）是电路中等效电阻上的功率，即：

$$P = U_R I = I^2 R = \frac{U_R^2}{R} = UI \cos \varphi \tag{5-48}$$

有功功率 P 的单位为瓦特（W），它是无源二端网络实际消耗的功率，它不仅与电压和电流的有效值有关，而且还跟它们之间的相位差有关。式中 $\cos \varphi$ 称为功率因数，用 λ 表示，即 $\lambda = \cos \varphi$。

扫一扫看交流电路参数的仿真测试

3．无功功率 Q

无功功率 Q 表示电感、电容元件与外电路或电源进行能量交换的能力。相对于有功功率而言，它不是实际消耗的功率，而是反映了无源二端网络与外部能量交换的最大速率。无功功率可以表示为：

$$Q = U_X I = I^2 X = \frac{U_X^2}{X} = UI \sin \varphi \tag{5-49}$$

无功功率 Q 的单位为乏尔（var），简称乏。

4．视在功率 S

视在功率 S 又称表现功率，通常用它来表述交流设备的容量，定义为：

$$S = UI \tag{5-50}$$

视在功率的单位为伏安（VA）。

P、Q、S 可以构成一个直角三角形，称为功率三角形，如图 5-31（b）所示。

实例 5-12　如图 5-32 所示电路，已知 $C = 200\,\mu\text{F}$（电容支路），$Z_1 = 6 + \text{j}8\,\Omega$（电阻与电感串联支路），$f = 50\,\text{Hz}$，电源电压 $\dot{U} = 220\angle 0°\,\text{V}$，求输入阻抗 Z 及各支路电流 $\dot{I}$、$\dot{I}_1$、$\dot{I}_2$。

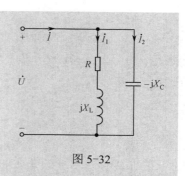

图 5-32

解　电压电流的参考方向如图 5-32 所示。

两并联支路的阻抗为：

$$Z_1 = 6 + \text{j}8 = 10\angle 53.1°\,\Omega$$

$$Z_2 = -\text{j}X_C = -\text{j}\frac{1}{2\pi fC}$$

$$= -\text{j}\frac{1}{2 \times 3.14 \times 50 \times 200 \times 10^{-6}} = -\text{j}15.9\,\Omega$$

电路输入阻抗为：$Z = \dfrac{Z_1 Z_2}{Z_1 + Z_2} = \dfrac{(6 + \text{j}8) \times (-\text{j}15.9)}{(6 + \text{j}8) + (-\text{j}15.9)} = 15.4 + \text{j}4.4 = 16\angle 15.9°\,\Omega$

各支路电流为：$\dot{I} = \dfrac{\dot{U}}{Z} = \dfrac{220\angle 0°}{16\angle 15.9°} = 13.7\angle(-15.9°)\,\text{A}$

$$\dot{I}_1 = \dfrac{\dot{U}}{Z_1} = \dfrac{220\angle 0°}{10\angle 53.1°} = 22\angle(-53.1°)\,\text{A}$$

$$\dot{I}_2 = \dfrac{\dot{U}}{Z_2} = \dfrac{220\angle 0°}{-\text{j}15.9} = 13.8\angle 90°\,\text{A}$$

实例 5-13　如图 5-33 所示电路，已知 $R_1 = R_2 = 40\,\Omega$，$L = 42.9\,\text{mH}$，$R_3 = 60\,\Omega$，$C = 24\,\mu\text{F}$，电源电压 $u = 311\sin 700t\,\text{V}$，求：（1）总电流 $\dot{I}$ 及各支路电流 $\dot{I}_1$、$\dot{I}_2$、$\dot{I}_3$；（2）功率 P、Q、S。

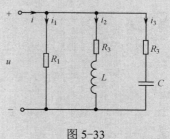

图 5-33

解　已知 $\dot{U} = 220\angle 0°\,\text{V}$

各支路的导纳为：

$$Y_1 = \frac{1}{R_1} = \frac{1}{40} = 0.025\,\text{S}$$

$$Y_2 = \frac{1}{R_2 + \text{j}X_L}$$

$$= \frac{1}{40 - \text{j}700 \times 42.9 \times 10^{-3}} = 0.02\angle(-36.9°)\,\text{S}$$

$$Y_3 = \frac{1}{R_3 - \text{j}X_C}$$

$$= \frac{1}{60 - \text{j}\dfrac{1}{700 \times 24 \times 10^{-3}}} = 0.0118\angle 45°\,\text{S}$$

各支路电流为：$\dot{I}_1 = Y_1\dot{U} = 0.025 \times 220\angle 0° = 5.5\angle 0°\,\text{A}$

$$\dot{I}_2 = Y_2\dot{U} = 0.02\angle(-36.9°) \times 220\angle 0° = 4.4\angle(-36.9°)\,\text{A}$$

$$\dot{I}_3 = Y_3 \dot{U} = 0.0118\angle 45° \times 220\angle 0° = 2.6\angle 45° \text{ A}$$

总电流：
$$\dot{I} = \dot{I}_1 + \dot{I}_2 + \dot{I}_3 = 5.5\angle 0° + 4.4\angle(-36.9°) + 2.6\angle 45°$$
$$= 5.5 + 3.52 - \text{j}2.64 + 1.84 + \text{j}1.84$$
$$= 10.86 - \text{j}0.8 = 10.9\angle(-4.2°) \text{ A}$$

又
$$Z = \frac{\dot{U}}{\dot{I}} = \frac{220\angle 0°}{10.9\angle(-4.2°)} = 20.2\angle 4.2° \ \Omega$$

有功功率：$P = UI\cos\varphi = 220 \times 10.9\cos 4.2° = 2391 \text{ W}$

无功功率：$Q = UI\sin\varphi = 220 \times 10.9\sin 4.2° = 176 \text{ var}$

视在功率：$S = UI = 220 \times 10.9 = 2\,398 \text{ VA}$

实例 5-14　电路相量模型如图 5-34 所示，已知端口电压的有效值 $U = 100$ V，试求该二端网络的功率 P、Q、S。

解　设端口电压相量为：$\dot{U} = 100\angle 0°$ V

二端网络的等效阻抗为：

$$Z = -\text{j}14 + \frac{16 \times (\text{j}16)}{16 + \text{j}16} = -\text{j}14 + 8 + \text{j}8 = 8 - \text{j}6 = 10\angle-36.9° \ \Omega$$

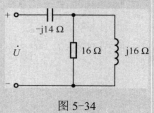

图 5-34

则电路中的端口电流为：$\dot{I} = \dfrac{\dot{U}}{Z} = \dfrac{100\angle 0°}{10\angle-36.9°} = 10\angle 36.9°$ A

因此，$P = UI\cos\varphi = 100 \times 10\cos(-36.9°) = 800 \text{ W}$

$\qquad Q = UI\sin\varphi = 100 \times 10\sin(-36.9°) = -600 \text{ var}$

$\qquad S = UI = 100 \times 10 = 1\,000 \text{ VA}$

❓ 思考题 5-6

1. 判断下列结论是否正确，并说明理由。

（1）若阻抗 $Z = (2 + \text{j}5)\ \Omega$，则其导纳 $Y = \left(\dfrac{1}{2} + \text{j}\dfrac{1}{5}\right)$ S；

（2）两个相同的阻抗 $Z_0 = (2 + \text{j}4)\ \Omega$，其并联后的等效阻抗 $Z = \dfrac{Z_0}{2} = (1 + \text{j}2)\ \Omega$；两个相同的导纳 $Y_0 = (1 + \text{j}2)$ S，其串联后的等效导纳 $Y = 2Y_0 = (2 + \text{j}4)$ S。

2. 已知两复阻抗 Z_1 与 Z_2 串联电路所加电源电压为 $\dot{U} = 50\angle 45°$ V，电路中的电流为 $\dot{I} = 2.5\angle(-15°)$ A，$Z_1 = 5 - \text{j}8\ \Omega$，求 Z_2。

5.7　复杂交流电路

扫一扫下载
复杂交流电
路教学课件

以上讨论了正弦量的相量表示方法和基尔霍夫定律及欧姆定律的相量形式，对各分立元件伏安关系的相量表达式也进行了讨论，引入了阻抗的概念，它们在形式上与线性电阻相似。

直流电路：　　　KCL 定律　　　　　$\sum I = 0$

　　　　　　　　KVL 定律　　　　　$\sum U = 0$

	欧姆定律	$U = RI$ 或 $I = GU$
正弦交流电路:	KCL 定律	$\sum \dot{I} = 0$
	KVL 定律	$\sum \dot{U} = 0$
	欧姆定律	$\dot{U} = Z\dot{I}$ 或 $\dot{I} = Y\dot{U}$

扫一扫看交
流电路相量
分析方法

5.7.1　交流电路的相量分析

线性电阻电路的各种定律、定理和分析方法,如 KCL、KVL 定律,电阻的等效变换方法、支路电流法、节点电压法、叠加定理及戴维南定理等,均可推广应用于正弦交流电路中。两者的区别在于直流电路中各量都是实数,而交流电路中各量是复数。

正弦交流电路相量分析法的主要步骤为:第一步先将原电路的时域模型变换为相量模型;第二步利用 KCL、KVL 定律和元件伏安关系的相量形式及各种分析方法、定理和等效变换建立复数的代数方程,并求解出所求量的相量表达式;最后将相量变换为正弦量。

实例 5-15　电路如图 5-35 所示,已知:$\dot{U}_{s1} = 100\text{ V}$,$\dot{U}_{s2} = \text{j}100\text{ V}$,$R = 5\ \Omega$,$X_L = 5\ \Omega$,$X_C = 2\ \Omega$,应用回路电流法求各支路电流。

解　选定支路电流 $\dot{I}_1$、$\dot{I}_2$、$\dot{I}_3$ 和回路电流 $\dot{I}_a$、$\dot{I}_b$ 的参考方向如图 5-35 所示。

根据支路电流和回路电流的参考方向,列出回路方程:

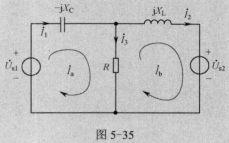

$$\begin{cases} (5 - \text{j}2)\dot{I}_a - 5\dot{I}_b = 100 & ① \\ -5\dot{I}_a + (5 + \text{j}5)\dot{I}_b = -\text{j}100 & ② \end{cases}$$

图 5-35

由①式得:

$$\dot{I}_b = \frac{(5 - \text{j}2)\dot{I}_a - 100}{5}$$

代入②式得:

$$-5\dot{I}_a + (5 + \text{j}5) \times \frac{(5 - \text{j}2)\dot{I}_a - 100}{5} = -\text{j}100$$

整理后得:

$$\dot{I}_a = \frac{100}{2 + \text{j}3} = 15.38 - \text{j}23.1 = 27.8\angle(-56.3°)\text{ A}$$

因而

$$\dot{I}_b = \frac{(5 - \text{j}2) \times 27.8\angle(-56.3°) - 100}{5}$$

$$= \frac{149.7\angle(-78.1°) - 100}{5}$$

$$= -13.82 - \text{j}29.8 = 32.3\angle(-115.4°)\text{ A}$$

各支路电流:

$$\dot{I}_1 = \dot{I}_a = 27.8\angle(-56.3°)\text{ A}$$

$$\dot{I}_2 = \dot{I}_b = 32.3\angle(-115.4°)\text{ A}$$

$$\dot{I}_3 = \dot{I}_a - \dot{I}_b = 29.2 + \text{j}6.2 = 29.8\angle 11.9°\text{ A}$$

实例 5-16 电路如图 5-36 所示，已知：$\dot{U}_{s1} = 100\,\text{V}$，$\dot{U}_{s2} = \text{j}100\,\text{V}$，$R = 5\,\Omega$，$X_L = 5\,\Omega$，$X_C = 2\,\Omega$，用节点电压法求各支路电流。

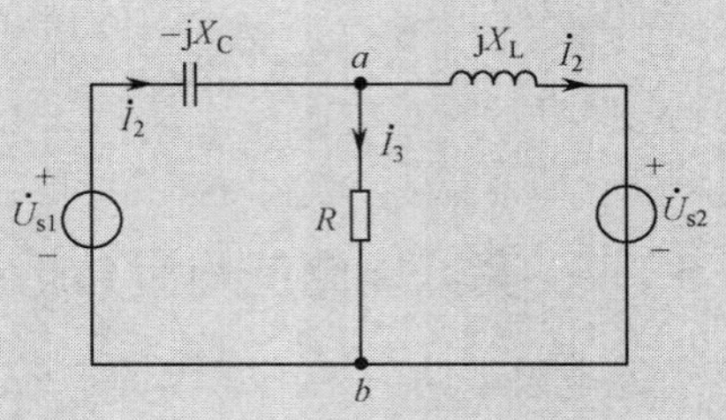

解 设支路电流 $\dot{I}_1$、$\dot{I}_2$ 和 $\dot{I}_3$ 的参考方向如图 5-36 所示，并以 b 点为参考点，有：

$$Y_1 = \frac{1}{-\text{j}X_C} = \text{j}\frac{1}{2} = \text{j}0.5\,\text{S}$$

$$Y_2 = \frac{1}{\text{j}X_L} = -\text{j}\frac{1}{5} = -\text{j}0.2\,\text{S}$$

$$Y_3 = \frac{1}{R} = \frac{1}{5} = 0.2\,\text{S}$$

$$\dot{U}_{ab} = \frac{\dot{U}_{s1}Y_1 + \dot{U}_{s2}Y_2}{Y_1 + Y_2 + Y_3} = \frac{100 \times \text{j}0.5 + \text{j}100 \times (-\text{j}0.2)}{\text{j}0.5 - \text{j}0.2 + 0.2} = \frac{2.0 + \text{j}50}{0.2 + \text{j}0.3}$$

$$= \frac{53.85\angle 68.2°}{0.36\angle 56.3°} = 149.58\angle 11.9°\,\text{V} = 146.37 + \text{j}30.84$$

图 5-36

所以各支路电流为：

$$\dot{U}_{ab} = -\dot{I}_1 \times (-\text{j}X_C) = \dot{U}_{s1}$$

$$\dot{I}_1 = \frac{\dot{U}_{s1} - \dot{U}_{ab}}{-\text{j}X_C} = \frac{100 - (146.37 + \text{j}30.84)}{2\angle(-90°)}$$

$$= \frac{-46.37 - \text{j}30.84}{2\angle(-90°)} = \frac{55.69\angle(146.37)}{2\angle(-90°)}$$

$$= 27.845\angle(-56.37)\,\text{A}$$

$$\dot{U}_{ab} = -\dot{I}_2 \times \text{j}X_L = \dot{U}_{s2}$$

$$\dot{I}_2 = \frac{\dot{U}_{ab} - \dot{U}_{s2}}{\text{j}X_L} = \frac{146.37 + \text{j}30.84 - \text{j}100}{5\angle 90°}$$

$$= \frac{146.37 - \text{j}69.16}{5\angle 90°} = \frac{161.89\angle(-25.29°)}{5\angle 90°}$$

$$= 32.378\angle(-115.29°)\,\text{A}$$

$$\dot{U}_{ab} = \dot{I}_3 \times R$$

$$\dot{I}_3 = \frac{\dot{U}_{ab}}{R} = \frac{149.58\angle 11.9°}{5} = 29.92\angle 11.9°\,\text{A}$$

实例 5-17 电路如图 5-37（a）所示，$Z = 5 + \text{j}5\,\Omega$，用戴维南定理求解阻抗 Z 上的电流 $\dot{I}$。

解 如图 5-37（b）所示，将负载断开，求开路电压 $\dot{U}_{OC}$，得：

$$\dot{U}_{OC} = \frac{100\angle 0°}{10 + \text{j}10} \times \text{j}10 = 50\sqrt{2}\angle 45°\,\text{V}$$

如图 5-37（c）所示，将电压源短路，求等效内阻抗 Z_0，得：

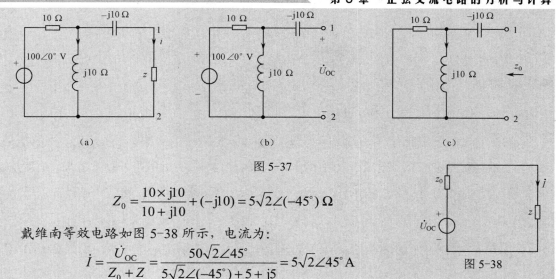

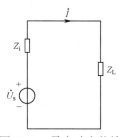

图 5-37

$$Z_0 = \frac{10 \times \text{j}10}{10 + \text{j}10} + (-\text{j}10) = 5\sqrt{2}\angle(-45°)\ \Omega$$

戴维南等效电路如图 5-38 所示，电流为：

$$\dot{I} = \frac{\dot{U}_{OC}}{Z_0 + Z} = \frac{50\sqrt{2}\angle 45°}{5\sqrt{2}\angle(-45°) + 5 + \text{j}5} = 5\sqrt{2}\angle 45°\ \text{A}$$

图 5-38

5.7.2　最大功率传输定理

在直流电阻电路部分，我们已经讨论了有关最大功率传输问题。但由于交流电路与直流电路的不同，因此在正弦稳态交流电路中，有必要做进一步的讨论。

由戴维南定理可知，含源二端网络可化简为一个理想电压源与一个复阻抗串联的电路，该复阻抗可以看作电源的内阻抗，如图 5-39 所示。

令 $Z_i = R_i + \text{j}X_i$，$Z_L = R_L + \text{j}X_L$，设电源参数一定，则负载吸收的功率将取决于负载阻抗。

电路中的电流为：

图 5-39　最大功率传输

$$\dot{I} = \frac{\dot{U}_s}{Z_i + Z_L} = \frac{\dot{U}_s}{(R_i + R_L) + \text{j}(X_i + X_L)}$$

则电流有效值为：

$$I = \frac{U_s}{\sqrt{(R_i + R_L)^2 + (X_i + X_L)^2}}$$

此时负载吸收的功率为：

$$P = I^2 R_L = \frac{U_s^2 R_L}{(R_i + R_L)^2 + (X_i + X_L)^2} \tag{5-51}$$

下面针对不同情况的负载分别进行讨论。

1. 负载的电阻和电抗均可独立改变

如果电阻 R_L 和电抗 X_L 可以任意变动，而其他参数不变时，则应用数学中函数最大值的方法，得到负载获得最大功率的条件为：

$$\begin{cases} X_i + X_L = 0 \\ \dfrac{d}{dR_L}\left(\dfrac{(R_i + R_L)^2}{R_L}\right) = 0 \end{cases}$$

解得

$$R_L = R_i, \quad X_L = -X_i$$

即

$$Z_L = R_i - jX_i = Z_i^* \tag{5-52}$$

当负载阻抗与信号源（电源）内阻成为一对共轭复数时，负载吸收的功率最大，这就是通常所说的负载与信号源处于匹配状态，这种匹配称为阻抗匹配。此时负载获得的最大功率为：

$$P_m = \frac{U_s^2}{4R_i} \tag{5-53}$$

在无线电工程中，往往要求实现阻抗匹配，使信号源能输出最大功率，也就是使负载能获得最大的功率。

2. 负载的阻抗 $|Z_L|$ 可调，而阻抗角 φ_L 不可调

如果只改变复数阻抗的模，而不改变阻抗角，要使负载获得最大功率，此时 $R_i = |Z_i|\cos\varphi_i$，$X_i = |Z_i|\sin\varphi_i$，$R_L = |Z_L|\cos\varphi_L$，$X_L = |Z_L|\sin\varphi_L$，代入式（5-51）得：

$$\begin{aligned} P &= \frac{U_s^2|Z_L|\cos\varphi_L}{(|Z_i|\cos\varphi_i + |Z_L|\cos\varphi_L)^2 + (|Z_i|\sin\varphi_i + |Z_L|\sin\varphi_L)^2} \\ &= \frac{U_s^2|Z_L|\cos\varphi_L}{|Z_i|^2 + |Z_L|^2 + 2|Z_i||Z_L|(\cos\varphi_i\cos\varphi_L + \sin\varphi_i\sin\varphi_L)} \\ &= \frac{U_s^2|Z_L|\cos\varphi_L}{\dfrac{|Z_i|^2}{|Z_L|} + |Z_L| + 2|Z_i|\cos(\varphi_i - \varphi_L)} \end{aligned}$$

由于 φ_L 不变，所以分子不变，要使 P 为最大，上式分母要最小，必须是分母对 $|Z_L|$ 的一阶导数为零：

$$\frac{d}{d|Z_L|}\left[\frac{|Z_i|^2}{|Z_L|} + |Z_L| + 2|Z_i|\cos(\varphi_i - \varphi_L)\right] = -\frac{|Z_i|^2}{|Z_L|^2} + 1 = 0$$

得

$$|Z_L| = |Z_i| \tag{5-54}$$

上式即为负载阻抗 $|Z_L|$ 可调而阻抗角 φ_L 不变时，负载吸收最大功率的条件。

这时负载获得的最大功率为：

$$P'_{max} = \frac{U_i^2\cos\varphi_L}{2|Z_i|[1 + \cos(\varphi_i - \varphi_L)]} \tag{5-55}$$

此时负载阻抗的模与电源内阻抗的模相等，达到匹配。这种情况称为模匹配。

3. 负载为纯电阻

当负载为纯电阻时，由于 $Z_L = R_L$，由图 5-39 可知，负载获得的功率为：

$$P = I^2 R_L = \frac{U_s^2 R_L}{(R_i + R_L)^2 + (X_i)^2} \qquad (5-56)$$

此时，负载获得最大功率的条件为：

$$R = |Z_L| = R_L = \sqrt{R_i^2 + X_i^2} = |Z_i| \qquad (5-57)$$

也就是说，负载为线性电阻时，其获得最大功率的条件是：负载电阻与有源二端网络等效内阻抗的模相等。

实例 5-18　如图 5-40（a）所示，求当 Z 为多大时，可获得最大功率，最大功率为多少？

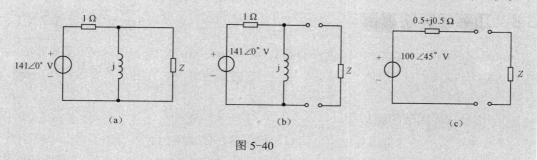

图 5-40

解　如图 5-40（b）所示电路，将负载断开，求开路电压 $\dot{U}_{OC}$ 及等效内阻抗 Z_0。

开路电压：

$$\dot{U}_{OC} = \frac{141\angle 0°}{1+j} \times j = 100\angle 45° \text{ V}$$

入端阻抗：

$$Z_i = \frac{1 \times j}{1+j} = \frac{j(1-j)}{2} = 0.5 + j0.5 = 0.707\angle 45° \ \Omega$$

得到二端网络的戴维南等效电路，如图 5-40（c）所示。

最佳匹配时应有：

$$Z = Z_i^* = 0.5 - j0.5 \ \Omega$$

此时负载获得的最大功率为：

$$P = \frac{U^2}{4R} = \frac{100^2}{4 \times 0.5} = 5\,000 \text{ W}$$

？ 思考题 5-7

1. 写出如图 5-41 所示电路的节点电压方程组，并写出求解支路电流的表达式。

2. 如图 5-42 所示，求当以下几种情况时，负载的有功功率为多少？

（1）$Z = 5 \ \Omega$；（2）$Z = 5 - j10 \ \Omega$；（3）$Z = 11.2 \ \Omega$。

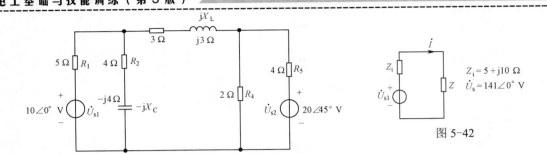

图 5-41

图 5-42

3. 什么叫阻抗匹配？负载获得最大功率的条件是什么？负载获得的最大功率是多少？

5.8 功率因数的提高

扫一扫下载功率因数的提高教学课件

在交流电路中，负载从电源接收的有功功率 $P = UI\cos\varphi$，式中的 $\cos\varphi$ 是电路的功率因数。功率因数是电力系统的一个重要参数，它直接影响到发、变电设备容量的利用率和输电线路的功率损耗。

1. 提高功率因数的意义

在交流电路中，当电压与电流之间有相位差时，即功率因数不等于 1 时，电路中发生能量互换，出现无功功率 $Q = UI\sin\varphi$，这样就引出下面的两个问题。

（1）电源设备的容量不能充分利用。通常电源设备，如发电机的电压和电流不允许超过额定值，功率因数愈低，发电机所发出的有功功率就愈小，而无功功率却愈大。无功功率大，即电路中能量互换的规模愈大，则发电机发出的能量就不能充分利用。

例如，一台容量为 1 000 kVA 的变压器，当负载的功率因数 $\cos\varphi = 0.5$ 时，变压器提供的有功功率为 500 kW；当负载的功率因数 $\cos\varphi = 0.8$ 时，变压器提供的有功功率为 800 kW。可见若要充分利用设备的容量，应提高负载的功率因数。

（2）线路的电压损失和功率损耗过大。在一定的电压下向负载输送一定的有功功率时，$\cos\varphi$ 越低，则电流 $I = \dfrac{P}{U\cos\varphi}$ 越大，因此输电线路的电压降和功率损失越大，影响负载的正常工作。

由上述可知，提高电网的功率因数对国民经济的发展有着极为重要的意义。功率因数的提高，能使设备的容量得到充分利用，同时也能使电能得到大量节约。也就是说，在同样的发电设备的条件下能够多发电。

2. 提高功率因数的方法

我们接触的负载通常为感性负载，因此经常采用在负载两端并联电容的方法来提高电路的功率因数。这样可以使电感中的磁场能量与电容中的电场能量交换，从而减少电源与负载间能量的互换。

如图 5-43（a）所示，感性负载 Z，接在电压为 $\dot{U}$ 的电源上，其有功功率为 P，功率因数为 $\cos\varphi_1$，如要将电路的功率因数提高到 $\cos\varphi_2$，就采用在负载 Z 的两端并联电容 C 的方法

实现。下面介绍并联电容 C 的计算方法。

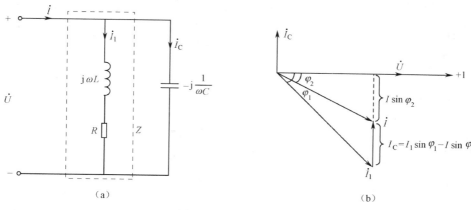

图 5-43 功率因数的提高

由图 5-43（b）中可以看出，感性负载未并联电容前，电流 $\dot{I}_1$ 滞后于电压 $\dot{U}$ 为 φ_1 角，此时，总电流 $\dot{I} = \dot{I}_1$ 也滞后于电压 $\dot{U}$ 为 φ_1 角；并联电容以后，$\dot{U}$ 一定，感性负载中 $\dot{I}_1$ 不变，电容支路中有电流 $\dot{I}_C$ 超前 $\dot{U}$ 为 $\dfrac{\pi}{2}$，总电流 $\dot{I} = \dot{I}_1 + \dot{I}_C$，$\dot{I}$ 与 $\dot{U}$ 间的相位差变小，所以 $\cos\varphi_2 > \cos\varphi_1$。

并联电容前：

$$P = UI_1\cos\varphi_1$$

$$I_1 = \frac{P}{U\cos\varphi_1}$$

并联电容后：

$$P = UI\cos\varphi_2$$

$$I = \frac{P}{U\cos\varphi_2}$$

由图 5-43（b）中可以看出，有：

$$I_C = I_1\sin\varphi_1 - I\sin\varphi_2$$

$$= \frac{P}{U\cos\varphi_1}\sin\varphi_1 - \frac{P}{U\cos\varphi_2}\sin\varphi_2$$

$$I_C = \frac{P}{U}(\tan\varphi_1 - \tan\varphi_2)$$

又因为 $I_C = \dfrac{U}{X_C} = U\omega C$，代入上式，有：

$$U\omega C = \frac{P}{U}(\tan\varphi_1 - \tan\varphi_2)$$

即

$$C = \frac{P}{\omega U^2}(\tan\varphi_1 - \tan\varphi_2) \tag{5-58}$$

应用上式，可以求出把功率因数从 $\cos\varphi_1$ 提高到 $\cos\varphi_2$ 所需的电容值。

> **注意** 并联电容器以后有功功率并未改变，因为电容器是不消耗电能的。

实例 5-19 已知电机的功率 $P = 10\,\text{kW}$，$U = 220\,\text{V}$，$\lambda_1 = \cos\varphi_1 = 0.6$，$f = 50\,\text{Hz}$，（1）在使用电机时，电源提供的电流是多少？无功功率是多少？（2）如欲使功率因数提高到 $\lambda = \cos\varphi = 0.9$，与这台电机并联的电容为多大？此时电源提供的电流是多少？无功功率是多少？

解（1）由于 $P = UI\cos\varphi$，所以电源提供的电流为：

$$I_L = \frac{P}{U\cos\varphi_1} = \frac{10\times10^3}{220\times0.6} \approx 75.76\,\text{A}$$

无功功率：

$$Q_L = UI_L\sin\varphi = 220\times75.76\sqrt{1-0.6^2} \approx 13.33\,\text{kvar}$$

（2）$\cos\varphi_1 = 0.6$，即 $\varphi_1 = 53.1°$；$\cos\varphi = 0.9$，即 $\varphi = 25.84°$；于是

$$C = \frac{P}{\omega U^2}(\tan\varphi_1 - \tan\varphi) = \frac{10\times10^3}{2\pi\times50\times220^2}(\tan53.1° - \tan25.84)$$

$$= \frac{10\times10^3}{2\pi\times50\times220^2}(1.33 - 0.484) \approx 556.7\times10^{-6}\,\text{F} = 556.7\,\mu\text{F}$$

电源提供的电流：

$$I = \frac{P}{U\cos\varphi} = \frac{10\times10^3}{220\times0.9} \approx 505\,\text{A}$$

无功功率：

$$Q = UI\sin\varphi = 220\times505\sqrt{1-0.9^2} \approx 48.5\,\text{kvar}$$

？ 思考题 5-8

1. 为什么要提高电路的功率因数？

2. 教学楼有功率为 40 W、功率因数为 0.5 的日光灯 100 只，并联在 220 V、$f = 50\,\text{Hz}$ 的电源上，求此时电路的总电流及功率因数。如果要把功率因数提高到 0.9，应并联多大的电容？

项目训练 9 交流电路元件频率特性的测试

1. 训练目的

扫一扫下载交流电路元件频率特性测试实训指导课件

（1）熟悉信号发生器和交流毫伏表的作用。

（2）研究感抗 X_L、容抗 X_C 与频率 f 的关系。

（3）加深理解电阻、电感、电容元件的端电压与电流间的相位关系。

2. 训练说明

（1）在正弦交流电路中，理想电阻元件的 $R = U_R/I$，电阻上的电压与电流同相（即 $\varphi_{ui} = 0$），R 与频率 f 无关。理想电感元件的感抗 $X_L = U_L/I = 2\pi fL$，电感电压超前电流为 90°（即 $\varphi_{ui} = 90°$），X_L 与频率 f 成正比。理想电容元件的容抗 $X_C = U_C/I = 1/2\pi fC$，电容电压滞

后电流为 $90°$（即 $\varphi_{ui} = -90°$），X_C 与频率 f 成反比。

（2）在电阻、电感串联电路中，电阻很小，和感抗比起来可以忽略不计，将电路近似视为纯电感电路。电阻两端的电压波形与电流波形同相，电阻、电感两端电压波形可以看成线圈两端的电压波形。

用双踪示波器同时观察电阻与电感线圈两端的电压，就可以观察到被测元件两端的电压和流过该元件电流的波形，从而可在荧光屏上测出其电压与电流的幅值及它们之间的相位差。同样，在电阻、电容串联电路中，电阻可以忽略不计，实验原理同电阻、电感串联电路相似。

用双踪示波器测量元件上的电压与电流相位差时，从荧光屏上数得电压的一个周期占 n 格，电压与电流的相位差占 m 格，则相位差为：

$$\varphi = m \times 360° / n$$

（3）在正弦交流电路中，当电源频率较高时，用普通的万用表无法准确测得电流或电压值，此时，需要用交流毫伏表来测电压。对于电路中的电流，可以先用交流毫伏表测量电阻两端的电压，再换算成电流值这种间接方法测得。

3．测试设备

电工电路综合测试台 1 台，数字万用表 1 只，直流稳压电源 1 台，函数信号发生器 1 台，双踪示波器 1 台，交流毫伏表 1 台。

4．测试步骤

扫一扫看交流电路元件频率特性测试操作视频

1）电阻电路

测量电路如图 5-44（a）所示，电阻 $R = 200\,\Omega$，信号源用函数信号发生器，保持输出电压为 6 V。按实验表 5-1 调节输出频率 f，用交流毫伏表读出电阻 R 两端的电压，并同时记录电阻 R 上的电流，填入表 5-1 中。注意当频率改变时，都要调节输出电压，使其保持 8 V 不变。

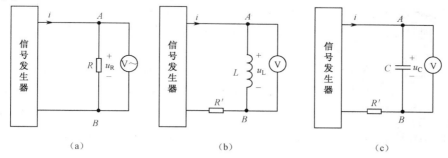

（a）　　　　　　　　　（b）　　　　　　　　　（c）

图 5-44　交流电路元件频率特性测量电路

表 5-1　交流电路元件频率特性的测量数据

信号源频率（Hz）		10	500	1 000	5 000	10 000	50 000
电阻电路	U_R						
	I						
	$R = U_R / I$						

续表

信号源频率（Hz）	10	500	1 000	5 000	10 000	50 000
电感电路 U_L						
U_R						
I						
$X_L = U_L/I$						
L						
电容电路 U_C						
U_R						
I						
$X_C = U_C/I$						
C						

用双踪示波器观察在不同频率下电阻元件的电压与电流的相位差 φ_{ui}，记录荧光屏上电压的一个周期所占格数 n，电压与电流的相位差所占格数 m，并计算相位差 φ_{ui}，填入表 5-2 中。

表 5-2　交流电路元件相位差的测量数据

信号源频率（Hz）	10			500			1 000			5 000			10 000			50 000		
测量值	n	m	φ_{ui}	n	m	φ_{ui}	n	m	φ_{ui}	n	m	φ_{ui}	n	m	φ_{ui}	n	m	φ_{ui}
电阻																		
电感																		
电容																		

2）电感电路

测量电路如图 5-44（b）所示，电感 $L = 100\,\mu H$，电阻 $R' = 100\,\Omega$，信号源用函数信号发生器，保持输出电压为 6 V。调节输出频率 f 值，用交流毫伏表读出电感两端的电压 U_L，填入 5-1 中。同时读出电阻两端的电压 U_R，从而得到串联电路上的电流 I（$I=U_R/I$），填入 5-1 中。

用双踪示波器观察在不同频率下电感元件的电压与电流的相位差 φ_{ui}，记录荧光屏上电压的一个周期所占格数 n，电压与电流的相位差所占格数 m，并计算相位差 φ_{ui}，填入表 5-2 中。

3）电容电路

测量电路如图 5-44（c）所示，用电容 $C = 0.01\,\mu F$ 代替电感 L，重做上面的实验。

4）数据计算

在表 5-1 中，根据所测得的数据计算电阻、感抗、容抗及电感、电容的值。

?　思考题 5-9

1. 根据表 5-1 中的测量值，画出电阻、电感、电容的频率特性曲线。

2. 为什么每次改变信号频率时，都要调节信号发生器输出电压，使其保持原有值不变？

3. 当信号源频率变化时，电阻、电感、电容元件的电压与电流的相位差是否会发生变化？

项目训练 10　RC、RL 交流串联电路的测试

1．训练目的

（1）进一步熟悉交流毫伏表、函数信号发生器、双踪示波器的用法。
（2）验证 RC、RL 串联电路的电压、电流关系。
（3）加深理解感性电路电压超前电流和容性电路电压滞后电流的特性。

2．训练说明

扫一扫下载 RC/RL
交流串联电路测试
实训指导课件

将电感和电阻串联后连接在交流电源上组成的电路，称为 RL 串联电路。

在 RL 串联电路中，当电压 u 与电流 i 为关联参考方向时，电路中总电压 u 超前电流 i 的相位为 φ 角，可通过示波器观察。

端电压和电流的夹角：$\varphi = \arctan\left(\dfrac{X_L}{R}\right) = \arctan\left(\dfrac{U_L}{U_R}\right)$。电阻电压 U_R、电感电压 U_L 和电源电压 U 构成的直角三角形，称为 RL 串联电路的电压三角形，如图 5-45 所示。

将电容和电阻串联后连接在交流电源上组成的电路，称为 RC 串联电路。

在 RC 串联电路中，当电压 u 与电流 i 为关联参考方向时，电路中总电压 u 滞后电流 i 的相位为 φ 角，可通过示波器观察。

端电压和电流的夹角：$\varphi = \arctan\left(\dfrac{X_C}{R}\right) = \arctan\left(\dfrac{U_C}{U_R}\right)$。电阻电压 U_R、电容电压 U_C 和电源电压 U 构成的直角三角形，称为 RC 串联电路的电压三角形，如图 5-46 所示。

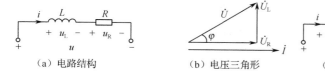

（a）电路结构　（b）电压三角形	（a）电路结构　（b）电压三角形
图 5-45　RL 串联电路	图 5-46　RC 串联电路

3．测试设备

电工电路综合测试台 1 台，函数信号发生器 1 台，示波器 1 台，交流毫伏表 1 台，晶体管毫安表 1 台。

4．测试步骤

扫一扫看 RL
交流串联电路
测试操作视频

1）RL 串联电路

（1）按图 5-47（a）接好电路，电感 $L = 47\,\mu H$，电阻 $R = 100\,\Omega$，信号源用函数信号发生器。调节正弦波信号 $U = 3\,V$，$f = 100\,kHz$。用交流毫伏表分别测量 U、U_R 和 U_L 的值。

测得：$U =$ 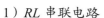；$U_R =$ _____；$U_L =$ _____。

（2）保持电路中的参数不变，用示波器观察 RL 串联电路中电压 $\dot{U}$ 和电流 $\dot{i}$ 的相位关系。

CH1 通道接电阻电压，采样电阻两端的电压信号；CH2 通道接电源电压，采样电源两端电压信号。

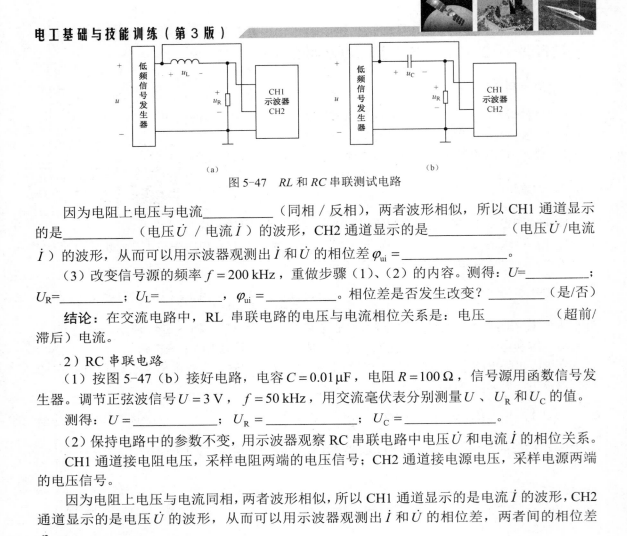

图 5-47 *RL* 和 *RC* 串联测试电路

因为电阻上电压与电流_____（同相 / 反相），两者波形相似，所以 CH1 通道显示的是_____（电压 $\dot{U}$ / 电流 $\dot{I}$）的波形，CH2 通道显示的是_____（电压 $\dot{U}$ /电流 $\dot{I}$）的波形，从而可以用示波器观测出 $\dot{I}$ 和 $\dot{U}$ 的相位差 φ_{ui} =_____。

（3）改变信号源的频率 f = 200 kHz，重做步骤（1）、（2）的内容。测得：U =_____；U_R =_____；U_L =_____，φ_{ui} =_____。相位差是否发生改变？_____（是/否）

结论：在交流电路中，RL 串联电路的电压与电流相位关系是：电压_____（超前/滞后）电流。

2）RC 串联电路

（1）按图 5-47（b）接好电路，电容 C = 0.01 μF，电阻 R = 100 Ω，信号源用函数信号发生器。调节正弦波信号 U = 3 V，f = 50 kHz，用交流毫伏表分别测量 U、U_R 和 U_C 的值。

测得： U =_____；U_R =_____；U_C =_____。

（2）保持电路中的参数不变，用示波器观察 RC 串联电路中电压 $\dot{U}$ 和电流 $\dot{I}$ 的相位关系。CH1 通道接电阻电压，采样电阻两端的电压信号；CH2 通道接电源电压，采样电源两端的电压信号。

因为电阻上电压与电流同相，两者波形相似，所以 CH1 通道显示的是电流 $\dot{I}$ 的波形，CH2 通道显示的是电压 $\dot{U}$ 的波形，从而可以用示波器观测出 $\dot{I}$ 和 $\dot{U}$ 的相位差，两者间的相位差 φ_{ui} =_____。

（3）改变信号源的频率 f = 100 kHz，重做步骤（1）、（2）的内容。测得：U =_____；U_R =_____；U_C =_____；φ_{ui} =_____。相位差是否发生改变？_____（是/否）

结论：在交流电路中，RC 串联电路的电压与电流相位关系是：电压_____（超前/滞后）电流。

❓ **思考题 5-10**

1. 频率增高，感抗与容抗分别将如何变化？
2. 在什么情况下可以用数字万用表测量交流信号的电压和电流？为什么？
3. 一般情况下交流串联电路中的电压有效值 $U \neq U_1 + U_2 + U_3 + \cdots + U_n$？为什么？

项目训练 11　日光灯电路的接线及功率因数提高方法

1. 训练目的

（1）了解日光灯的结构及工作原理。

（2）理解对感性负载提高功率因数的方法。

（3）学会使用功率表。

2．训练说明

1）日光灯的结构与工作原理

（1）日光灯的结构：日光灯电路主要由日光灯管、镇流器、启辉器等元件组成，如图 5-46 所示。

（2）日光灯的发光原理：灯管两端有灯丝，其管内充满了惰性气体（氩气或氖气）及少量水银，其管内壁涂有一层荧光粉，当管内产生弧光放电时，水银蒸气受激发辐射大量紫外线，管壁上的荧光粉在紫外线的激发下辐射出白色荧光，这就是日光灯的发光原理。要日光灯产生弧光放电必须具备两个条件：一个条件是将灯管预热，使其发射电子；另一个条件是需要有一个较高的电压使管内气体击穿放电。

（3）日光灯的工作原理：在如图 5-48 所示的日光灯电路中，接通电源时，电源电压同时加到灯管和启辉器的两个电极上。对灯管来说，此电压太低，不足以使其放电；但对启辉器来说，此电压可以使它产生辉光放

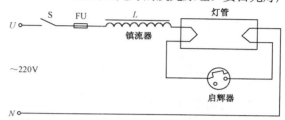

图 5-48　日光灯电路

电。启辉器中双金属片因放电受热膨胀，动触片从而与静触片接触，于是有电流流过镇流器、灯丝和启辉器，灯丝受到预热。经过 1～3 s 后，启辉器的两触片分开（因启辉器内的辉光放电停止，双金属片冷却），使电路中的电流突然中断，于是镇流器（一个带有铁芯的电感线圈）中产生一个瞬间的高电压，此电压与电源电压叠加后加在灯管两端，将管内气体击穿而产生弧光放电。灯管点燃后，由于镇流器的存在，灯管两端的电压比电源电压低得多（具体数值与灯管功率有关，一般在 50～100 V 的范围内），不足以使启辉器放电，其触点不再闭合。由此可见，启辉器相当于一个自动开关的作用，而镇流器在启动时产生高电压的作用，在启动前灯丝预热瞬间及启动后灯管工作时起限流作用。

2）功率因素

由于镇流器的感抗较大，日光灯电路的功率因数较低，通常在 0.5 左右。过低的功率因数对供电和用户来说都是不利的，通常可以并联合适的电容器来提供日光灯电路的功率因数。

3．测试设备

电工电路综合测试台 1 台，数字万用表 1 只，直流稳压电源 1 台，单相功率表 1 台，电容器组单元板 1 个。

4．测试步骤

（1）按图 5-49 所示测试电路图，连接电路。日光灯的功率为 20 W ，电路两端的正弦交流电压为 $U = 220\ \text{V}$ 、 $f = 50\ \text{Hz}$ 。

（2）使电容 $C_1 = 2\ \mu\text{F}$ ，用交流电压表（或万用表）测试日光灯管、镇流器及电源两端的电压，测出数据，填入表 5-3 中；

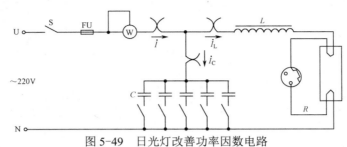

图 5-49　日光灯改善功率因数电路

表 5-3　测量数据

电容器	测试项目	灯管	镇流器	电源
$C_1 = 2\,\mu\text{F}$	电压			
	电流			
$C_2 = 5\,\mu\text{F}$	电压			
	电流			

（3）用交流电流表（或万用表）测试日光灯电路中的电流，测出数据，填入表 5-3 中；

（4）用功率表测试在额定电压下的功率 P，测出数据，填入表 5-4 中；

（5）改变电容器的电容，使电容 $C_2 = 5\,\mu\text{F}$，重复上面的步骤。

（6）根据表中的测试结果，计算相关功率 P_R、P_L 及功率因数 $\cos\varphi$，并将计算的结果填入到表 5-4 中。

表 5-4　电路中功率计算

测试项目	P	P_R	P_L	$\cos\varphi$
$C_1 = 2\,\mu\text{F}$				
$C_2 = 5\,\mu\text{F}$				

思考题 5-11

1. 日光灯电路并联电容值大小对电路的功率因数有何影响？
2. 说明提高功率因数的意义。

知识梳理与总结

扫一扫开始本章自测题练习

扫一扫看本章自测题答案

5.1　纯电阻的交流电路

在纯电阻电路中，电压瞬时值与电流瞬时值之间服从欧姆定律，即 $u_R = Ri_R$。

电阻元件的端电压与电流有效值关系为 $RI_R = U_R$。电阻元件两端的电压与电流同相，表示为 $\varphi_i = \varphi_u$。

瞬时功率：$p = u_R i_R$；有功功率：$P = U_R I_R$。

5.2　纯电感的交流电路

纯电感电路是理想电路，电感元件电路在正弦稳态下的伏安关系为 $u_L = L\dfrac{di_L}{dt}$。

电感元件的端电压与电流有效值关系为 $U_L = \omega L I_L = X_L I_L$，$X_L$ 称为感抗，单位为欧姆（Ω）。

电感元件的电压与电流的相位关系为 $\varphi_u = \varphi_i + \dfrac{\pi}{2}$，即电感上电压超前电流 $90°$，或者说电流滞后电压 $90°$。

瞬时功率：$p = u_L i_L$；有功功率：$P = 0$；无功功率：$Q_L = U_L I_L$。

5.3　纯电容的交流电路

纯电容电路是理想电路，电容元件电路在正弦稳态下的伏安关系为 $i_C = C\dfrac{\mathrm{d}u_C}{\mathrm{d}t}$。

电容元件的端电压与电流有效值关系为 $U_C = \dfrac{1}{\omega C} I_C = X_C I_C$，$X_C$ 称为容抗，单位为欧姆（Ω）。电容元件的电压与电流的相位关系为 $\varphi_i = \varphi_u + \pi/2$，即电容上电流超前电压 $90°$，或者说电压滞后电流 $90°$。

瞬时功率：$p = u_C i_C$；有功功率：$P = 0$；无功功率：$Q_C = U_C I_C$。

5.4　电路基本定律的相量表示法

电阻、电感、电容元件伏安关系的相量形式分别如下。

电阻元件：
$$\dot{U}_R = R\dot{I}_R$$

电感元件：
$$\dot{U}_L = \mathrm{j}X_L \dot{I}_L = \mathrm{j}\omega L \dot{I}_L$$

电容元件：
$$\dot{U}_C = -\mathrm{j}X_C \dot{I}_C = -\mathrm{j}\frac{1}{\omega C}\dot{I}_C$$

相量形式的基尔霍夫定律：$\sum \dot{I} = 0$；$\sum \dot{U} = 0$

5.5　相量法分析 RLC 串联电路

将电阻、电感与电容元件串联后连接在交流电源上组成的电路，称作 RLC 串联电路。

复阻抗：$Z = R + \mathrm{j}X = R + \mathrm{j}(X_L - X_C) = R + \mathrm{j}\left(\omega L - \dfrac{1}{\omega C}\right)$

$$Z = |Z|\angle\varphi \begin{cases} \text{模（阻抗）} \quad |Z| = \sqrt{R^2 + X^2} \\ \text{幅角（阻抗角）} \quad \varphi = \arctan\dfrac{X}{R} \end{cases}$$

电压与电流关系：$\dot{U} = \dot{I}Z$

5.6　复阻抗的串、并联电路

阻抗：$Z = R + \mathrm{j}X$；导纳：$Y = G + \mathrm{j}B$；阻抗与导纳的关系：$Z = \dfrac{1}{Y}$

有功功率：$P = UI\cos\varphi = I^2 R$

无功功率：$Q = UI\sin\varphi = I^2 X$

视在功率：$S = UI$

5.7　复杂交流电路

正弦交流电路的相量分析法的主要步骤为：（1）先将原电路的时域模型变换为相量模型；（2）利用 KCL、KVL 定律和元件伏安关系的相量形式及各种分析方法、定理和等效变换建立复数的代数方程，并求解出所求量的相量表达式；（3）将相量变换为正弦量。

负载获得最大功率的条件：

（1）R 与 X 均可调

$$\left.\begin{array}{l}X=-X_i\\R=R_i\end{array}\right\}\text{或 }Z=Z_i^*\text{（阻抗匹配）}$$

最大功率：$P_{max}=\dfrac{U_s^2}{4R_i}$

（2）$|Z|$ 可调而 φ 不可调

$$\left.\begin{array}{l}|Z|=|Z_i|\\\varphi=\varphi_i\end{array}\right\}\text{模匹配}$$

5.8　功率因数的提高

通常提高功率因数的方法是在感性负载两端并联电容器。

并联电容器的电容量为：$C=\dfrac{P}{\omega U^2}(\tan\varphi_1-\tan\varphi_2)$

扫一扫看本练习题答案

练习题5

5.1　已知在 $20\,\Omega$ 的电阻上通过的电流 $i=5\sin(314t+30°)$ A，试求电阻两端电压的有效值，写出电压解析式并算出该电阻消耗的功率。

5.2　已知某一线圈通过 $50\,Hz$ 的电流时，其感抗为 $10\,\Omega$，试问当电源频率为 $10\,kHz$ 时，其感抗为多少？

5.3　具有电感 $80\,mH$ 的电路上，外加电压 $u=170\sin(300t)$ V，选定 u、i 参考方向一致时，写出电流的解析式。

5.4　把一个 $100\,\mu F$ 的电容器先后接在 $f=50\,Hz$ 及 $f=5000\,Hz$、电压为 $220\,V$ 的电源上，试分别计算在上述两种情况下的容抗，通过电容的电流及无功功率。

5.5　电容 $C=25\,\mu F$ 的电容器，接到 $u=100\sqrt{2}\sin500t$ V 的电源上，试求流过电容的电流有效值，写出电流解析式并算出无功功率。

5.6　如图5-50所示电路，加在 a、b 两端交流电压的最大值是 $311\,V$，电阻 $R=100\,k\Omega$，求电压表和电流表的读数。

5.7　如图5-51所示，已知 $L=63.5\,mH$，$u=14.1\sin(314t)$ mV，求电流表、电压表的读数及电流的瞬时值表达式。

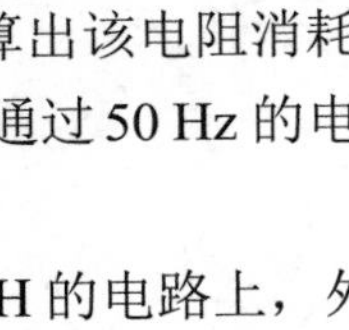

图 5-50

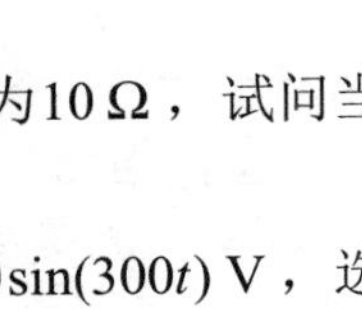

图 5-51

5.8　已知两正弦电压 $u_1=10\sqrt{2}\sin(\omega t+30°)$ V，$u_2=10\sqrt{2}\sin(\omega t-60°)$ V，求 u_1+u_2 和 u_1-u_2。

5.9　已知两正弦电流 $i_1=2\sqrt{2}\sin(\omega t-50°)$ A，$i_2=4\sqrt{2}\sin\omega t$ A，求 i_1+i_2 和 i_1-i_2。

5.10 把一个电感为 10 mH、电阻忽略不计的电感线圈，接到 $u = 70.7\sin(314t - 15°)$ V 的电源上，试求：

（1）线圈的感抗；

（2）流过线圈的电流有效值；

（3）写出该电流的瞬时值表达式；

（4）电路的无功功率；

（5）画出电压与电流的相量图。

5.11 已知在 $10\,\Omega$ 的电阻上通过的电流为 $i = 14.1\sin(314t + 30°)$ A，求电阻两端的电压 $\dot{U}$。

5.12 已知在 RC 串联电路中，电源电压 $u = 100\sqrt{2}\sin(314t + 15°)$ V，电阻 $R = 50\,\Omega$，电容 $C = 100\,\mu F$，求：（1）电路的总阻抗 Z；（2）电路的电流相量 $\dot{I}$；（3）电流的瞬时值表达式；（4）有功功率 P、无功功率 Q 和视在功率 S；（5）电路的性质。

5.13 在 RLC 串联电路中，已知 $R = 8\,\Omega$，$L = 70$ mH，$C = 122\,\mu F$，$\dot{U} = 120\angle0°$ V，$f = 50\,Hz$，试求电路中的电流 $\dot{I}$，电压 $\dot{U}_R$、$\dot{U}_L$ 和 $\dot{U}_C$，功率 P、Q 和 S，并画出电压和电流的相量图。

5.14 已知图 5-52 所示正弦稳态电路中的电压表 V_1 的读数为 15 V，V_2 的读数为 80 V，V_3 的读数为 100 V（电压表读数为正弦电压的有效值），求电压 u_s 的有效值 U_s。

5.15 已知电压相量 $\dot{U} = 100\angle0°$ V，电路复阻抗 $Z = 4 - j3\,\Omega$，求电路中的电流相量 $\dot{I}$。

5.16 电路如图 5-53 所示，已知 $R_1 = 50\,\Omega$，$R_2 = 100\,\Omega$，$L = 1$ mH，$C = 0.1\,\mu F$，$\omega = 10^5$ rad/s，请作出电路的相量模型，并求 a、b 端的输入阻抗 Z_{ab}。

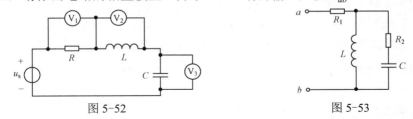

图 5-52　　　　　　　　　　　　　图 5-53

5.17 有两个复阻抗 $Z_1 = 10\angle30°\,\Omega$，$Z_2 = 5 + j5\,\Omega$ 相串联，接在电源电压 $\dot{U} = 200\angle0°$ V 上，求电路中的电流及每一复阻抗两端的电压。

5.18 如图 5-54 所示电路，已知 $Z_1 = 8 - j6\,\Omega$，$Z_2 = 5 + j5\,\Omega$，连接在电源电压 $u = 220\sqrt{2}\sin(\omega t + 30°)$ V 上，求电流 $\dot{I}$、$\dot{I}_1$、$\dot{I}_2$。

5.19 求图 5-53 所示电路的输入阻抗和导纳。

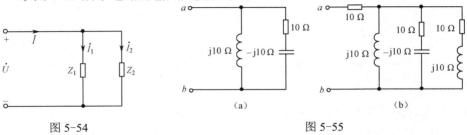

图 5-54　　　　　　　　　　　　　图 5-55

5.20 如图 5-54 所示电路，已知 $R_1 = 10\,\Omega$，$R_2 = 6\,\Omega$，$X_L = 8\,\Omega$，$X_C = 6\,\Omega$，电源电

压 $\dot{U} = 100\angle0°$ V，求 AB 两端的输入阻抗 Z_{AB} 及各支路电流。

5.21 如图 5-57 所示电路，已知 $\dot{U}_s = 10\angle0°$ V，求各支路电流。

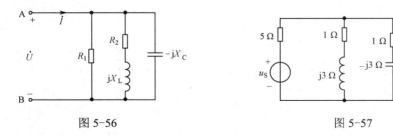

图 5-56   图 5-57

5.22 如图 5-58 所示电路，用戴维南定理求电路中的电流 $\dot{I}$ 。

5.23 如图 5-59 所示电路，Z 为何值时它可以获得最大功率 P_{max} ，P_{max} 为多少？

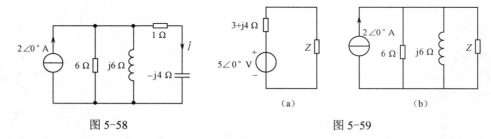

图 5-58   图 5-59

5.24 某厂取用功率为100 kW 、功率因数 $\lambda = \cos\varphi = 0.6$ 、呈感性的负载，今需把电路功率因数提高到0.95 ，问应并联多大电容？已知电源电压为380 V，频率为50 Hz 。

5.25 某一感性负载接在电压 $U = 220$ V 、频率 $f = 50$ Hz 的交流电源上，其平均功率 $P = 1.1$ kW ，功率因数 $\cos\varphi = 0.5$ ，欲并联电容使功率因数提高到0.8 ，需并联多大的电容？

5.26 如图 5-60 所示电路中，已知 $u_i = \sqrt{2}\sin(2\pi\times1180t)$ V ，$R = 5.1$ kΩ ，$C = 0.01\,\mu\text{F}$ ，试求：

（1）输出电压 U_o ；

（2）输出电压比输入电压越前的相位差；

（3）如果电源频率增高，输出电压比输入电压越前的相位差增大还是减小？

5.27 图 5-61 所示 RLC 串联电路中，已知 $R = 8\ \Omega$ ，$L = 0.07$ H ，$C = 122\,\mu\text{F}$ ，$\dot{U} = 120\angle0°$ V ，$f = 50$ Hz ，试求电路中电流 $\dot{I}$ 、电压 $\dot{U}_R$ 、$\dot{U}_L$ 和 $\dot{U}_C$ ，并画相量图。

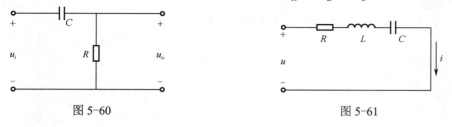

图 5-60   图 5-61

5.28 日光灯的等效电路如图 5-62 所示，已知灯管电阻 $R_1=280\ \Omega$ ，镇流器的电阻 $R=20\ \Omega$ ，电感 $L=1.65$ H ，民用电源的电压 $U=220$ V ，求电路总电流 I 及各部分电压 U_1 、U_2 。

5.29 已知 $Z_1 = 3\angle45°\ \Omega$ ，$Z_2=10+j10\ \Omega$ ，$Z_3=-j5\ \Omega$ 相串联，如 Z_1 两端电压降为

 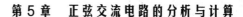

$27\angle-10°$ V，求外加电压 $\dot{U}$ 。

5.30　为了确定负载阻抗 Z_2，按图 5-63 电路进行实验。在开关 S 闭合时，加电压 $U=220$ V，得电流 $I=10$ A，功率 $P=1\,000$ W，为了进一步确定负载是感性还是容性，可将 S 打开，在同样电压 $U=220$ V 下，得 $I=12$ A，功率 $P=1\,600$ W。求 Z_1、Z_2（已知 Z_1 为感性负载）。

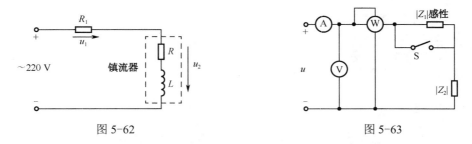

图 5-62　　　　　　　　　　　　　　　图 5-63

5.31　在图 5-64 电路中，电路的并联部分端电压有效值为 50 V，求相应的 $\dot{U}$ 的大小。

5.32　求如图 5-65 所示电路中 2 Ω 电阻中的电流。

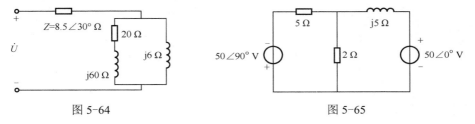

图 5-64　　　　　　　　　　　　　　图 5-65

5.33　求具有下列特点的功率因数：

（1）$P = 5\,000$ W，$Q = 4\,000$ var；（2）$I = 5.2$ A，$U = 220$ V，$Q = 400$ var。

扫一扫看
本练习题
详解过程

第6章

谐振电路

教学重点	掌握串联谐振和并联谐振的基本特征
教学难点	串联谐振和并联谐振的条件
参考学时	10 学时

扫一扫看本章补充例题与解答

谐振现象是正弦稳态电路的一种特殊的工作状况，它在无线电和电子技术中得到广泛的应用。例如，在收音机和电视机中，利用谐振电路的特性来选择所需要的电台信号，抑制某些干扰信号。在电子测量仪器中，利用谐振电路的特性来测量线圈和电容的参数等等。但另一方面，发生谐振时又有可能破坏系统的正常工作。所以对谐振现象的研究，有重要的实际意义。

6.1 串联谐振

扫一扫下载串联谐振教学课件

扫一扫看谐振频率的仿真测试

6.1.1 谐振的概念

如图 6-1 所示的 RLC 串联电路，在正弦电压源 $\dot{U}_s$ 作用下，其复阻抗为：

$$Z = R + j\left(\omega L - \frac{1}{\omega C}\right) = R + j(X_L - X_C) = R + jX = |Z| \angle \varphi$$

式中，$\varphi = \arctan \dfrac{X_L - X_C}{R} = \arctan \dfrac{\omega L - \dfrac{1}{\omega C}}{R}$ 。

回路电流为：

$$\dot{I} = \frac{\dot{U}_s}{Z}$$

在式 $Z = R + jX$ 中，电抗 $X = X_L - X_C$ 是角频率 ω 的函数，X 随 ω 变化的情况如图 6-2 所示。当 ω 从零开始向 $+\infty$ 变化时，X 从 $-\infty$ 向 $+\infty$ 变化，在 $\omega < \omega_0$ 时，$X < 0$，电路为容性；在 $\omega > \omega_0$ 时，$X > 0$，电路为感性；在 $\omega = \omega_0$ 时，$X = 0$，即 $X = \omega_0 L - \dfrac{1}{\omega_0 C} = 0$，此时电路阻抗 $Z_0 = R$ 为纯电阻，电压 $\dot{U}_s$ 和电流 $\dot{I}$ 同相。我们将电路此时的工作状态称为谐振。由于这种谐振发生在 RLC 串联电路中，所以又称为串联谐振。

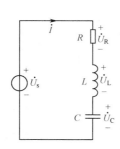

图 6-1　串联谐振电路

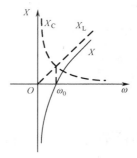

图 6-2　X 随 ω 的变化

6.1.2 串联谐振的基本条件

由以上的分析可知，串联电路发生谐振的条件是：

$$X = X_L - X_C = 0 \text{ 或 } X_L = X_C$$

即

$$\omega L - \frac{1}{\omega C} = 0 \text{ 或 } \omega L = \frac{1}{\omega C} \tag{6-1}$$

由上式可以求得谐振角频率为：

$$\omega_0 = \frac{1}{\sqrt{LC}} \tag{6-2}$$

谐振频率为：

$$f_0 = \frac{1}{2\pi\sqrt{LC}} \tag{6-3}$$

由式（6-2）和式（6-3）可知，串联电路的谐振（角）频率是由电路自身的参数 L、C 决定的，与外部条件无关，故又称其为电路的固有（角）频率或自然（角）频率。当电源频率等于电路的固有频率时，电路出现谐振。

需要说明的是，当电源频率一定时，可以调节电路参数 L 或 C，使电路的固有频率与电源频率一致而发生谐振现象。调节 L 或 C 电路产生谐振的过程称为调谐。

由谐振条件可知，根据电源频率，调电感为：

$$L_0 = \frac{1}{\omega^2 C} \tag{6-4}$$

调电容为：

$$C_0 = \frac{1}{\omega^2 L} \tag{6-5}$$

均可以使电路产生谐振。

当然，通过同样的途径，使 ω、L、C 三者的关系不满足谐振条件，则能达到消除谐振的目的。

实例 6-1　如图 6-3 所示电路，已知 L=500 μH，可变电容的容量变化范围在 12～290 pF，R=10 Ω，若外加信号源频率为 700 kHz，则电容量应为何值才能使电路发生谐振。

解　由于 $\omega_0 = \frac{1}{\sqrt{LC}}$ 得 $C = \frac{1}{\omega_0^2 L}$，代入相关数据，得：

$$C = \frac{1}{(2\pi \times 700 \times 10^3)^2 \times 500 \times 10^{-6}} \approx 103.5 \times 10^{-12} \text{ F} = 103.5 \text{ pF}$$

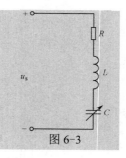

图 6-3

6.1.3　串联谐振的基本特征

扫一扫看谐振电路微视频

扫一扫看串联谐振电路的仿真测试

串联谐振电路在谐振状态下具有如下特点：

（1）发生谐振时，电路的总阻抗最小且为纯电阻。

谐振时因总电抗 X 为零，所以 $Z = \sqrt{R^2 + X^2} = R$ 为最小，且为纯电阻。

（2）发生谐振时，电路中的电流最大，且与外加电源的电压相位相同。

发生谐振时的电流为 $\dot{I} = \frac{\dot{U}_s}{Z}$，由于谐振时阻抗最小，所以电流 $\dot{I}$ 最大，且与 $\dot{U}_s$ 同相。此时，电路中电流的大小决定于电阻的大小，电阻 R 越大，电流越大。串联谐振时的相量图如

6-4 所示。

（3）发生谐振时，电路中的电抗为零，感抗和容抗相等并

等于特性阻抗。由于谐振时 $\omega_0 = \dfrac{1}{\sqrt{LC}}$，则：

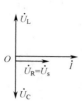

图 6-4 串联谐振时的相量图

$$\omega_0 L = \frac{1}{\sqrt{LC}} L = \sqrt{\frac{L}{C}} = \rho \quad 或 \quad \frac{1}{\omega_0 C} = \frac{1}{\frac{1}{\sqrt{LC}} C} = \sqrt{\frac{L}{C}} = \rho$$

所以

$$\omega_0 L = \frac{1}{\omega_0 C} = \rho \tag{6-6}$$

$$\rho = \sqrt{\frac{L}{C}} \tag{6-7}$$

式中，ρ 称为电路的特性阻抗，单位为Ω。它的大小由构成电路的元件参数 L 和 C 决定，而与谐振频率的大小无关。ρ 是衡量电路特性的重要参数。

（4）发生谐振时，电感与电容两端的电压相等，且相位相反。其大小为电源电压 U_s 的 Q 倍。

若以 U_{L0} 和 U_{C0} 分别表示电感和电容两端在谐振时的电压，则：

$$U_{L0} = I_0 X_L = \frac{U_s}{R} \omega_0 L = \frac{\omega_0 L}{R} U_s = \frac{\rho}{R} U_s$$

$$U_{C0} = I_0 X_C = \frac{U_s}{R} \frac{1}{\omega_0 C} = \frac{\frac{1}{\omega_0 C}}{R} U_s = \frac{\rho}{R} U_s$$

若令

$$Q = \frac{\omega_0 L}{R} = \frac{1}{\omega_0 RC} = \frac{\rho}{R} \tag{6-8}$$

则

$$U_{L0} = U_{C0} = Q U_s \tag{6-9}$$

由于发生谐振时，$U_{L0} = U_{C0} = Q U_s$，所以串联谐振又称为电压谐振。

发生谐振时，把电路中电感（或电容）的无功功率与电路中有功功率的比值，或者电路中的感抗值（或容抗值）与电路中电阻的比值，定义为串联谐振电路的品质因数，用 Q 来表示，即表达式（6-8）。

电路的 Q 值一般在 50～200 之间。因此，即使外加电源电压不高，发生谐振时，电路元件上的电压仍可能很高。对于电力电路来说，这就必须注意到元件耐压问题和设法避免过电压的问题。

实例 6-2 在电阻、电感、电容串联谐振电路中，$L=0.05$ mH，$C=200$ pF，品质因数 $Q=100$。交流电压的有效值 $U_s=1$ mV。试求：（1）电路的谐振频率 f_0；（2）发生谐振时电路中的电流 I；（3）电容上的电压 U_{C0}。

解 （1）电路的谐振频率为：

$$f_0 = \frac{1}{2\pi\sqrt{LC}} = \frac{1}{2 \times 3.14 \times \sqrt{5 \times 10^{-5} \times 2 \times 10^{-10}}} \approx 1.59\,\text{MHz}$$

（2）由于品质因数 $Q = \dfrac{\omega_0 L}{R} = \dfrac{1}{\omega_0 RC} = \dfrac{\rho}{R} = \dfrac{1}{R}\sqrt{\dfrac{L}{C}}$，所以

$$R = \frac{1}{Q}\sqrt{\frac{L}{C}} = \frac{1}{100}\sqrt{\frac{5\times10^{-5}}{2\times10^{-10}}} = 5\,\Omega$$

发生谐振时，电流为：

$$I_0 = \frac{U_s}{R} = \frac{1\times10^{-3}}{5} = 0.2\,\text{mA}$$

（3）电容两端的电压是电源电压的 Q 倍，即：

$$U_{C0} = QU_s = 100\times10^{-3} = 0.1\,\text{V}$$

实例 6-3 如图 6-1 所示电路中，已知 RLC 串联电路的端口电压的有效值 $U_s=100\,\text{V}$，当电路元件的参数为 $R=5\,\Omega$，$L=40\,\text{mH}$，$C=100\,\mu\text{F}$ 时，电流的有效值为 $I=5\,\text{A}$。求：正弦交流电压的角频率 ω，电压值 U_L、U_C 和 Q 值。

解 由于 $I = \dfrac{U_s}{R} = I_0 = 5\,\text{A}$，说明电路处于串联谐振状态，所以正弦电压的角频率等于电路的固有频率，即：

$$\omega = \frac{1}{\sqrt{LC}} = \frac{1}{\sqrt{40\times10^{-3}\times100\times10^{-6}}} = 500\,\text{rad/s}$$

$$Q = \frac{\omega L}{R} = \frac{500\times40\times10^{-3}}{5} = 4$$

电压 U_L、U_C 为：

$$U_L = U_C = QU = 4\times100 = 400\,\text{V}$$

6.1.4 串联谐振电路的谐振曲线

扫一扫看谐振电路计算和注意问题

电路中的阻抗（导纳）是随频率的变化而变化的。在输入信号的有效值保持不变的情况下，电路的电压、电流也会随频率的变化而变化。阻抗（导纳）、电流或电压与频率之间的关系称为它们的频率特性。在串联谐振电路中，描绘电流、电压与频率关系的曲线，称为谐振曲线。

RLC 串联电路的复阻抗为：

$$Z = R + \text{j}\left(\omega L - \frac{1}{\omega C}\right) = R + \text{j}(X_L - X_C) = R + \text{j}X$$

其中电抗 X 与频率的关系如图 6-5（a）所示。

复阻抗 Z 的频率特性为：

$$|Z| = \sqrt{R^2 + X^2(\omega)} = \sqrt{R^2 + \left(\omega L - \frac{1}{\omega C}\right)^2}$$

其中 $|Z|$ 的特性曲线如图 6-5（a）所示。为了便于比较，同时将 R、X_L、X_C 及 X 的曲线用虚线画出。

电路中的电流为：

$$\dot{I} = \frac{\dot{U}_\text{s}}{Z} = \frac{\dot{U}_\text{s}}{R + \text{j}\left(\omega L - \dfrac{1}{\omega C}\right)}$$

它的有效值为：

$$I = \frac{U_\text{s}}{\sqrt{R^2 + \left(\omega L - \dfrac{1}{\omega C}\right)^2}} = \frac{U_\text{s}}{|Z|} \qquad (6\text{-}10)$$

$I - \omega$ 曲线如图 6-5（b）所示。串联谐振回路中的电流有效值的大小随电源频率变化的曲线，称为串联谐振回路的电流幅频曲线或电流谐振曲线。

从电流谐振曲线可以看出，在谐振频率及其附近，电路具有较大的电流，而当外加信号频率偏离谐振频率越远，电流就越小。换言之，串联谐振电路具有选择最接近于谐振频率附近的信号同时抑制其他信号的能力，把电路所具有的这种性能称为电路的选择性。

初步观察可以看出，选择性的好坏与电流谐振曲线的尖锐程度有关。曲线越尖锐、陡峭，选择性越好。进一步的研究表明，电流谐振曲线的形状与电路品质因数 Q 值直接相关。为了说明这一点，对式（6-10）进行如下变换：

$$I = \frac{U_\text{s}}{\sqrt{R^2 + \left(\omega L - \dfrac{1}{\omega C}\right)^2}} = \frac{U_\text{s}}{R\sqrt{1 + \left[\dfrac{\omega_0 L}{R}\left(\dfrac{\omega}{\omega_0} - \dfrac{\omega_0}{\omega}\right)\right]^2}} = \frac{I_0}{\sqrt{1 + Q^2\left(\dfrac{\omega}{\omega_0} - \dfrac{\omega_0}{\omega}\right)^2}}$$

即

$$\frac{I}{I_0} = \frac{1}{\sqrt{1 + Q^2\left(\dfrac{\omega}{\omega_0} - \dfrac{\omega_0}{\omega}\right)^2}} \qquad (6\text{-}11)$$

为了使电流谐振曲线具有普遍意义和直观性，下面采用相对值来绘图，即以 $\dfrac{I_0}{I}$ 作为纵坐标，以 $\dfrac{\omega_0}{\omega}$ 作为横坐标，描述式（6-11）不同 Q 值的电流谐振曲线如图 6-6 所示。此谐振曲线又叫作通用电流谐振曲线。

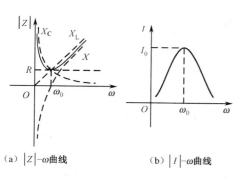

（a）$|Z|$-ω曲线　　　　（b）$|I|$-ω曲线

图 6-5　串联回路的谐振曲线

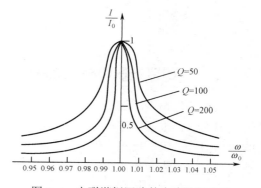

图 6-6　串联谐振回路的电流谐振曲线

从图 6-6 可以看出，较大的 Q 值对应着较尖锐的电流谐振曲线，而较尖锐的电流谐振曲线意味着有较高的回路选择性。所以，回路的 Q 值越大，回路的选择性越高。

在电子技术的应用中，回路的 Q 值一般是远大于 1 的，因而电流谐振曲线比较尖锐。当信号频率 ω 远离 ω_0 时，回路电流已经很小了。这就是说，远离 ω_0 的信号对电路的影响基本上可以忽略不计。所以只考虑信号频率 ω 接近 ω_0 时的情况，在这种情况下，可以认为 $\omega + \omega_0 \approx 2\omega$，于是：

$$Q\left(\frac{\omega}{\omega_0} - \frac{\omega_0}{\omega}\right) = Q\frac{(\omega + \omega_0)(\omega - \omega_0)}{\omega\omega_0} \approx Q\frac{2\omega(\omega - \omega_0)}{\omega\omega_0} = Q\frac{2(\omega - \omega_0)}{\omega_0} = Q\frac{2(f - f_0)}{f_0} = Q\frac{2\Delta f}{f_0}$$

因此式（6-11）可简化为：

$$\frac{I}{I_0} = \frac{1}{\sqrt{1 + Q^2\left(\dfrac{\omega}{\omega_0} - \dfrac{\omega_0}{\omega}\right)^2}} \approx \frac{1}{\sqrt{1 + \left(Q\dfrac{2\Delta f}{f_0}\right)^2}} \tag{6-12}$$

式中，$\Delta f = f - f_0$ 是频率离开谐振点的绝对值，称为绝对失调；而 $\Delta f / f_0$ 称为相对失调。

实例 6-4 某晶体管收音机的输入回路是一个 RLC 串联电路，已知电路的品质因数 $Q = 50$，$L = 310\ \mu F$，电路调谐于 600 kHz，信号在线圈中的感应电压为 1 mV，同时有一频率为 540 kHz 的电台在线圈中感应的电压也为 1 mV。试求两者在回路中产生的电流。

解 由于回路已对 600 kHz 信号产生谐振，故 600 kHz 信号产生的回路电流为：

$$I_0 = \frac{U_s}{R}$$

因为 $R = \dfrac{\omega_0 L}{Q}$，因此：

$$I_0 = \frac{U_s Q}{\omega_0 L} = \frac{1 \times 10^{-3} \times 50}{2\pi \times 600 \times 10^3 \times 310 \times 10^{-6}}$$

$$\approx 42.8 \times 10^{-6}\ \text{A} = 42.8\ \mu\text{A}$$

频率为 540 kHz 的信号产生的电流，可由式（6-12）求得：

$$I \approx \frac{I_0}{\sqrt{1 + \left(Q\dfrac{2\Delta f}{f_0}\right)^2}} = \frac{42.8}{\sqrt{1 + \left(50 \times \dfrac{120}{600}\right)^2}} \approx 4.28\ \mu\text{A}$$

6.1.5 串联谐振电路的通频带

通频带是指能通过信号的频率范围，通过的信号当然应该是不失真的通过。实际传输的信号中均包含很多频率成分（例如音频信号的频率包含 20 Hz～20 kHz 的范围），要想不失真的传输信号，串联谐振电路的幅频特性在信号频率范围内必须是一条直线，在信号频率范围外为零，即应为矩形的幅频特性，如图 6-7 所示，这意味着电路对信号的所有频率成分响应全一致，这是理想情况。

如图 6-8 所示的串联谐振电路的幅频曲线呈山峰形。在 $\omega = \omega_0$ 时，$\dfrac{I}{I_0} = 1$；$\omega \neq \omega_0$ 时，

$\dfrac{I}{I_0}<1$，而且随 ω 偏离 ω_0 越远，$\dfrac{I}{I_0}$ 的值会下降得越快。很显然，回路对各个频率成分的响应是不一致的，信号通过它时也一定有失真，这是实际情况。理想幅频曲线在实际当中是无法得到的，串联谐振电路的幅频曲线在 $\omega=\omega_0$ 附近的响应可以近似地认为是一条直线。虽然存在失真，但在某个频率范围内这个失真是可以接受的，或者说在这个频率范围内近似地认为不失真。串联谐振电路的这个频率范围称作电路的通频带。

在实际应用中，常把回路电流 $\dfrac{I}{I_0}\geqslant\dfrac{1}{\sqrt{2}}$ 所对应的频率范围定义为电路的通频带，用 B 表示，如图 6-8 所示。通频带的边界频率为 f_2 和 f_1。f_2 和 f_1 分别称为通频带的上、下边界频率。

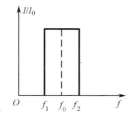

图 6-7　矩形幅频曲线

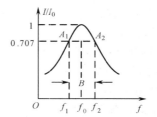

图 6-8　串联谐振回路的通频带

电路的通频带为：

$$B = f_2 - f_1 = (f_2 - f_0) + (f_0 - f_1) \approx \Delta f + \Delta f = 2\Delta f \tag{6-13}$$

只要选择电路的通频带 B 大于或等于信号的频带，使信号频带正好落在电路的上、下边界频率 f_2 和 f_1 之内，信号通过电路后产生的幅度失真是允许的。

由通频带的定义 $\dfrac{I}{I_0}=\dfrac{1}{\sqrt{2}}$ 和式（6-12），经推导求得：

$$B = \dfrac{f_0}{Q} \tag{6-14}$$

由此可见，电路的通频带与电路的品质因数成反比。Q 值越高，幅频曲线越尖锐，电路的选择能力越好，但通频带越窄；反之，串联谐振电路的 Q 值越小，谐振曲线越平坦，通频带越宽，电路的选择性越差。因此，电路的通频带与选择性是互相矛盾的，实际上是在保证幅度失真不超过允许的范围、尽可能地提高电路选择性的原则下，来确定回路的品质因数。

实例 6-5　由 $L=2\times10^{-4}$ H，$C=8\times10^{-10}$ F 及 $R=10\,\Omega$ 组成的串联回路，试求谐振频率、品质因数及通频带。

解　$f_0 = \dfrac{1}{2\pi\sqrt{LC}} = \dfrac{1}{2\pi\times\sqrt{2\times10^{-4}\times8\times10^{-10}}} \approx 398\times10^3\ \text{Hz} = 398\ \text{kHz}$

$Q = \dfrac{\omega_0 L}{R} = \dfrac{2\pi\times398\times10^3\times2\times10^{-4}}{10} \approx 50$

$B = \dfrac{f_0}{Q} = \dfrac{398\times10^3}{50} = 7.96\times10^3\ \text{Hz} = 7.96\ \text{kHz}$

6.2 并联谐振

扫一扫下载
并联谐振教
学课件

6.2.1 并联谐振的基本条件

在 RLC 串联谐振电路中，电压源的内阻与电路是串联的，在信号源内阻较小的情况下应用串联谐振电路较为合适。当信号源内阻较大时，会使串联谐振电路的品质因数大大降低，从而使谐振电路的选择性变差。对高内阻信号源来讲，一般采用并联谐振电路。

图 6-9 所示并联电路是一种典型的谐振电路模型。电感线圈与电容器相互并联的电路是一种常见的简单并联谐振电路。由于电容器的损耗很小，可以认为电容支路只有纯电容，R 是线圈本身的电阻值。

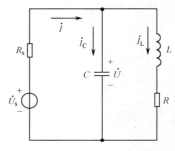

图 6-9　并联谐振电路

在分析与研究并联谐振回路时，采用复导纳是比较方便的。电感支路的导纳为：

$$Y_1 = G_1 + jB_1 = \frac{R}{R^2 + (\omega L)^2} - j\frac{\omega L}{R^2 + (\omega L)^2}$$

电容支路的导纳为：$Y_2 = jB_C = j\omega C$

并联谐振回路的总导纳为：

$$Y = G + jB = Y_1 + Y_2 = \frac{R}{R^2 + (\omega L)^2} + j\left[\omega C - \frac{\omega L}{R^2 + (\omega L)^2}\right]$$

当回路总导纳中的电纳部分 $B=0$ 时，回路端电压 $\dot{U}$ 与总电流 $\dot{i}$ 同相，并联回路的这种工作状态叫作并联谐振。由此可知并联谐振的条件是：

$$B = B_C - B_L = 0 \tag{6-15}$$

或者

$$\omega C = \frac{\omega L}{R^2 + (\omega L)^2} \tag{6-16}$$

在一般情况下，线圈的电阻比较小，$\omega L \gg R$，所以并联谐振的条件式（6-16）可以化简为：

$$\omega_0 L = \frac{1}{\omega_0 C} \tag{6-17}$$

由式（6-17）可得并联谐振角频率和谐振频率为：

$$\omega_0 = \frac{1}{\sqrt{LC}}$$

$$f_0 = \frac{1}{2\pi\sqrt{LC}} \tag{6-18}$$

可见，并联谐振电路和串联谐振电路的谐振条件及谐振频率相同。

并联谐振频率的 Q 值仍被定义为：谐振时，电路的感抗值（或容抗值）与电路的总电阻

之比，即：

$$Q = \frac{\omega_0 L}{R} = \frac{1}{\omega_0 C R} \qquad (6-19)$$

并联谐振电路的特性阻抗仍定义为：

$$\rho = \sqrt{\frac{L}{C}} \qquad (6-20)$$

由上述分析可知，要使并联电路发生谐振，可以通过调节 C、L 或电源频率来实现。

6.2.2　并联谐振的基本特征

（1）发生谐振时，回路阻抗为纯电阻，回路端电压与总电流同相。

（2）在 $Q \gg 1$ 条件下，发生谐振时回路阻抗为最大值，回路导纳为最小值。

在发生谐振时，回路的复导纳为一个实数且其模值为最小，因此谐振阻抗模值（以 $|Z_0|$ 表示）为最大，即：

$$|Z_0| = \frac{1}{|Y|} = \frac{R^2 + (\omega_0 L)^2}{R} \approx \frac{(\omega_0 L)^2}{R} = Q\omega_0 L = Q\rho = \frac{L}{CR} = Q^2 R$$

在电子技术中，由于 $Q \gg 1$，所以并联谐振时的谐振阻抗都很大，一般为几十 kΩ 至几百 kΩ。

（3）发生谐振时，电感支路电流与电容支路电流近似相等，并为总电流的 Q 倍。

在图 6-9 中，设回路在发生谐振时的端电压为 $\dot{U}_0 = \dot{I}_0 Z_0$，可得电感支路和电容支路的电流分别为：

$$\left.\begin{aligned} \dot{I}_{C0} &= \frac{\dot{U}_0}{\dfrac{1}{\mathrm{j}\omega_0 C}} = \mathrm{j}\omega_0 C\dot{U}_0 = \mathrm{j}\omega_0 CR\frac{\dot{U}_0}{R} = \mathrm{j}Q\dot{I}_0 \\[2mm] \dot{I}_{L0} &= \frac{\dot{U}_0}{R + \mathrm{j}\omega_0 L} \approx -\mathrm{j}\omega_0 C\dot{U}_0 = -\mathrm{j}\omega_0 CR\frac{\dot{U}_0}{R} = -\mathrm{j}Q\dot{I}_0 \end{aligned}\right\} \qquad (6-21)$$

上式表明，并联谐振时，在 $Q \gg 1$ 条件下，电容支路的电流 $\dot{I}_{C0}$ 在数值上比总电流约大 Q 倍，在相位上超前 $\dfrac{\pi}{2}$；电感支路的电流 $\dot{I}_{L0}$ 在数值上比总电流约大 Q 倍，在相位上滞后 $\dfrac{\pi}{2}$。也就是说，当发生并联谐振时，在 $Q \gg 1$ 条件下，两支路电流近似相等，即：

$$I_{C0} \approx I_{L0} = QI_0 \qquad (6-22)$$

所以，并联谐振又称为电流谐振，而 $\dot{I}_{C0}$ 与 $\dot{I}_{L0}$ 的相位近于相反。

实例 6-6　如图 6-9 所示的电路，已知 $L=100\,\mu\text{H}$，$C=100\,\text{pF}$，$Q=100$，该电路电源电压 $U_s=10\,\text{V}$，内阻 $R_s=100\,\text{k}\Omega$，如果电路已产生谐振，试求：总电流、两支路电流、电路两端电压和电路吸收的功率。

解　由于电路已产生谐振，这时电路的阻抗应为谐振阻抗：

$$|Z_0| = Q\rho = Q\sqrt{\frac{L}{C}} = 100 \times \sqrt{\frac{100 \times 10^{-6}}{100 \times 10^{-12}}} = 100\,\text{k}\Omega$$

回路总电流 $\dot{I}_0 = \dfrac{\dot{U}_s}{R_s + |Z_0|}$，由于 $|Z_0|$ 为实数，有：

$$I_0 = \frac{U_s}{R_s + |Z_0|} = \frac{10}{(100+100)\times 10^3} = 0.05\,\text{mA}$$

两支路电流为：
$$I_{C0} \approx I_{L0} = QI_0 = 100 \times 0.05 = 5\,\text{mA}$$

电路吸收的功率是电路中电阻吸收的功率：

$$P = I_{L0}^2 R = I_{L0}^2 \frac{\rho}{Q} = I_{L0}^2 \frac{1}{Q}\sqrt{\frac{L}{C}} = (5\times 10^{-3})^2 \times \frac{1}{100} \times \sqrt{\frac{100\times 10^{-6}}{100\times 10^{-12}}} = 0.25\,\text{mW}$$

或者
$$P = I_{L0}^2 |Z_0| = (5\times 10^{-3})^2 \times 100 \times 10^3 = 0.25\,\text{mW}$$

6.2.3　并联谐振电路的谐振曲线

若假定实际电源的内阻 R_s 为无穷大，则信号源可以用电流源来表示，如图 6-10 所示。在 $Q \gg 1$ 时，回路的端电压为：

$$\dot{U} = \dot{I}_s \frac{\dfrac{1}{\text{j}\omega C}(R + \text{j}\omega L)}{R + \text{j}\left(\omega L - \dfrac{1}{\omega C}\right)} \approx \dot{I}_s \frac{\dfrac{1}{\text{j}\omega C}(\text{j}\omega L)}{R + \text{j}\left(\omega L - \dfrac{1}{\omega C}\right)}$$

$$= \dot{I}_s \frac{\dfrac{L}{CR}}{1 + \text{j}\dfrac{\omega_0 L}{R}\left(\dfrac{\omega}{\omega_0} - \dfrac{\omega_0}{\omega}\right)} = \dot{I}_s \frac{\dfrac{L}{CR}}{1 + \text{j}Q\left(\dfrac{\omega}{\omega_0} - \dfrac{\omega_0}{\omega}\right)}$$

当回路发生谐振时，回路两端的电压为：

$$\dot{U}_0 = \dot{I}_s \frac{L}{CR}$$

由上面两式可得：

$$\frac{\dot{U}}{\dot{U}_0} = \frac{1}{1 + \text{j}Q\left(\dfrac{\omega}{\omega_0} - \dfrac{\omega_0}{\omega}\right)}$$

它们的有效值之比为：

$$\frac{U}{U_0} = \frac{1}{\sqrt{1 + Q^2\left(\dfrac{\omega}{\omega_0} - \dfrac{\omega_0}{\omega}\right)^2}} \tag{6-23}$$

由上式可以画出并联谐振回路的电压幅频曲线，如图 6-11 所示。

比较式（6-23）和式（6-11），等式右边是完全相同的，只是等式左边一个是 $\dfrac{U}{U_0}$，另一个是 $\dfrac{I}{I_0}$，所以并联谐振电路的电压幅频曲线与串联谐振电路的电流幅频曲线具有相同的形状。

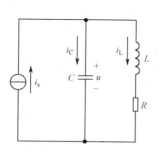

图 6-10 在电流源作用下的并联谐振回路

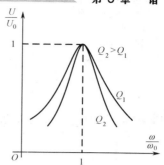

图 6-11 并联回路的电压幅频曲线

> ⚠ **注意** 串联电路采用电压源分析，并联电路采用电流源分析。由此可见，串联谐振电路与并联谐振电路的特性有很多相同的结论，可以对比分析。

若 $Q \gg 1$，并且 ω 偏离谐振频率 ω_0 不大的情况下，即 $\omega \approx \omega_0$，式（6-23）可以进一步化简为：

$$\frac{U}{U_0} \approx \frac{1}{\sqrt{1 + \left(Q \dfrac{2\Delta f}{f_0} \right)^2}} \tag{6-24}$$

6.2.4 并联谐振电路的通频带

并联谐振电路的通频带的定义和串联谐振电路一样，在式（6-24）中，令 $\dfrac{U}{U_0} = \dfrac{1}{\sqrt{2}}$，可得并联谐振电路的通频带为：

$$B = f_2 - f_1 = 2\Delta f = \frac{f_0}{Q} \tag{6-25}$$

由于并联谐振电路和串联谐振电路的幅频特性曲线形状一样，所以对并联谐振电路来说，仍然存在减小幅度失真和提高电路选择性之间的矛盾，所以高质量的仪器设备必须另选其他形式的谐振电路。

实例 6-7 收音机并联谐振电路，如图 6-9 所示，已知 $R=6\ \Omega$，$L=150\ \mu\text{H}$，$C=780\ \text{pF}$，求谐振频率、品质因数和通频带。

解 因为

$$\rho = \sqrt{\frac{L}{C}} = \sqrt{\frac{150 \times 10^{-6}}{780 \times 10^{-12}}} \approx 438\ \Omega \gg R$$

故

$$f_0 = \frac{1}{2\pi\sqrt{LC}} = \frac{1}{2\pi \times \sqrt{150 \times 10^{-6} \times 780 \times 10^{-12}}} \approx 465\ \text{kHz}$$

$$Q = \frac{\omega_0 L}{R} = \frac{\rho}{R} \approx \frac{438}{6} = 73$$

$$B = \frac{f_0}{Q} \approx \frac{465}{73} \approx 6.4\ \text{kHz}$$

> **？ 思考题 6-2**
>
> 1. 为什么并联谐振叫作电流谐振？串联谐振有何特点？
> 2. 电感线圈与电容并联电路中，$R=0.1\ \Omega$，$L=1\ \text{H}$，$C=1\ \mu\text{F}$，则谐振频率为多少？

项目训练 12　RLC 串联谐振电路的测量

1．训练目的

（1）验证 RLC 串联电路的谐振条件；

（2）绘制谐振曲线，了解品质因数 Q 值对谐振曲线的影响；

（3）进一步熟悉信号发生器和数字交流毫伏表的使用。

2．训练说明

（1）由电阻、电感、电容组成的串联电路如图 6-12 所示，当电路中 $\omega_L = 1/\omega_C$ 时，电路发生串联谐振，此时 $\omega = \omega_0$。要使电路发生串联谐振，可改变 L、C 或 ω（$\omega = 2\pi f$）来实现。本次训练就是通过改变电源频率 f 使电路产生谐振，此时电路中电流最大，因此，训练中测定谐振频率时，寻找电流最大时的电源频率即为谐振频率 f_0，电流为谐振电流 I_0。

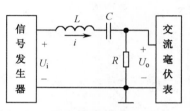

图 6-12　RLC 串联谐振测量电路

（2）电路中的电流测量需用交流毫伏表测量电路中电阻上的电压求得。在 L、C 不变的条件下，改变 R 值即可得到不同品质因数 Q 的电流谐振曲线。为了便于比较不同 Q 值的电流谐振曲线，本次测试的电流谐振曲线可以 I/I_0 为纵坐标，f 为横坐标绘制。该曲线又称为通用电流谐振曲线：

$$I/I_0 = \frac{1}{\sqrt{1 + Q^2(\omega/\omega_0 - \omega_0/\omega)^2}}$$

（3）RLC 串联谐振电路中电压与电流间的相位关系：在图 6-12 电路中，当电源频率 $f < f_0$ 时，电路中 $X_L < X_C$，电路呈容性，电流相位超前于总电压；当电源频率 $f = f_0$ 时，$X_L = X_C$，电流和总电压同相位，电路发生谐振，电路呈电阻性；当电源频率 $f > f_0$ 时，$X_L > X_C$，电路呈感性，电路中电流的相位滞后于总电压。

3．测试设备

函数发生器 1 台，交流数字毫伏表 1 台，双踪示波器 1 台，电感、电容和电阻若干（根据实验室已有的元器件合理取值）。

4．测试步骤

（1）查找谐振频率 f_0。按图 6-12 接线，R 值可使用电阻箱或电阻，如使用电阻箱取 500 Ω，保持信号发生器输出电压为 5 V，调节其频率，使交流毫伏表所示 U_R 达到最大，因为 $U_R = RI$，当 R 值一定时，U_R 与 I 成正比，电路谐振时的电流 I 最大，电阻电压 U_R 也最大，

即达到串联谐振状态。此时测量电路的电压，并读取此时的谐振频率 f_0，记入表 6-1 中。

表 6-1 RLC 串联谐振电路的测试参数

电路固定参数			$U_S = 5$ V $R = 500$ Ω $L = 100$ μH $C = 0.01$ μF		
测 量 值				计 算 值	
$U_{R0}/$V	$U_{L0}/$V	$U_{C0}/$V	$f_0/$Hz	$I_0 = U_R/R_0$(mA)	Q

（2）保持电路及电路各参数不变，调节电源频率。在步骤（1）的谐振频率 f_0 附近多测量几个点，以便绘制谐振曲线，分别测试各频率点的 U_R 值，记入表 6-2 中。

表 6-2 RLC 串联谐振电路的测试参数

电路固定参数		$U_S = 5$ V $R = 500$ Ω 和 $R = 2$ kΩ $L = 100$ μH $C = 0.01$ μF						
$f/$Hz		300			f_0		2000	4000	Q
$R = 500$Ω	$U_R/$mV								
	$I/$mA								
	I/I_0								
	f/f_0								
$R = 2$ kΩ	$U_R/$mV								
	$I/$mA								
	I/I_0								
	f/f_0								

（3）改变线路中电路 R 为 2 kΩ，重复步骤（2）的测试，记入表 6-2 中。

（4）用示波器观测 RLC 串联谐振电路中电流和电压的相位关系，按图 6-13 组成实验测量电路，R 取 20 Ω，L 取 100 μH，C 取 0.01 μF，电路中 A 点的电位送入双踪示波器的 CH1 通道，它显示出电路中总电压 U 的波形。将 B 点的电位送入示波器的 CH2 通道，它显示出电阻 R 上的电压波形，此波形与电路中电流 I 的波形相似，因此可以直接把它看作电流 I 的波形。

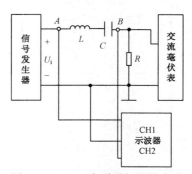

图 6-13 RLC 串联谐振测量电路

信号发生器的输出频率取谐振频率 f_0，输出电压 U 取 1 V。调节双踪示波器各旋钮，使示波器屏幕上获取 2～3 个波形，将电流 I 和电压 U 的波形描绘下来，再在 f_0 左右各取一个频率点，信号发生器输出电压保持 1V，观察并描绘 I 和 U 的波形。

调节信号发生器的输出频率，在 f_0 左右缓慢变化，观察示波器屏幕上 I 和 U 波形的相位和幅度的变化，并分析其变化原因。

？思考题 6-3

1. 在实验中如何判断电路处于谐振状态？
2. 为什么信号发生器每改变一次频率，会使信号发生器的输出电压发生变化？
3. 在串联谐振时，改变电阻值是否影响谐振频率？如果改变电容量是否影响谐振频率？
4. 根据表 6-2 中的测试数据，绘制串联谐振曲线，并比较不同 Q 值的各谐振曲线，电路参数对谐振曲线的影响。

知识梳理与总结

 扫一扫开始本章自测题练习

 扫一扫看本章自测题答案

下面通过表 6-3 对谐振电路的主要知识进行归纳与总结。

表 6-3　串、并联谐振电路的比较及其基本公式

	串联谐振回路	简单并联谐振回路
电路形式		
谐振的概念	在含有 RLC 的二端网络中，当端电压与电流的参考方向一致时，若端电压与电流同相，这种现象叫作谐振。	
特性阻抗	$\rho = \sqrt{\dfrac{L}{C}}$	$\rho = \sqrt{\dfrac{L}{C}}$
品质因数	$Q = \dfrac{\omega_0 L}{R} = \dfrac{1}{\omega_0 C R}$	$Q = \dfrac{\rho}{R} \approx \dfrac{\omega_0 L}{R} = \dfrac{1}{\omega_0 C R}$
谐振条件	$X_L = X_C$	$B_L = B_C$ （$X_L = X_C$，$Q \gg 1$）
谐振频率	$f_0 = \dfrac{1}{2\pi\sqrt{LC}}$	$f_0 \approx \dfrac{1}{2\pi\sqrt{LC}}$ （$Q \gg 1$）
谐振阻抗	$Z_0 = R$（最小）	$\lvert Z_0 \rvert = \dfrac{\rho^2}{R} = Q\rho = Q^2 R = \dfrac{L}{CR}$ （最大）
失谐时阻抗的性质	（1）$f > f_0$　感性 （2）$f < f_0$　容性	（1）$f > f_0$　容性 （2）$f < f_0$　感性
元件上电压或电流	$U_{L0} = U_{C0} = QU_s$	$I_{L0} = I_{C0} = QI_s$
谐振别名	电压谐振	电流谐振

续表

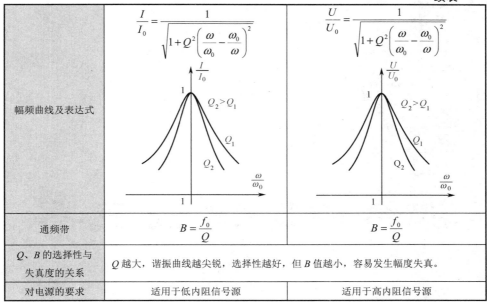

幅频曲线及表达式	$\dfrac{I}{I_0}=\dfrac{1}{\sqrt{1+Q^2\left(\dfrac{\omega}{\omega_0}-\dfrac{\omega_0}{\omega}\right)^2}}$	$\dfrac{U}{U_0}=\dfrac{1}{\sqrt{1+Q^2\left(\dfrac{\omega}{\omega_0}-\dfrac{\omega_0}{\omega}\right)^2}}$
通频带	$B=\dfrac{f_0}{Q}$	$B=\dfrac{f_0}{Q}$
Q、B 的选择性与失真度的关系	Q 越大，谐振曲线越尖锐，选择性越好，但 B 值越小，容易发生幅度失真。	
对电源的要求	适用于低内阻信号源	适用于高内阻信号源

练习题 6

扫一扫看
本练习题
答案

6.1　在 $R=10\ \Omega$、$L=1.3\times10^{-4}$H、$C=588$ pF 所组成的串联电路中，已知电源电压 $U_s=5$ mV。试求电路谐振时的频率，电路中的电流，元件电感、电容上的电压及电路的品质因数。

6.2　一个收音机接收线圈的 $R=20\ \Omega$，$L=250\ \mu$H，要调节收听 720 kHz 的中央人民广播电台第二套节目，输入回路视为 RLC 串联电路，试求这时的电容值为多少？品质因数 Q 为多少？

6.3　RLC 串联电路的谐振频率 $f_0=400$ kHz，$C=900$ pF，$R=5\ \Omega$。（1）求 L、ρ 和 Q；（2）若信号源电压 $U_s=1$ mV，求谐振时电路电流及元件电压。

6.4　当 $\omega=5\,000$ rad/s 时，RLC 串联电路发生谐振。已知 $R=5\ \Omega$，$L=250$ mH，端电压 $U=1$ V，求电容及电路中电流和各元件电压的瞬时表达式。

6.5　串联电路的特性阻抗 $\rho=100\ \Omega$，谐振时 $\omega_0=1\,000$ rad/s，试求元件参数 L、C。

6.6　串联谐振回路的谐振频率 $f_0=600$ kHz，电阻 $R=10\ \Omega$，回路的通频带 $B=10$ kHz，试求回路的品质因数 Q、电感 L 和电容 C。

6.7　在简单的并联电路中，一条支路为 RL 串联，另一支路为纯电容，已知 $\omega_0=5\times10^6$ rad/s，$Q=100$，谐振阻抗 $Z_0=2$ kΩ。试求 R、L、C 的值。

6.8　有一个线圈，其电阻 $R=20\Omega$，与电容并联，组成 RLC 并联电路，已知回路的品质因数 $Q=500$，试求回路的谐振阻抗。

6.9　将一个电阻 $R=13.7\ \Omega$、$L=0.25$ mH 的线圈和一只 $C=100$ pF 的电容器，分别接成串联谐振电路和并联谐振电路，问谐振频率和谐振阻抗各为多少？

扫一扫看
本练习题
详解过程

第 **7** 章

耦合电路和变压器

教学导航

教学重点	1. 掌握互感系数和耦合系数； 2. 掌握同名端判断方法； 3. 掌握互感线圈的连接方法； 4. 掌握理想变压器的变换关系
教学难点	1. 互感线圈的连接方法； 2. 理想变压器的变换关系
参考学时	10 学时

扫一扫看本
章补充例题
与解答

磁耦合线圈在电子工程、通信工程、电子测量和自动控制等方面得到了广泛应用。本章介绍一种动态双端元件——耦合电感，并讨论耦合电感和理想变压器的特性及电路分析。

7.1 互感与互感电压

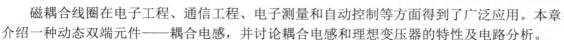

7.1.1 互感现象

根据法拉第定律和楞次定律，当在线圈两端通以变化的电流时，在线圈的两端便会产生一个阻碍电流变化的电压，这种现象叫作自感。在电路中如果有两个线圈，还会发生互感现象。所谓互感现象是指由一个线圈中的电流变化在另一个线圈中产生感应电压的现象。

如在图 7-1 中，两个线圈的匝数分别是 N_1、N_2，根据电磁感应定律，当在线圈 1 中通以变化的电流 i_1 时，线圈 1 具有变化的磁通 Φ_{11}，两端产生电压 u_{11}，这种现象称为自感。u_{11} 称为自感电压，Φ_1 称为线圈 1 的自感磁通，$\Psi_{11} = N_1\Phi_{11}$ 称为线圈 1 的自感磁链。与此同时 Φ_{11} 中有一部分磁通 Φ_{21} 穿过线圈 2，由于 Φ_{21} 的变化从而使线圈 2 两端产生电压 u_{21}，这种现象叫作互感。这里 u_{21} 称为互感电压，Φ_{21} 称为线圈 2 的互感磁通，$\Psi_{21} = N_2\Phi_{21}$ 称为线圈 1 和线圈 2 的互感磁链。两个线圈的磁通这种相互交链的关系称为磁耦合（magnetic coupling）。

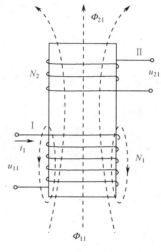

图 7-1　两个线圈的互感

7.1.2 互感系数与耦合系数

在非铁磁性的介质中，电流产生的磁通与电流成正比，当匝数一定时，磁链也与电流大小成正比。如图 7-1 中自感磁链与电流的关系为 $\psi_{11} = L_1 i_1$，其中常数 L_1 是自感系数。同样的互感磁链 ψ_{21} 与电流 i_1 也成正比关系，即有：$\psi_{21} \propto i_1$，或者写为：$\psi_{21} = M i_1$。式中 M 称为线圈 1 和线圈 2 的互感系数，简称互感（mutual inductance），当采用非磁性材料作耦合磁路时，M 是一个常数，在无特殊说明时本书指的互感系数都是常数。互感的 SI 单位是亨利（henry），其符号用 H 来表示。

两个线圈互感系数的大小可用以下公式计算：

$$M = k\sqrt{L_1 L_2} \tag{7-1}$$

从式（7-1）可以看出，两个线圈互感系数的大小除和两个线圈的自感系数有关以外还和常数 k 有关。这个 k 称为互感耦合系数，它是用来描述两个线圈磁耦合的紧密程度，k 越大耦合越紧密，漏磁通越少，反之，k 越小漏磁通就越多。可以证明：$0 \leqslant k \leqslant 1$，当 k 等于 1 的时候称为全耦合，此时 $M = \sqrt{L_1 L_2}$，漏磁通为 0。k 的大小与磁介质的材料和两个线圈的相对位置等因素有关系。

实例 7-1　在图 7-1 所示电路中，$L_1 = 16$ mH，$L_2 = 9$ mH，耦合系数 $k = 0.5$。求两个线圈之

间的互感 M。

解 根据式（7-1）可知，$M = k\sqrt{L_1 L_2} = 0.5 \times \sqrt{16 \times 9} = 6 \text{ mH}$。

7.1.3 互感电压

如图 7-1 可知，线圈中电流的参考方向和它所产生的磁通的参考方向，选取符合右手螺旋法则关系时，可得 $\psi_{21} = M i_1$。

若把另一线圈中互感电压的参考方向与互感磁通的参考方向，选取符合右手螺旋关系时，根据电磁感应定律，因电流 i_1 变化而在线圈 2 中产生的互感电压为：

$$u_{21} = \frac{\mathrm{d}\psi_{21}}{\mathrm{d}t} = M\frac{\mathrm{d}i_1}{\mathrm{d}t}$$

可以看出，互感电压的大小取决于电流的变化率。当电流的变化率大于零（即 $\frac{\mathrm{d}i_1}{\mathrm{d}t} > 0$）时，互感电压为正值，表明实际方向与参考方向一致。反之，当电流的变化率小于零时，互感电压为负值，实际方向与参考方向相反。

当线圈中通过的电流为正弦交流电时，如：

$$i_1 = I_{m1} \sin \omega t$$

则

$$u_{21} = M\frac{\mathrm{d}i_1}{\mathrm{d}t} = M\frac{\mathrm{d}(I_{m1}\sin\omega t)}{\mathrm{d}t}$$

$$= \omega M I_{m1} \cos \omega t = \omega M I_{m1} \sin\left(\omega t + \frac{\pi}{2}\right)$$

互感电压可用相量表示：

$$\dot{U}_{21} = \mathrm{j}\omega M \dot{I}_1$$

$X_M = \omega M$ 称为互感抗，单位为欧姆（Ω），这样可得：

$$\dot{U}_{21} = \mathrm{j}X_M \dot{I}_1 \tag{7-2}$$

7.1.4 互感线圈的同名端

扫一扫看互感线圈的同名端微视频

扫一扫看互感线圈同名端的仿真测试

我们知道，无论线圈的绕向怎样，对于自感电压在关联参考方向下总有 $u_{11} = L_1\frac{\mathrm{d}i_1}{\mathrm{d}t}$，而由 i_1 电流引起的互感电压的方向是什么情况呢？

如图 7-2（a），在线圈 a 中通以变化的电流 i，则在 1、2 两端会产生自感电压 u_{11}，同时在 3、4 两端和 5、6 两端也分别产生互感电压 u_{21}、u_{31}。根据法拉第感应定律和楞次定律当电流增加时各个电压的方向如图 7-2 中所示，即 1、3 和 6 端的电压极性相同。同理，当电流 i 减小或者反方向增大、减小时，1、3、6 端的电压极性仍然相同，当然 2、4、5 端的极性也相同。而且无论从另外两个线圈通入电流，情况依然相同。

我们把 1、3、6 或者 2、4、5 的这种极性始终一致的关系叫作同名端关系，用圆点标志出来。可见同名端表述了由同一电流产生的自感电压和互感电压的关系，即由同一电流产生的自感电压和互感电压在同名端的极性相同。

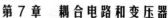

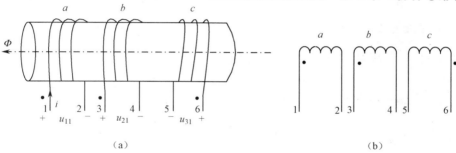

图 7-2 互感线圈的同名端

在图 7-2 中，分别从三个线圈的三个同名端通入的电流 i_1、i_2、i_4，可以判断这三个电流产生的磁通是相互增强的。如果线圈的绕向已知可用这一性质来判断同名端。

引入了同名端后，图 7-2（a）就可以画成图（b）的形式。这样互感电压的方向可直接由自感电压的方向和同名端直接判断，而无须关心线圈的绕向。

实例 7-2 三个线圈 a、b、c 的同名端关系如图 7-3 所示，现在 b 线圈通以正在减小的电流 i，判断此时各个线圈电压的实际方向？

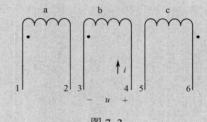

图 7-3

解 自感电压 u 和电流 i 为关联参考方向，所以有：

$$u = L\frac{\mathrm{d}i}{\mathrm{d}t}$$

又因为电流是减小的，所以电压 u 为负值，实际方向与参考方向相反，所以此时 3 端的电压为负。根据同名端的定义，此时 1 端和 6 端实际的电压方向为负。即在线圈 a 和 c 上产生的互感电压的方向分别为：2、5 端正，1、6 端为负。

思考题 7-1

1. 何为互感现象？试说明互感与自感的联系与区别。
2. 互感系数与线圈的哪些因素有关？
3. 试说明全耦合的含义。
4. 互感线圈的同名端是如何规定的？

7.2 互感线圈的连接

 扫一扫下载互感线圈的连接教学课件

 扫一扫看互感线圈的串联微视频

7.2.1 互感线圈的串联

当不考虑互感时两个线圈电感分别为（L_1、L_2）串联可等效为一个大小为 L_1+L_2 的电感线圈。而当考虑互感时，等效电感的大小不仅跟 L_1 和 L_2 有关，而且和互感系数 M 有关系，此时两线圈串联有顺接和反接两种接法。

1. 互感线圈的顺向串联

所谓的顺向串联就是把线圈的异名端相连，如图 7-4 所示。参考方向按习惯选取，即选电流产生的自感电压与互感电压在同名端的极性相同，对于正弦交流电来说，有：

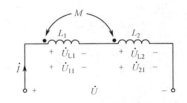

$$\begin{aligned}\dot{U} &= \dot{U}_{L1}+\dot{U}_{12}+\dot{U}_{L2}+\dot{U}_{21}\\ &= j\omega L_1\dot{I}+j\omega M\dot{I}+j\omega L_2\dot{I}+j\omega MI\\ &= j\omega(L_1+L_2+2M)\dot{I}\end{aligned}$$

图 7-4　互感线圈顺向串联

所以顺向串联时，等效电感为：

$$L_{顺}=L_1+L_2+2M \tag{7-3}$$

实例 7-3　如图 7-5（a）所示电路，已知 $\omega=100$ rad/s，$\dot{I}=0.5\angle 0^\circ$ A，$R=60\,\Omega$，$L_1=0.4$ H，$L_2=0.6$ H，$M=0.1$ H，求电压 $\dot{U}$。

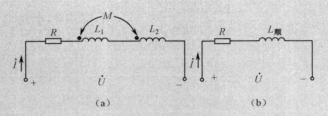

图 7-5　互感线圈顺向串联电路

解　由式（7-3）可知，图 7-5（a）电路可等效为图 7-5（b），其中 $L_{顺}=0.4+0.6+2\times0.1=1.2$ H

所以　$Z=R+j\omega L_{顺}=60+j120=134.16\angle 63.43^\circ\ \Omega$

$\dot{U}=\dot{I}Z=0.5\angle 0^\circ\times134.16\angle 63.43^\circ=67.08\angle 63.43^\circ$ V

2. 互感线圈的反向串联

所谓反向串联就是两个线圈的同名端相连接，如图 7-6 所示。

同样，选取参考方向，使同一电流产生的自感电压和互感电压的同名端极性相同，对于正弦交流电来说，有：

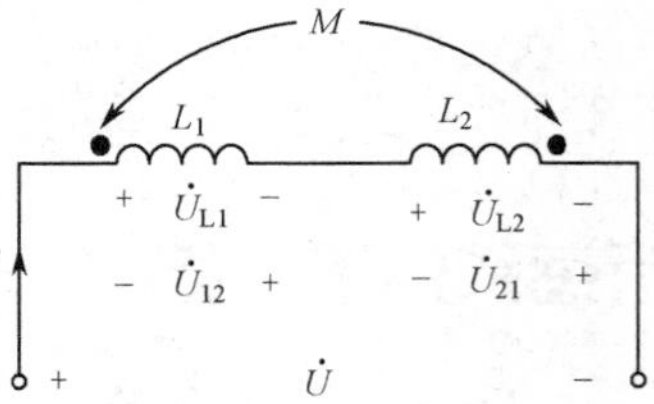

$$\begin{aligned}\dot{U} &= \dot{U}_{L1}-\dot{U}_{12}+\dot{U}_{L2}-\dot{U}_{21}\\ &= j\omega L_1\dot{I}-j\omega M\dot{I}+j\omega L_2\dot{I}-j\omega M\dot{I}\\ &= j\omega(L_1+L_2-2M)\dot{I}\end{aligned}$$

图 7-6　互感线圈的反向串联

所以反向串联时，等效电感为：

$$L_{反}=L_1+L_2-2M \tag{7-4}$$

7.2.2　互感线圈的并联

两个有互感的线圈并联有两种接法，一种是两线圈的同名端相连，另一种是两线圈的异名端相连。而对并联电感的分析和计算有两种方法，一种是电感等效法，另一种是互感消去法，具体使用什么方法视电路结构和客观需要而定。本节将对这两种方法分别阐述。

1．电感等效法

当不考虑互感时，两个线圈电感分别为（L_1、L_2）并联可等效为一个大小为 $\dfrac{L_1 L_2}{L_1 + L_2}$ 的电感线圈。当考虑互感时，等效电感的大小不仅和 L_1、L_2 有关，而且和互感系数 M 有关。

当给互感线圈通入正弦电流时，互感线圈的同名端相连和异名端相连两种情况的相量形式电路图如图 7-7（a）和（b）所示，此时可得：

$$\dot{I} = \dot{I}_1 + \dot{I}_2$$
$$\dot{U} = \dot{U}_{L1} \pm \dot{U}_{12}$$
$$\dot{U} = \dot{U}_{L2} \pm \dot{U}_{21}$$

又可写为

$$\dot{I} = \dot{I}_1 + \dot{I}_2 \tag{7-5}$$
$$\dot{U} = \mathrm{j}\omega L_1 \dot{I}_1 \pm \mathrm{j}\omega M \dot{I}_2 \tag{7-6}$$
$$\dot{U} = \mathrm{j}\omega L_2 \dot{I}_2 \pm \mathrm{j}\omega M \dot{I}_1 \tag{7-7}$$

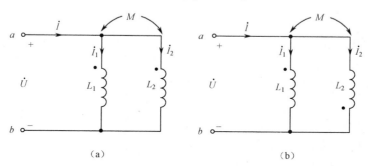

图 7-7　互感线圈的并联

式中的正负号对应于同名端和异名端相连两种情况，以 $\dot{I}$、$\dot{I}_1$、$\dot{I}_2$ 为未知数解方程可得：

$$\dot{I}_1 = \frac{L_2 \mp M}{\mathrm{j}\omega(L_1 L_2 - M^2)}\dot{U}$$

$$\dot{I}_2 = \frac{L_1 \mp M}{\mathrm{j}\omega(L_1 L_2 - M^2)}\dot{U}$$

$$\dot{I} = \dot{I}_1 + \dot{I}_2 = \frac{L_1 + L_2 \mp 2M}{\mathrm{j}\omega(L_1 L_2 - M^2)}\dot{U}$$

所以从 a、b 两端看进去的等效阻抗为：

$$Z = \frac{\dot{U}}{\dot{I}} = \frac{j\omega(L_1 L_2 - M^2)}{L_1 + L_2 \mp 2M}$$

这样，就不能看出互感线圈并联的等效电阻为：

$$L_{并} = \frac{L_1 L_2 - M^2}{L_1 + L_2 \mp 2M} \tag{7-8}$$

式中的负号对应于同名端相连，正号对应于异名端相连。

实例7-4 电路如图7-8所示，其中 $L_1 = 1\,H$ ， $L_2 = 2\,H$ ，

$M = 1\,H$ ， $R = 10\,\Omega$ ，两端加电压 $u = 100\sin 100t$ V ，求电流 i 。

解：

$$L_{并} = \frac{L_1 L_2 - M^2}{L_1 + L_2 \mp 2M} = \frac{1 \times 2 - 1^2}{1 + 2 + 2 \times 1} = 0.2\,H$$

$$Z = R + j\omega L_{并} = 10 + j100 \times 0.2 = 22.4\angle 63.4°\,\Omega$$

$$\dot{I} = \frac{\dot{U}}{Z} = \frac{10\angle 0°}{22.4\angle 63.4°} = 0.45\angle(-63.4°)\,A$$

电流两端的电流为： $i = 0.45\sqrt{2}\sin(100t - 63.4°)$ A

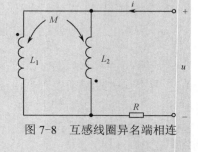

图7-8 互感线圈异名端相连

2．互感消去法

在电路的分析计算时会涉及到每一条支路上的电流，此时用上面的电感等效法是无能为力的，这就需要用到互感消去法。所谓的互感消去法就是以没有电感的电路等效有电感的电路，这样既可以简化问题的分析，又可以保留电路的基本结构。下面将分别介绍二端相连和一端相连两种情况。

1）二端相连

将式（7-5）分别代入式（7-6）、式（7-7），可得：

$$\dot{U} = j\omega L_1 \dot{I}_1 \pm j\omega M(\dot{I} - \dot{I}_1)$$
$$= j\omega(L_1 \mp M)\dot{I}_1 \pm j\omega M \dot{I} \tag{7-9}$$
$$\dot{U} = j\omega L_2 \dot{I}_2 \pm j\omega M(\dot{I} - \dot{I}_2)$$
$$= j\omega(L_2 \mp M)\dot{I}_2 \pm j\omega M \dot{I} \tag{7-10}$$

由式（7-9）、式（7-10）可知，同名端相连和异名端相连分别可用图 7-9（a）和（b）来等效。这样两条支路都已经不存在互感，但从外部看进去电流、电压的关系与图7-7却是一样的。

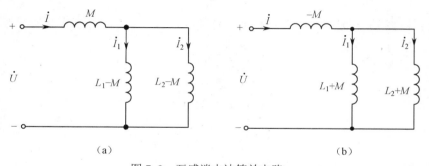

图7-9 互感消去法等效电路

实例 7-5 在图 7-7（a）中，若电压 $\dot{U}=10\angle 0°$，$\omega=50\,\text{rad/s}$，$L_1=2\,\text{H}$，$L_2=4\,\text{H}$，$M=1\,\text{H}$，求电流 $\dot{I}_1$。

解 首先可以用电感等效法算得 $L_{总}=2\,\text{H}$，这样可以算得总电流：

$$\dot{I}=\frac{10}{\text{j}100}=-\text{j}0.1\,\text{A}$$

消去互感后的等效电路如图 7-9（a）所示，可得：

$$\dot{I}_1=\dot{I}\times\frac{\text{j}\omega(L_2-M)}{\text{j}\omega(L_1-M)+\text{j}\omega(L_2-M)}=-\text{j}0.1\times\frac{3}{4}=0.075\angle(-90°)\,\text{A}$$

2）一端相连

在电路的一般分析中，除上述两个互感线圈两端相连以外，还会碰到两个线圈只有一端相连的情况，如图 7-10 所示，图中各变量表示了在线圈中通入正弦交流电的相量形式。根据基尔霍夫定律，有：

$$\dot{U}_{13}=\text{j}\omega L_1\dot{I}_1\pm\text{j}\omega M\dot{I}_2$$
$$\dot{U}_{23}=\text{j}\omega L_2\dot{I}_2\pm\text{j}\omega M\dot{I}_1$$

式中的正负号分别对应图 7-10（a）和（b），即分别对应于同名端相连和异名端相连，又因为：

$$\dot{I}=\dot{I}_1+\dot{I}_2$$

代入上式并整理可得：

$$\dot{U}_{13}=\text{j}\omega(L_1\mp M)\dot{I}_1\pm\text{j}\omega M\dot{I}$$
$$\dot{U}_{23}=\text{j}\omega(L_2\mp M)\dot{I}_2\pm\text{j}\omega M\dot{I}$$

式中 M 前边的符号上下分别对应于同名端和异名端相连。由此可得图 7-10 的等效电路如图 7-11 所示。

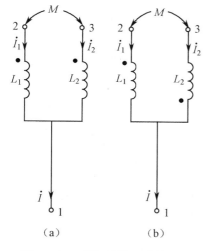

图 7-10 一端相连的互感线圈

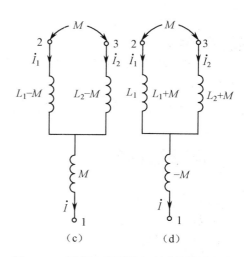

图 7-11 一端相连线圈消去电感的等效电路

实例 7-6 电路如图 7-12 所示，已知电压 $u=5\sin 50t\,\text{V}$，电感 $L_1=0.6\,\text{H}$，$L_2=0.8\,\text{H}$，互感 $M=0.4\,\text{H}$，电阻 $R=50\,\Omega$，求电阻上所消耗的功率。

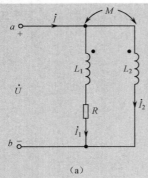
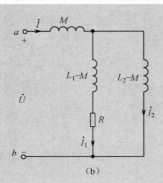

图 7-12

解　图 7-12（a）消去互感后可等效为图 7-12（b），由此可得电路的总阻抗为：

$$Z = j\omega M + \frac{[j\omega(L_1 - M) + R] + j\omega(L_2 - M)}{[j\omega(L_1 - M) + R] \times j\omega(L_2 - M)}$$

$$= 19.95\angle 0.11° \ \Omega$$

可得总电流：

$$\dot{I} = \frac{\dot{U}}{Z} = \frac{5}{19.95\angle 0.11°} = 0.26\angle(-0.11°) \ A$$

则

$$\dot{I}_1 = \dot{I} \times \frac{j\omega(L_2 - M)}{j\omega(L_1 - M) + R + j\omega(L_2 - M)}$$

$$= 0.26\angle(-0.11°) \times \frac{j50(0.8 - 0.4)}{[j50(0.6 - 0.4) + 50] \times j50(0.8 - 0.4)}$$

$$= 0.023\angle(-63.5°) \ A$$

? 思考题 7-2

1. 两个互感线圈，$L_1 = 5$ H，$L_2 = 4$ H，M=1 H，试分别计算两线圈顺向和反向串联时的等效电感。

2. 试写出两互感线圈同侧并联和异侧并联时的等效电感。

7.3　理想变压器

扫一扫下载
理想变压器
教学课件

变压器是利用耦合来实现从一个电路向另一个电路传递能量和信号的设备。在电力系统中，可以通过变压器变压来降低电路的传输损耗，并保障用电安全。在电子线路中除变压以外，变压器还可以用来耦合电路、传递信号，并实现阻抗匹配。

变压器通常有一个初级线圈和一个次级线圈，初级线圈接电源或者激励信号，次级线圈接负载，能量或者信号通过磁耦合由电源传递给负载。初级线圈又称原边绕组，次级线圈又称副边绕组。

7.3.1 理想变压器的条件

理想变压器在现实中并不存在，但由理想变压器模型导出的结论，不仅反映了实际变压器的主要特性，而且在工程应用中也比较接近实际情况。此外，为了便于在理论上对变压器进行分析和讨论，也需要提出一个理想化的电路模型，就像在交流电路中提出过纯电阻、纯电感、纯电容等理想元件一样。我们假定：

（1）变压器全部磁通都闭合在铁芯中，即没有漏磁通；

（2）初、次级绕组的内阻为零，即没有铜损。

（3）铁芯中没有涡流和磁滞现象，即没有铁损。

（4）铁芯材料的磁导率 μ 趋近于无限大，产生磁通的磁化电流趋近于零，可以忽略不计。

满足上述条件的理想化的变压器元件，称为理想变压器。理想变压器的图形符号如图 7-13 所示。

7.3.2 理想变压器的变换关系

引入理想变压器的主要目的是导出它的三个变换关系：电压变换关系、电流变换关系和阻抗变换关系。

1. 电压变换关系

按习惯选取法，变压器的原边、副边电压的参考方向与同名端一致，即满足于磁通的右手螺旋关系。故在图 7-13 中给出的理想变压器电路模型中，我们规定电压参考极性、电流参考方向如图 7-14 所示。N_1 为原边绕组匝数，N_2 为副边绕组匝数，则：

$$\frac{U_1}{U_2} = \frac{N_1}{N_2} = n \qquad (7-11)$$

式中的 n 称为变压器的电压比或匝数比。

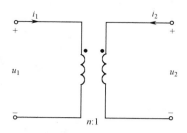

图 7-13　理想变压器的电路图形符号

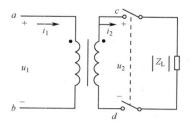

图 7-14　理想变压器的电路

当 $n>1$ 时，$U_1>U_2$，此时称变压器为降压变压器；当 $n<1$ 时，$U_1<U_2$，此时称变压器为升压变压器。

由上式可知：原、副边侧绕组的端电压大小与它们的匝数成正比。

2. 电流变换关系

由于理想变压器没有有功功率的损耗，又无磁化所需的无功功率，所以原边、副边绕组的有功功率相等、无功功率相等，视在功率也就相等。有：

$$U_1 I_1 = U_2 I_2$$

即

$$\frac{I_1}{I_2} = \frac{U_2}{U_1} = \frac{N_2}{N_1} = \frac{1}{n} \tag{7-12}$$

由上式可知，原边绕组电流 I_1 和副边绕组电流 I_2 与它们的端电压成反比，与其匝数也成反比。因而，高压端的电流小，导线细，低压端的电流大，导线粗。

由上式可得，$I_1 = \frac{1}{n} I_2$。当 I_2 增加时，I_1 也增加；I_2 减小时，I_1 也随之减小。

既然原边绕组端与副边绕组端的有功功率、无功功率均相等，所以在电压、电流的参考方向下，$\dot{U}_1$ 与 $\dot{I}_1$ 的相位差必定等于 $\dot{U}_2$ 与 $\dot{I}_2$ 的相位差，因此 $\dot{I}_1$ 与 $\dot{I}_2$ 同相。

3. 阻抗关系变换

在图 7-14 中，已给出电压、电流的参考方向。已知：$\dot{U}_1 = n\dot{U}_2$，$\dot{I}_1 = \frac{1}{n}\dot{I}_2$，以原绕组 a、b 端看进去的输入阻抗为：

$$Z_{ab} = \frac{\dot{U}_1}{\dot{I}_1} = \frac{n\dot{U}_2}{\frac{1}{n}\dot{I}_2} = n^2 Z_L \tag{7-13}$$

由上式看出：负载阻抗 Z_L 反映到原边绕组应乘以 n^2 倍。这就起到了阻抗变换的作用。

因为 n 是正实数，所以复阻抗 Z_{ab} 与 Z_L 的模不同、阻抗角相同。由此可知，理想变压器变换阻抗时，只改变复数阻抗的模，而不改变阻抗角。

由式（7-13）可知，理想变压器的等效电路，如图 7-15 所示。

变压器负载阻抗的等效变换是很有用的。如在收音机中，如果把收音机除去扬声器以下的部分看作一个有源二端网络，那么作为负载的扬声器电阻 R_L 一般不等于这个有源二端网络的等效内阻 R。这就需要用一个变压器来进行阻抗变换，使之满足 $R_0 = n^2 R_L$。此时扬声器才能获得最大的功率，这叫阻抗匹配。如图 7-16 所示，通常把这只变压器称为输出变压器。

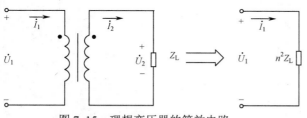

图 7-15　理想变压器的等效电路

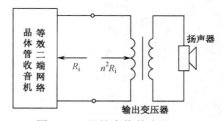

图 7-16　阻抗变换的应用

实例 7-7　有一台理想变压器初级绕组接在 220 V 电压上，测得次级绕组的端电压为 22 V，如初级绕组的匝数为 2100 匝，求变压器的变压比和次级绕组的匝数。

解　已知　$U_1 = 220$ V，$U_2 = 22$ V，$N_1 = 2100$ 匝

所以

$$n = \frac{U_1}{U_2} = \frac{220}{22} = 10$$

又

$$N_1 / N_2 = n = 10$$

$$N_2 = \frac{N_1}{n} = \frac{2100}{10} = 210 \text{ 匝}$$

实例 7-8 某一台晶体管收音机输出变压器的初级绕组匝数 $N_1 = 230$ 匝，次级绕组匝数 $N_2 = 80$ 匝。原来配有音圈阻抗为 $8\,\Omega$ 的电动扬声器，现在要改接 $4\,\Omega$ 的电动扬声器，问输出变压器次级绕组的匝数应如何变动？（初级绕组匝数不变）

解 设输出变压器副绕组变动后的匝数为 N_2'，当 $R_L = 8\,\Omega$ 时有：

$$Z_i = n^2 \times R_L = (\frac{230}{80})^2 \times 8 \approx 66.1\,\Omega$$

当 $R_L' = 4\,\Omega$ 时有：

$$Z_i' = n'^2 \times R_L' = (\frac{230}{R_2'})^2 \times 4$$

根据题意 $Z_i = Z_i'$，即：

$$66.1 = (\frac{230}{N_2'})^2 \times 4$$

则

$$N_2' = \sqrt{\frac{230^2 \times 4}{66.1}} \approx 57 \text{ 匝}$$

❓ **思考题 7-3**

理想变压器的原边、副边绕组的匝数各为 3000 匝和 100 匝，原边绕组的电流为 0.2 mA，负载电阻为 $10\,\Omega$，试求原边绕组的电压和输入阻抗。

项目训练 13 单相变压器的测试

1．训练目的

（1）掌握变压器的工作原理；
（2）掌握单相变压器的输出特性及极性的判别方法。

2．训练说明

（1）绕在同一个铁芯上的两个线圈绕组，即使没有电的直接联系，但由于彼此之间有电磁耦合作用，电压、电流会相互影响，形成了耦合电感元件，当耦合电感的参数满足一定条件时，可以用理想变压器模型来进行电路分析和综合。理想变压器的电路符号和耦合电感元件类似，并且也有同名端，如图 7-17 所示。但理想变压器只有一个参数，即变压器的变比 n。理想变压器的两个线圈，一个和电源端相接，称为原边线圈（绕组），另一个和负载端相连，称为副边线圈（绕组），理想变压器通过原、副边的电磁耦合作用将能量从电源端传送到负载端；而变压器本身是理想元件，既不会消耗能量，也不会产生能量，即理想变压器的功率总是等于零。在一般情况下，变比 n 表示的是原边线圈和副边线圈的匝数之比。

（2）理想变压器的特性方程如下：

$$\frac{U_1}{U_2} = \frac{N_1}{N_2} = n$$

$$\frac{I_1}{I_2} = \frac{N_2}{N_1} = \frac{1}{n}$$

由上述方程可知，理想变压器的原、副边电压比的大小等于理想变压器的变比，原、副边电流比的大小等于其变比的倒数。

理想变压器是一种特殊的二端口元件，其端口电压彼此相关，端口电流彼此相关，但电流和电压之间没有相互关系。那么，如果理想变压器的任何一个端口开路，即该端口电流为零时，不管在另外一个端口上加的电压有多大，流过另外一个线圈的电流也等于零；与此相似，如果理想变压器的任何一个端口短路，即该端口的端电压为零时，不管流过另一个线圈的电流有多大，其端电压也等于零。

（3）当理想变压器外接负载时，如图 7-18 所示。理想变压器的电压、电流除了满足变压器的特性方程外，其副边电压和电流还应满足负载电阻（或阻抗）的伏安关系。

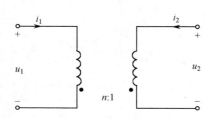

图 7-17　理想变压器

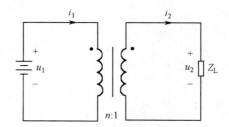

图 7-18　理想变压器接负载电路

如果理想变压器的原边直接和电压源相接，即原边电压保持不变，当负载变化时，副边电压也不变，但电流会按照欧姆定律发生变化，原边电流也相应变化。

（4）变压器同名端的测定：按图 7-19 接线，电池接于高压侧，毫伏表接于低压侧。在接通开关 S 的瞬间，若毫伏表指针正摆（右摆），则 A 与 a 为同名端，否则为异名端。

3．测试设备

变压器 1 台；直流毫伏表（万用表）1 块；干电池 2 节。

4．测试步骤

（1）记录变压器铭牌上的各额定数据。

（2）测量空载电流：按图 7-20 接线，调压器手柄置于零位。合上开关 S，调节调压器输出电压，使变压器的原绕组加上额定电压，各副绕组均开路，测得原绕组空载电流 $I_0 =$ _____A。

（3）测定变压比 n：如图 7-20 所示，在原绕组加上额定电压，测得副绕组的开路电压，求得原副绕组的电压之比，即为变压比。

$U_1 =$ _____V；$U_2 =$ _____V。

（4）测定额定负载时的电压和电流：如图 7-20 所示，在原绕组加上额定电压，副绕组接通可变负载 R_L，改变负载 R_L 使副绕组输出额定电流，分别测得原副绕组的电压和电流。

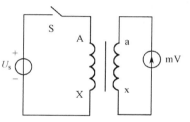

图 7-19　变压器同名端极性的判别

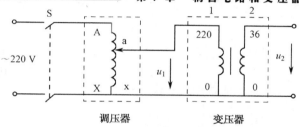

图 7-20　单相变压器测量电路

$U_1 = \underline{\hspace{1.5cm}}$ V；$U_2 = \underline{\hspace{1.5cm}}$ V；$I_1 = \underline{\hspace{1.5cm}}$ A；$I_2 = \underline{\hspace{1.5cm}}$ A。

（5）测定变压器的输出特性：如图 7-20 所示，原绕组保持额定电压不变，改变负载电阻 R_L，使副绕组的电流由 0 逐渐增加至额定值，测试四组原、副绕组的电压和电流，记入表 7-1 中。

表 7-1

U_1（V）				
U_2（V）				
I_1（A）				
I_2（A）				

（6）测定变压器的同名端：按照图 7-19 连线，测得同极性端为 $\underline{\hspace{1.5cm}}$ 和 $\underline{\hspace{1.5cm}}$。

？ 思考题 7-4

1. 根据变压器空载时的原、副边的电压，计算变压比？

2. 根据变压器额定负载时原、副边的电压和电流，计算电流之比？它是否等于 $1/n$？产生误差的原因是什么？

知识梳理与总结

扫一扫开始本章自测题练习

扫一扫看本章自测题答案

7.1　互感与互感电压

（1）互感系数：

$$M = \frac{\psi_{21}}{i_1} = \frac{\psi_{12}}{i_2}$$

（2）耦合系数：

$$k = \frac{M}{\sqrt{L_1 L_2}} \qquad （k \leqslant 1，k=1 \text{ 时称全耦合}）$$

（3）同名端：在互感线圈中，某一线圈的电流变化时产生的自感电压与其他线圈产生的互感电压的极性相同的端子叫作同名端。电流分别自同名端流入时，互感线圈中产生的磁通是相互增强的。

（4）互感电压：选取互感电压和产生它的电流参考方向对同名端一致时，有：

$$u_{12} = M \frac{\mathrm{d}i_2}{\mathrm{d}t}$$

$$u_{21} = M \frac{\mathrm{d}i_1}{\mathrm{d}t}$$

当给线圈通入正弦交流电时其相量形式为：

$$\dot{U}_{12} = \mathrm{j}\omega M \dot{I}_2$$

$$\dot{U}_{21} = \mathrm{j}\omega M \dot{I}_1$$

7.2　互感线圈的连接

（1）互感线圈的串联：

顺向串联　　　　　　　　$L_{顺} = L_1 + L_1 + 2M$

反向串联　　　　　　　　$L_{反} = L_1 + L_1 - 2M$

（2）互感线圈的并联：

$$L_{并} = \frac{L_1 L_2 - M^2}{L_1 + L_2 \mp 2M}$$

式中的正负号分别对应于同名端相连和异名端相连。

7.3　理想变压器

（1）理想变压器的条件：没有漏磁通，没有铜损，没有铁损，铁芯材料的磁导率趋于无限大。

（2）理想变压器的主要性能：

电压变化关系　　　　　　$\dfrac{U_1}{U_2} = \dfrac{N_1}{N_2} = n$

电流变换关系　　　　　　$\dfrac{I_1}{I_2} = \dfrac{U_2}{U_1} = \dfrac{N_2}{N_1} = \dfrac{1}{n}$

阻抗变换关系　　　　　　$Z_{ab} = \dfrac{\dot{U}_1}{\dot{I}_1} = \dfrac{n\dot{U}_2}{\dfrac{1}{n}\dot{I}_2} = n^2 Z_L$

练习题 7

扫一扫看
本练习题
答案

7.1　图 7-21 所示两个互感线圈，已知同名端并设出了各线圈上电压、电流的参考方向，试写出每一互感线圈上的电压、电流关系方程式。

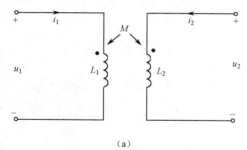
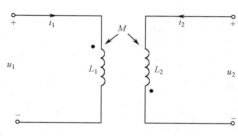

（a）　　　　　　　　　　　　　　　　　　（b）

图 7-21

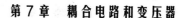

7.2 求图 7-22 所示电路的输入阻抗 Z_i。

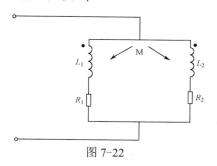

图 7-22

7.3 标出图 7-23 所示耦合电感的同名端。

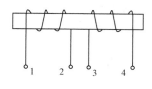

（a）

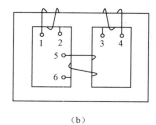

（b）

图 7-23

7.4 已知两个线圈的自感为 $L_1=5$ mH，$L_2=4$ mH。（1）若 $k=0.5$，求互感 M；（2）若 $M=3$ mH，求耦合系数 k；（3）若两个线圈全耦合，求 M。

7.5 图 7-24 所示电路中，求 $\dot{I}$ 和 $\dot{U}_1$。

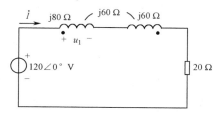

图 7-24

7.6 求图 7-25 所示电路中从 ab 端看进去的等效电感 L_{ab}。

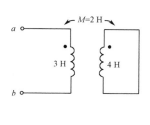

（a）

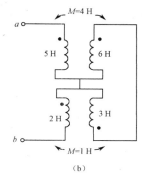

（b）

图 7-25

7.7 如图 7-26 所示电路，求 ab 端的输入电阻。

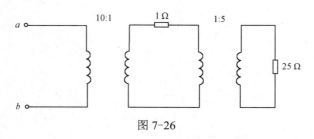

图 7-26

7.8 如图 7-27 所示电路中，求：（1）负载获得最大功率时的匝数比 $N_1:N_2$；（2）此时 R_L 获得的功率。

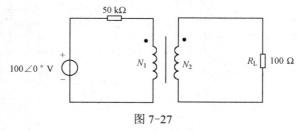

图 7-27

7.9 某晶体管收音机原配有 $4\,\Omega$ 的扬声器负载，今改接 $8\,\Omega$ 的扬声器，已知输出变压器的初、次级绕组匝数分别为 250 匝和 60 匝，若初级绕组匝数不变，问次级绕组的匝数应如何变动，才能使阻抗重新匹配。

7.10 理想变压器的匝数比为 40，初级电流 $0.1\,A$，负载电阻 $100\,\Omega$，试求初、次级绕组的电压和负载获得的功率。

7.11 理想变压器初、次级绕组的匝数分别为 2000 匝和 50 匝，负载电阻 $R_L=10\,\Omega$，负载获得的功率为 $160\,W$。试求初级绕组的电流 I_1 和电压 U_1。

7.12 理想变压器的次级负载为 4 只并联的扬声器，设每只扬声器的电阻是 $16\,\Omega$，信号源的内阻为 $R_s=5\,k\Omega$。为保证负载获得最大功率，试求该变压器的匝数比。

扫一扫看
本练习题
详解过程

第 **8** 章

三相交流电路

教学导航

教学重点	1. 了解三相电源的基本概念; 2. 理解三相电源的连接方式及电压、电流间的相位关系; 3. 理解三相负载的连接方式,掌握三相对称电路的计算方法; 4. 理解三相电路的功率计算方法
教学难点	1. 三相电源电压、电流间的相位关系; 2. 三相对称电路的计算方法
参考学时	6 学时

 扫一扫下载家庭电路布线实例课件

 扫一扫看本章例题与解答

第 4 章所研究的正弦交流电路为单相交流电路。在日常生活和生产中使用的电源，基本上是由三相交流电源供给的，我们最熟悉的 220 V 单相交流电，实际上就是三相交流发电机发出来的三相交流电中的一相。因此，三相电源可以看成是由三个频率相同但相位不同的单相电源组合的。对本章研究的三相电路而言，前面讨论的单相交流电路的所有分析计算方法完全适用。

本章重点介绍三相电源的连接及三相四线制的概念；对称三相电路的分析与计算方法以及三相电路功率的计算等。

8.1　三相交流电源

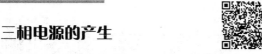

8.1.1　三相电源的产生

图 8-1 是最简单的三相交流发电机的示意图。在磁极 N、S 间，放一个圆柱形铁芯，圆柱表面上对称地安置了三个完全相同的线圈，叫作三相绕组。在每相绕组示意图中只画了一匝。绕组 AX、BY、CZ 分别称为 A 相绕组、B 相绕组和 C 相绕组，铁芯和绕组合称电枢。

每相绕组的端点 A、B、C 为绕组的起端，叫作"相头"，X、Y、Z 当作绕组的末端，叫作"相尾"。三个相头（或三个相尾）之间在空间上彼此相隔120°。电枢表面的磁感应强度沿圆周呈正弦分布，它的方向与圆柱表面垂直。

在发电机的绕组内，我们规定每相电源的正极性分别标记为 A、B、C，负极性分别标记为 X、Y、Z。当电枢按逆时针方向匀速旋转时，各绕组内感应出频率相同、幅值相等而相位各相差120°的电动势。以第一相绕组 AX 产生的电压 u_A 经过零值时为计时起点，则第二相绕组 BY 产生的电压 u_B 滞后于第一相电压 u_A 三分之一周期（120°角），第三相绕组 CZ 产生的电压 u_C 滞后于第一相电压 u_A 三分之二周期或超前三分之一周期，这三个电动势的三角函数表达式为：

$$\begin{cases} u_A = U_m \sin \omega t \\ u_B = U_m \sin(\omega t - 120°) \\ u_C = U_m \sin(\omega t + 120°) \end{cases} \tag{8-1}$$

式中，U_m 为每相电源电压的最大值。若以 A 相电压 U_A 作为参考，则三相电压的相量形式为：

$$\begin{cases} \dot{U}_A = U_m \angle 0° \\ \dot{U}_B = U_m \angle(-120°) \\ \dot{U}_C = U_m \angle 120° \end{cases} \tag{8-2}$$

可以看出：三相电压相位依次相差 120°，其中 A 相超前于 B 相，B 相超前于 C 相，C 相超前于 A 相，这种相序称为正序或顺序，本书中主要讨论正序的情况。若相位依次超前120°，即 B 相超前于 A 相，A 相超前于 C 相，C 相超前于 B 相，这种相序称为负序或逆序。

对称三相电源的波形及相量图如图 8-2 所示。

由图 8-2 可以看出：对称三相电压满足 $\dot{U}_A + \dot{U}_B + \dot{U}_C = 0$，即对称三相电压的相量之和为零。通常三相发电机产生的都是对称三相电源，本书今后若无特殊说明，提到三相电源时

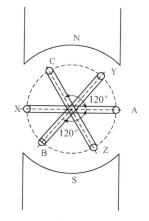

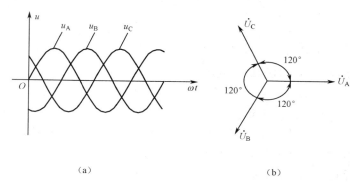

图 8-1　三相发电机原理图

（a）　　　　　　　　　　（b）

图 8-2　对称三相电源的波形及相量图

均指对称三相电源。

8.1.2　三相电源的连接

扫一扫看三相电路电源连接微视频　扫一扫看三相电路注意问题　扫一扫看相电压与线电压的仿真测试

　　三相电源的三相绕组的连接方式有两种：一种是星形（又叫 Y 形）连接，另一种是三角形（又叫△形）连接，如图 8-3 所示。对三相发电机来说，通常采用星形接法；三相变压器通常采用三角形连接。

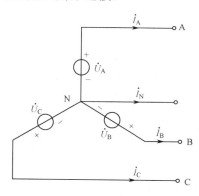

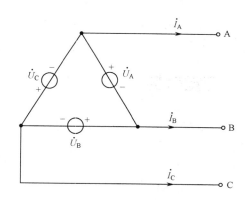

（a）星形连接　　　　　　　　　　　　　　　　（b）三角形连接

图 8-3　三相电源的两种连接方式

　　图 8-3（a）所示的星形连接中，从中点引出的导线称为中线，从端点 A、B、C 引出的三根导线称为端线或火线，这种由三根火线和一根中线向外供电的方式称为三相四线制供电方式。除三相四线制连接方式以外，其他连接方式均属三相三线制。

　　端线之间的电压称为线电压，分别用 $\dot{U}_{AB}$、$\dot{U}_{BC}$、$\dot{U}_{CA}$ 表示。每一相电源的电压称为相电压，分别为 $\dot{U}_A$、$\dot{U}_B$、$\dot{U}_C$。端线中的电流称为线电流，分别为 $\dot{I}_A$、$\dot{I}_B$、$\dot{I}_C$，各相电源中的电流称为相电流，显然星形连接三相电源中的线电流等于相电流。

　　线电压和相电压的相量关系如图 8-4 所示。

　　根据分析，星形连接中各线电压 U_L 与对应的相电压 U_P 的相量关系为：

$$\begin{cases} \dot{U}_{AB} = \dot{U}_A - \dot{U}_B = \sqrt{3}\dot{U}_A\angle 30° \\ \dot{U}_{BC} = \dot{U}_B - \dot{U}_C = \sqrt{3}\dot{U}_B\angle 30° \\ \dot{U}_{CA} = \dot{U}_C - \dot{U}_A = \sqrt{3}\dot{U}_C\angle 30° \end{cases} \quad (8\text{-}3)$$

即，各线电压 U_L 的相位均超前其对应相电压 U_P 的相位 $30°$，且满足 $U_L = \sqrt{3}U_P$。

在如图 8-3（b）所示的三角形连接中，是把三相电源依次按正负极连接成一个回路，再从端子 A、B、C 引出导线。三角形连接的三相电源的相电压和线电压、相电流和线电流的定义与星形电源相同。显然，三角形连接的相电压与线电压相等，即：

$$\dot{U}_{AB} = \dot{U}_A, \dot{U}_{BC} = \dot{U}_B, \dot{U}_{CA} = \dot{U}_C \quad (8\text{-}4)$$

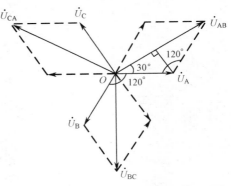

图 8-4 三相电源星形连接时电压相量图

> **？ 思考题 8-1**
>
> 1. 低压三相四线制供电线路供给用户的相电压是_____，线电压是_____。日常生活中民用交流电压 220 V，是指交流电源的_____电压，工厂企业用交流电源 380 V 是指_____电压。
>
> 2. 三相交流发电机产生的三相对称电压，相序为 A→B→C→A，已知 A 相电压 $u_A = U_m\sin(\omega t + 120°)$，则 $u_B = $_____，$u_C = $_____。
>
> 3. 对于三相电源的星形连接和三角形连接，其线电压和相电压、相电流和线电流分别有什么关系？

8.2 三相负载

扫一扫下载
三相电路负
载教学课件

三相负载可以是三相电器，如三相交流电机也可以是单向负载的组合，如电灯。三相负载的连接方式也有两种：星形连接和三角形连接。根据三相电源与负载的不同连接方式，可以组成 Y-Y、Y-△、△-Y、△-△连接的三相电路。如图 8-5（a）、（b）分别为 Y-Y 连接方式和 Y-△连接方式。

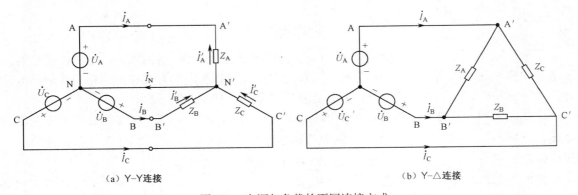

（a）Y-Y 连接   （b）Y-△连接

图 8-5 电源与负载的不同连接方式

扫一扫看
三相负载
微视频

三相负载中的相电压和线电压、相电流和线电流的定义是：相电压、相电流是指各相负载阻抗的电压、电流。三相负载的三个端子 A′、B′、C′向外引出的导线中的电流称为负载的线电流，任意两个端子之间的电压称为负载的线电压。

8.2.1　三相负载的星形连接

三相负载的星形连接方式如图 8-5（a）所示，Z_A、Z_B、Z_C 表示三相负载，若 $Z_A = Z_B = Z_C = Z$，称其为对称负载；否则，称其为不对称负载。在三相电路中，若电源和负载都对称，称为三相对称电路。

在三相四线制电路中，负载相电流等于对应的线电流，即：

$$\dot{I}'_A = \dot{I}_A, \dot{I}'_B = \dot{I}_B, \dot{I}' = \dot{I}_C \tag{8-5}$$

如果忽略导线阻抗，则各相电流为：

$$\begin{cases} \dot{I}'_A = \dfrac{\dot{U}'_A}{Z_A} = \dfrac{\dot{U}_A}{Z_A} \\[2mm] \dot{I}'_B = \dfrac{\dot{U}'_B}{Z_B} = \dfrac{\dot{U}_B}{Z_B} \\[2mm] \dot{I}'_C = \dfrac{\dot{U}'_C}{Z_C} = \dfrac{\dot{U}_C}{Z_C} \end{cases} \tag{8-6}$$

如果负载对称，即 $Z_A = Z_B = Z_C = Z$，则在三相对称电路中有：

$$\dot{I}_A + \dot{I}_B + \dot{I}_C = \dot{I}_N = 0 \tag{8-7}$$

中线电流 $\dot{I}_N = 0$，说明 N 与 N′ 等电位，此时中线断开后将不影响电路的工作状态，这样就形成了三相三线制电路。

在三相四线制电路中，负载的相电压与线电压的关系仍为：

$$\begin{cases} \dot{U}_{AB} = \dot{U}_A - \dot{U}_B = \sqrt{3}\dot{U}_A\angle 30° \\ \dot{U}_{BC} = \dot{U}_B - \dot{U}_C = \sqrt{3}\dot{U}_B\angle 30° \\ \dot{U}_{CA} = \dot{U}_C - \dot{U}_A = \sqrt{3}\dot{U}_C\angle 30° \end{cases} \tag{8-8}$$

由此可见，相电压对称时，线电压也一定对称。线电压的有效值是相电压有效值的 $\sqrt{3}$ 倍，相位依次超前对应相电压相位 30°，计算时只要算出 $\dot{U}_{AB}$ 就可依次写出 $\dot{U}_{BC}$、$\dot{U}_{CA}$。

在实际应用中，三相负载大都是不对称的。由于不对称负载的各相电压都是对称的，产生的各相电流是不对称的，所以中线电流 $\dot{I}_N \neq 0$。此时若中线断路，将出现不良后果，因此在任何时候中线上不能安装保险丝。有时中线是用钢丝做成的，为保证安全，还应把中线接地。

8.2.2　三相负载的三角形连接

三相负载的三角形连接方式如图 8-6（a）所示，Z_{AB}、Z_{BC}、Z_{CA} 分别为三相负载。

显然负载三角形连接时，负载相电压与线电压相同，即：

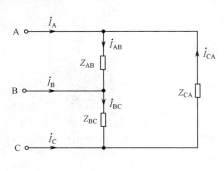

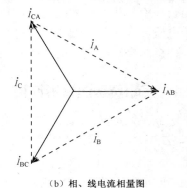

（a）负载三角形连接　　　　　　　　　　（b）相、线电流相量图

图 8-6　负载三角形连接及相、线电流相量图

$$\begin{cases} \dot{U}'_{AB} = \dot{U}_{AB} \\ \dot{U}'_{BC} = \dot{U}_{BC} \\ \dot{U}'_{CA} = \dot{U}_{CA} \end{cases} \tag{8-9}$$

设每相负载中的电流分别为 $\dot{I}_{AB}$、$\dot{I}_{BC}$、$\dot{I}_{CA}$，线电流为 $\dot{I}_A$、$\dot{I}_B$、$\dot{I}_C$，则负载相电流为：

$$\begin{cases} \dot{I}_{AB} = \dfrac{\dot{U}_{AB}}{Z_{AB}} \\[2mm] \dot{I}_{BC} = \dfrac{\dot{U}_{BC}}{Z_{BC}} \\[2mm] \dot{I}_{CA} = \dfrac{\dot{U}_{CA}}{Z_{CA}} \end{cases} \tag{8-10}$$

如果三相负载为对称负载，即 $Z_{AB} = Z_{BC} = Z_{CA} = Z$，则有：

$$\begin{cases} \dot{I}_{AB} = \dfrac{\dot{U}_{AB}}{Z} \\[2mm] \dot{I}_{BC} = \dfrac{\dot{U}_{BC}}{Z} \\[2mm] \dot{I}_{CA} = \dfrac{\dot{U}_{CA}}{Z} \end{cases} \tag{8-11}$$

三角形连接相电流和线电流的相量图如图 8-6（b）所示，由相量图可知相电流与线电流的关系为：

$$\begin{cases} \dot{I}_A = \dot{I}_{AB} - \dot{I}_{CA} = \sqrt{3}\dot{I}_{AB}\angle(-30°) \\ \dot{I}_B = \dot{I}_{BC} - \dot{I}_{AB} = \sqrt{3}\dot{I}_{BC}\angle(-30°) \\ \dot{I}_C = \dot{I}_{CA} - \dot{I}_{BC} = \sqrt{3}\dot{I}_{CA}\angle(-30°) \end{cases} \tag{8-12}$$

由于相电流是对称的，所以线电流也是对称的，即 $\dot{I}_A + \dot{I}_B + \dot{I}_C = 0$。只要求出一个线电流，其他两个可以依次写出。线电流有效值是相电流有效值的 $\sqrt{3}$ 倍，相位依次滞后对应相电流相位30°。

实例 8-1　如图 8-7 所示三相对称电路，电源线电压为 380 V，星形连接的负载阻抗 $Z_Y = 22\angle(-30°)\Omega$，三角形连接的负载阻抗 $Z_\triangle = 38\angle 60°\ \Omega$。求：（1）三角形连接的各相电压 $\dot{U}_A$、$\dot{U}_B$、$\dot{U}_C$；（2）三角形连接的负载相电流 $\dot{I}_{AB}$、$\dot{I}_{BC}$、$\dot{I}_{CA}$；（3）传输线电流 $\dot{I}_A$、$\dot{I}_B$、$\dot{I}_C$。

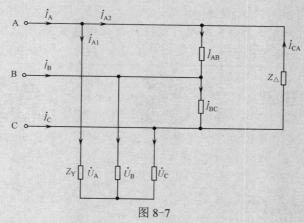

图 8-7

解　根据题意，设 $\dot{U}_{AB} = 380\angle 0°\ V$。

（1）由线电压和相电压的关系，可得出三角形连接的负载各相电压为：

$$\dot{U}_A = \frac{380\angle(0° - 30°)}{\sqrt{3}} = 220\angle(-30°)\ V$$

$$\dot{U}_B = 220\angle(-150°)\ V$$

$$\dot{U}_C = 220\angle 90°\ V$$

（2）三角形连接的负载相电流为：

$$\dot{I}_{AB} = \frac{\dot{U}_{AB}}{Z_\triangle} = \frac{380\angle 0°\ V}{38\angle 60°\ \Omega} = 10\angle(-60°)\ A$$

因为对称，所以：

$$\dot{I}_{BC} = 10\angle(-180°)\ A$$

$$\dot{I}_{CA} = 10\angle 60°\ A$$

（3）传输线 A 线上的电流为星形负载的线电流 $\dot{I}_{A1}$ 与三角形负载线电流 $\dot{I}_{A2}$ 之和。其中：

$$\dot{I}_{A1} = \frac{\dot{U}_A}{Z_Y} = \frac{220\angle(-30°)\ V}{22\angle(-30°)\ \Omega} = 10\angle 0°\ A$$

$\dot{I}_{A2}$ 是相电流 $\dot{I}_{AB}$ 的 $\sqrt{3}$，相位滞后 $\dot{I}_{AB}$ 相位 30°，即：

$$\dot{I}_{A2} = \sqrt{3}\dot{I}_{AB}\angle(-30°) = \sqrt{3}\times 10\angle(-60° - 30°)\ A = 10\sqrt{3}\angle(-90°)\ A$$

$$\dot{I}_A = \dot{I}_{A1} + \dot{I}_{A2} = 10\angle 0°\ A + 10\sqrt{3}\angle(-90°)\ A = (10 - j10\sqrt{3})\ A = 20\angle(-60°)\ A$$

因为对称，所以：

$$\dot{I}_B = 20\angle(-180°)\ A$$

$$\dot{I}_C = 20\angle 60°\ A$$

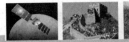

思考题 8-2

1. 在三相对称电路中，对于负载星形连接和三角形连接，其线电压和相电压、相电流和线电流分别有什么关系？

2. 在三相对称电路中，负载采用三角形连接，若相电流 $\dot{I}_{AB} = 10\angle 90° \text{ A}$，求 $\dot{I}_{BC}$、$\dot{I}_{CA}$ 及线电流 $\dot{I}_A$、$\dot{I}_B$、$\dot{I}_C$。

3. 在三相对称电路中，负载采用星形连接，每相的电阻 $R = 24\,\Omega$，感抗 $X_L = 32\,\Omega$，接到线电压 $U_L = 380 \text{ V}$ 的三相电源上，求相电压 U_P、线电流 I_L 和相电流 I_P。

8.3 三相电路的功率

 扫一扫下载三相电路功率教学课件
 扫一扫看三相电路功率的仿真测试

在第 1 章曾经提到电功率的概念，电功率是能量对时间的变化率，简称功率，即：

$$P = \frac{dW}{dt} = \frac{u dq}{dt} = ui \qquad (8-13)$$

8.3.1 有功功率的计算

无论三相负载是否对称，也无论负载是星形连接还是三角形连接，一个三相电源发出的总有功功率等于电源每相发出的有功功率之和，一个三相负载接收的总有功功率等于每相负载接收的有功功率之和，即：

$$P = P_A + P_B + P_C$$
$$= U_A I_A \cos\varphi_A + U_B I_B \cos\varphi_B + U_C I_C \cos\varphi_C \qquad (8-14)$$

式中，电压 U_A、U_B、U_C 分别为三相负载的相电压；I_A、I_B、I_C 分别为三相负载的相电流；φ_A、φ_B、φ_C 分别为三相负载的阻抗角或该负载所对应的相电压与相电流的夹角。

当负载对称时，各相的有功功率是相等的，所以总的有功功率可表示为：

$$P = 3U_P I_P \cos\varphi \qquad (8-15)$$

实际上，三相电路的相电压和相电流有时难以获得，但在三相对称电路中，负载星形连接时，$U_L = \sqrt{3}U_P$、$I_L = I_P$；负载三角形连接时，$U_L = U_P$、$I_L = \sqrt{3}I_P$。所以，无论负载是哪种接法，都有：

$$3U_P I_P = \sqrt{3}U_L I_L \qquad (8-16)$$

所以，上式又可表示为：

$$P = \sqrt{3}U_L I_L \cos\varphi \qquad (8-17)$$

式中，U_L、I_L 分别是线电压和线电流，$\cos\varphi$ 仍是每相负载的功率因数。因为线电压或线电流便于实际测量，而且三相负载铭牌上标明的额定值也均是指线电压和线电流，所以上式是计算有功功率的常用公式。

> **注意** 该公式只适用于对称三相电路。

8.3.2 无功功率的计算

三相负载的无功功率等于各项无功功率之和，即：

$$Q = Q_A + Q_B + Q_C = U_A I_A \sin\varphi_A + U_B I_B \sin\varphi_B + U_C I_C \sin\varphi_C \qquad (8\text{-}18)$$

当负载对称时，各相的无功功率是相等的，所以总的无功功率可表示为：

$$Q = 3U_P I_P \sin\varphi = \sqrt{3} U_L I_L \sin\varphi \qquad (8\text{-}19)$$

8.3.3　视在功率的计算

三相负载的视在功率为：

$$S = \sqrt{P^2 + Q^2} \qquad (8\text{-}20)$$

对称三相电路的视在功率为：

$$S = 3U_P I_P = \sqrt{3} U_L I_L \qquad (8\text{-}21)$$

8.3.4　瞬时功率的计算

三相电路的瞬时功率也为三相负载瞬时功率之和，对称三相电路各相的瞬时功率分别为：

$$p_A = u_A i_A = \sqrt{2} U_P \sin\omega t \times \sqrt{2} I_P \sin(\omega t - \varphi) = U_P I_P [\cos\varphi - \cos(2\omega t - \varphi)] \qquad (8\text{-}22)$$

$$p_B = u_B i_B = \sqrt{2} U_P \sin(\omega t - 120°) \times \sqrt{2} I_P \sin(\omega t - 120° - \varphi)$$
$$= U_P I_P [\cos\varphi - \cos(2\omega t - 240° - \varphi)] \qquad (8\text{-}23)$$

$$p_C = u_C i_C = \sqrt{2} U_P \sin(\omega t + 120°) \times \sqrt{2} I_P \sin(\omega t + 120° - \varphi)$$
$$= U_P I_P [\cos\varphi - \cos(2\omega t + 240° - \varphi)] \qquad (8\text{-}24)$$

由于 $\cos(2\omega t - \varphi) + \cos(2\omega t - 240° - \varphi) + \cos(2\omega t + 240° - \varphi) = 0$ ，所以：

$$p = p_A + p_B + p_C = 3U_P I_P \cos\varphi = \sqrt{3} U_L I_L \cos\varphi = P \qquad (8\text{-}25)$$

上式表明，对称三相电路的瞬时功率是定值，且等于平均有功功率，这是对称三相电路的一个优越性能。如果三相负载是电机，由于三相瞬时功率是定值，因而电机的转矩是恒定的。因为电机转矩的瞬时值是和总瞬时功率成正比的，从而避免了由于机械转矩变化引起的机械振动，因此电机运转非常平稳。

实例 8-2　如图 8-8 所示的电路中，已知一组星形连接的对称负载，接在线电压为 380 V 的对称三相电源上，每相负载的复阻抗 $Z = 12 + j16\ \Omega$。（1）求各负载的相电压及相电流；（2）计算该三相电路的 P、Q 和 S。

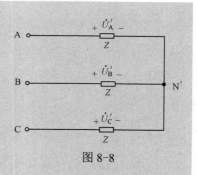

图 8-8

解　（1）零线电压 $\dot{U}_{AB} = 380\angle 0°$ V，在对称三相三线制电路中，负载电压与电源电压对应相等，且三个相电压也对称，即：

$$\dot{U}'_A = \frac{380\angle(0° - 30°)}{\sqrt{3}} = 220\angle(-30°)\ \text{V}$$

$$\dot{U}'_B = 220\angle(-150°)\ \text{V}$$

$$\dot{U}'_C = 220\angle 90°\ \text{V}$$

负载相电流也对称，即：

$$\dot{I}_{A} = \frac{\dot{U}'_{A}}{Z} = \frac{220\angle(-30°)}{12+j16} = 11\angle(-83°) \text{ A}$$

$$\dot{I}_{B} = \frac{\dot{U}'_{B}}{Z} = 11\angle(-203°) \text{ A} = 11\angle 157° \text{ A}$$

$$\dot{I}_{C} = \frac{\dot{U}'_{C}}{Z} = 11\angle 37° \text{ A}$$

（2）根据有功功率、无功功率和视在功率的计算公式，可得：

$$P = 3U'_{A}I_{A}\times\cos\varphi = 3\times 220\times 11\cos 53° = 4\,370 \text{ W}$$

$$Q = 3U'_{A}I_{A}\times\sin\varphi = 3\times 220\times 11\sin 53° = 5\,800 \text{ var}$$

$$S = \sqrt{P^{2}+Q^{2}} = 7262 \text{ VA}$$

实例 8-3　对称三相电路如图 8-9（a）所示。已知 $\dot{U}_{A}=100\angle 0° \text{ V}$、$\dot{U}_{B}=100\angle(-120°) \text{ V}$、$\dot{U}_{C}=100\angle 120° \text{ V}$、$Z=10\angle 45° \Omega$。求（1）线电流 $\dot{I}_{A}$、$\dot{I}_{B}$、$\dot{I}_{C}$，三相功率以及电流表 A、电压表 V 的读数；（2）要求与（1）相同，但负载改为△形连接，如图 8-9（b）所示。

解　（1）根据 Y-Y 对称连接三相电路的特点 $\dot{U}_{N'N}=0$，则：

$$\dot{I}_{A} = \frac{\dot{U}_{A}}{Z} = \frac{100\angle 0°}{10\angle 45°} = 10\angle(-45°) \text{ A}$$

其他两相电流为：

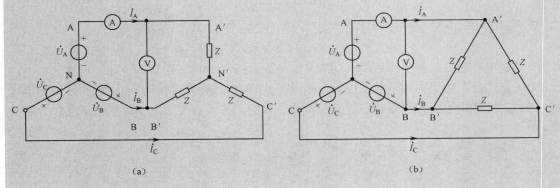

(a) (b)

图 8-9

$$\dot{I}_{B} = \dot{I}_{A}\angle(-45°-120°) = 10\angle(-165°) \text{ A}$$

$$\dot{I}_{C} = \dot{I}_{A}\angle(-45°+120°) = 10\angle 75° \text{ A}$$

三相功率：　　　　$P = 3U_{P}I_{P}\cos\varphi = 3\times 100\times 10\cos 45° = 2121.3 \text{ W}$

线电压：　　　　　$\dot{U}_{AB} = \sqrt{3}\dot{U}_{A}\angle 30° = 173.2\angle 30°$

由以上分析可知：电流表 A 的读数为 10 A，电压表 V 的读数即为线电压的有效值，即 $U_{V}=173.2 \text{ V}$。

（2）负载做△形连接，如图 8-9（b）所示。则：

$$\dot{I}_{A'B'} = \frac{\dot{U}_{A'B'}}{Z} = \frac{173.2\angle 30°}{10\angle 45°} = 17.32\angle(-15°) \text{ A}$$

$$\dot{I}_{B'C'} = \dot{I}_{A'B'} \angle (-120°) = 17.32 \angle (-135°) \text{ A}$$

$$\dot{I}_{C'A'} = \dot{I}_{A'B'} \angle 120° = 17.32 \angle 105° \text{ A}$$

根据三角形连接时线电流与相电流的关系：

$$\dot{I}_A = \sqrt{3} \dot{I}_{A'B'} \angle (-30°) = 30 \angle (-45°) \text{ A}$$

同理：

$$\dot{I}_B = 30 \angle (-165°) \text{ A}$$

$$\dot{I}_C = 30 \angle 75° \text{ A}$$

三相功率：$P = \sqrt{3} U_L I_L \cos\varphi = \sqrt{3} \times 100\sqrt{3} \times 30 \times \cos 45° = 6364.0 \text{ W}$

由以上分析可知：电流表 A 的读数为 30 A，电压表 V 的读数仍为 173.2 V。

由本题可以看出，把负载由 Y 形改为三角形连接，其线电流增为 3 倍，功率增为 3 倍，相电压增为 $\sqrt{3}$ 倍。

为了有助于理解本题，可参考项目训练 14。

? 思考题 8-3

1. 三相电机的输出功率为 4.5 kW，功率因数 $\lambda = 0.8$，线电压为 220 V，求相电流。

2. 三相电机接于 380 V 线电压上运行，测得线电流为 20 A，功率因数为 0.866，求电机的 P、Q 和 S。

3. 对称三相电路采用 Y-Y 对称连接，线电压为 208 V，线电流为 6 A，负载吸收的功率为 1 800 W，试求每相阻抗。

项目训练 14 三相负载连接及三相电路功率的测量

1. 训练目的

（1）理解三相负载的正确连接方法。

（2）理解对称三相电路中负载为星形连接、三角形连接时，电压和电流的线值和相值的关系。

（3）理解用二瓦计法测三相负载的功率，理解对称三相电路中有功功率与电压电流的关系。

2. 训练说明

1）注意事项

（1）本训练采用交流市电，务必注意用电安全。

（2）不要将交流电压表和交流电流表错误连接。

（3）功率表要正确接入线路。

（4）断电后再进行接线与拆线。

扫一扫下载三相负载连接与测试实训指导课件

2）训练内容

本训练的三相电源和三相负载都采用对称连接，用白炽灯来模拟三相负载。两种连接方式如图 8-11 所示。

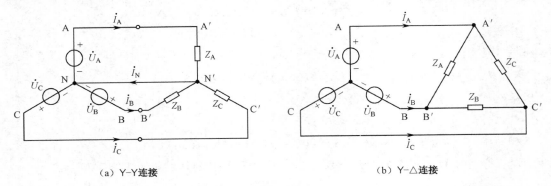

（a）Y-Y连接　　　　　　　　　　　　　（b）Y-△连接

图 8-11　电源与负载的连接方式

对三相电路有功功率的测量，在三相四线制供电系统中，可采用一瓦计法（负载对称）和三瓦计法（负载不对称）。对三相四线制供电系统，不论负载对称与否，亦不论负载是星形还是三角形连接，一般都采用二瓦计法。

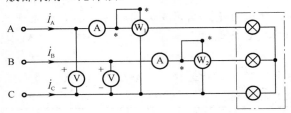

图 8-12　二瓦计法测量三相功率

> ⚠ **注意**　采用二瓦计法测量时，通过功率表的电流和作用在功率表的电压，分别是线电流和线电压。

本训练采用二瓦计法测量三相功率，测量的原理电路如图 8-12 所示。三相电路的总功率等于两个功率表读数的代数和，即 $P=P_1\pm P_2$。当负载的功率因数 $\cos\varphi<0.5$ 时（例如电机空载或轻载运行），测量时会出现一个功率表指针反偏现象，无法读数，此时可拨动面板上的极性开关（有些功率表无此开关，可调换电流线圈的两个接线端），使指针正偏，但读数应取负值。本次训练为电阻性电灯负载，不会出现负值，测量的总功率就为 $P=P_1+P_2$。

3．测试设备

电工电路综合测试台 1 台、电流插座、灯板（配 3 个 220 V 100 W 白炽灯泡）、交流电压表（0～250～500 V，一台）、交流电流表（0～1～2 A 及 0～0.5～1 A，各 1 台）、交流功率表（0～0.5～1 A，0～75～150～300～600 V，一台）。

4．测试步骤

本训练采用相电压为 220 V 的三相电源，把 3 个 220 V 100 W 的白炽灯泡接成三相负载。

（1）灯泡负载连接成星形：测量对称负载有中线及无中线两种情况下的各线电压、相电压、线电流，有中线时的中线电流和无中线时电源中点与负载中点之间的电压 $U_{NN'}$，将测得数据记入表 8-1 中。

表 8-1　负载星形连接时的测量数据

连接方式	线电压 / V			相电压 / V			线（相）电流 / A			中线电流 / A	电压 / V	功率 / W	
	U_{AB}	U_{BC}	U_{CA}	U_A	U_B	U_C	I_A	I_B	I_C	I_N	$U_{NN'}$	P_{13}	P_{23}
有中线											×		
无中线										×			

（2）灯泡负载连接成三角形：用二瓦计法测量对称情况下三相灯泡负载的总功率，将测得的数据记入表 8-2 中。

表 8-2　负载三角形连接时的测量数据

线（相）电压 / V			线电流 / A			相电流 / A			功率 / W	
U_{AB}	U_{BC}	U_{CA}	I_{AB}	I_{BC}	I_{CA}	I_A	I_B	I_C	P_{13}	P_{23}

❓ 思考题 8-4

1. 结合训练数据，总结二瓦计法测量三相功率的特点。

2. 为什么在三相四线制供电的照明电路中，中线不安装熔丝？

知识梳理与总结

 扫一扫开始本章自测题练习

 扫一扫看本章自测题答案

8.1　三相交流电源

本书中若无特殊说明，提到的三相电源均指对称三相电源。

对称三相电源由三个等幅值、同频率、相位依次相差 120° 的正弦电压源组成，其三相绕组的连接方式有星形连接和三角形连接。在星形连接中，线电压 $\dot{U}_L$ 与相电压 $\dot{U}_P$ 的关系为 $\dot{U}_L = \sqrt{3}\dot{U}_P \angle 30°$，线电流 $\dot{I}_L$ 与相电流 $\dot{I}_P$ 的关系为 $\dot{I}_L = \dot{I}_P$。三角形连接中，线电压 $\dot{U}_L$ 与相电压 $\dot{U}_P$ 的关系为 $\dot{U}_L = \dot{U}_P$，电流关系比较复杂。

8.2　三相负载

若三相负载 $Z_A = Z_B = Z_C = Z$，称为对称负载，其连接方式也有两种：星形连接和三角形连接。在星形连接中，线电压与相电压的关系为 $\dot{U}_L = \sqrt{3}\dot{U}_P \angle 30°$，线电流与相电流的关系为 $\dot{I}_L = \dot{I}_P$。在三角形连接中，线电压与相电压的关系为 $\dot{U}_L = \dot{U}_P$，线电流与相电流的关系为 $\dot{I}_L = \sqrt{3}\dot{I}_P \angle(-30°)$。

如果三相电路的电源对称、负载也对称，此三相电路称为对称三相电路。

8.3　三相电路的功率

在三相电路中，当负载对称时，各相的有功功率是相等的，所以总的有功功率为 $P = 3U_P I_P \cos\varphi = \sqrt{3}U_L I_L \cos\varphi$，总的无功功率为 $Q = 3U_P I_P \sin\varphi = \sqrt{3}U_L I_L \sin\varphi$，视在功率

为 $S = \sqrt{P^2 + Q^2} = 3U_P I_P = \sqrt{3} U_L I_L$。其中，$\varphi$ 角为相电压与相电流的夹角，即对称负载的阻抗角。

练习题 8

扫一扫看
本练习题
答案

8.1 在三相四线制电路中，负载在什么情况下可将中线断开变成三相三线制电路？相电压和线电压、相电流与线电流有什么关系？

8.2 在对称三相四线制电路中，若已知线电压 $\dot{U}_{AB} = 380\angle0° \text{ V}$，求 $\dot{U}_{BC}$、$\dot{U}_{CA}$ 及相电压 $\dot{U}_A$、$\dot{U}_B$、$\dot{U}_C$。

8.3 对称三相负载连接成三角形，若相电流 $\dot{I}_{AB} = 5\angle30° \text{ A}$，求 $\dot{I}_{BC}$、$\dot{I}_{CA}$ 及线电流 $\dot{I}_A$、$\dot{I}_B$、$\dot{I}_C$。

8.4 三相四线制电路如图 8-13 所示，各负载阻抗均为 $Z = 6 + j8 \text{ Ω}$，中线阻抗 $Z_N = 2 + j1 \text{ Ω}$，设发电机每相电压均为 220 V。（1）求各相负载的端电压和电流；（2）如果 $Z_N = 0$ 或 $Z_N = +\infty$，各相负载的端电压和电流该如何变化？

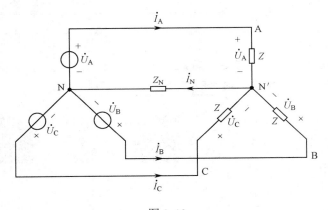

图 8-13

8.5 对称三相电路如图 8-14 所示，已知 $Z_L = 6 + j8 \text{ Ω}$，$Z = 4 + j2 \text{ Ω}$，线电压 $U_L = 380 \text{ V}$，求负载中各相电流和相电压。

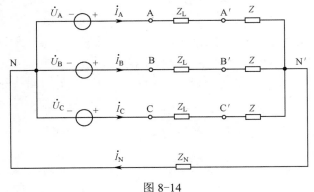

图 8-14

8.6 在三相四线制电路中，电源电压 $\dot{U}_{AB} = 380\angle 0°$ V，相负载均为 $Z = 10\angle 20°$ Ω，求各相电流相量及电路的 P、Q、S。

8.7 在一个对称三相三线制系统中，电源线电压 $U_L = 450$ V，频率为 60 Hz，三角形负载每相由一个 $10\,\mu$F 电容、一个 $100\,\Omega$ 电阻及一个 0.5 H 电感串联组成，求负载的相电流及线电流。

8.8 某超高压输电线路中，线电压为 2.2×10^5 V，输送功率为 2.4×10^5 kW，输电线路的每相电阻为 $10\,\Omega$，试计算负载功率因数为 0.9 时线路上的电压降及输电线上一年的电能损耗。

8.9 某三相对称负载，每相阻抗为 $6+j8\,\Omega$，接于线电压为 380 V 的三相电源上，试分别计算出三相负载星形连接和三角形连接时电路的总功率各为多少？

8.10 对称 Y-Y 三相电路如图 8-15 所示，电源相电压为 220 V，负载阻抗 $Z = 6 + j8\,\Omega$，求：（1）图中电流表的读数；（2）三相负载吸收的功率；（3）如果 A 相的负载阻抗等于零（其他不变），再求（1）和（2）；（4）如果 A 相负载开路，再求（1）和（2）。

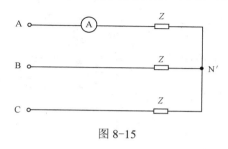

扫一扫看
本练习题
详解过程

图 8-15

第9章

电　机

教学导航

教学重点	1. 了解直流电机的结构、特点及其分类； 2. 了解交流电机的结构、特点及其分类，理解三相异步电机的技术数据； 3. 了解常用的控制电机及其应用
教学难点	三相异步电机的技术数据
参考学时	2 学时

扫一扫下载本章教学课件

扫一扫看本章例题与解答

电机，俗称电马达，是发电机和电动机的统称，是依据电磁感应定律实现电能和机械能相互转换的一种电动设备。

本章对直流电机、交流电机和控制电机进行介绍，重点阐述交流电机的相关内容。对三种电机的工作原理没有做详细介绍，只对它们的应用性知识进行叙述。

9.1 直流电机

输出或输入为直流电能的旋转电机称为直流电机，它能实现直流电能和机械能的互相转换。直流电机可分为直流电动机和直流发电机，直流发电机将机械能转换为电能，而直流电动机将电能转换为机械能。

直流发电机是工业用直流电的主要电源，广泛应用在电解、电镀等设备中，也可作为大型同步电机的励磁电机和直流电动机的电源。近年来由于电力电子器件的发展以及交流调速理论的完善和交流调速器性能的进一步提高，直流电动机正在逐步被交流电动机取代。但从电源的质量与可靠性来说，直流电动机有其突出特点，目前其应用仍相当广泛。

直流电动机具有良好的启动性能和调速性能，过载能力大，启动、制动转矩大，易于控制且可靠性高，广泛应用在电力牵引、轧钢机、起重设备、高炉送料以及要求调速范围广的各种机床等设备中。但是直流电机的结构复杂、造价高、维护困难、运行可靠性差。下面介绍的直流电机指直流电动机。

9.1.1 直流电机的结构

直流电机主要由两大部分组成：定子和转子。定子和转子之间有空气隙，以保证转子自由转动。定子的作用是产生主磁场并在机械上支撑电机，它主要由主磁极、换向极、机座、端盖、电刷装置等组成。转子的作用是产生感应电动势（即直流发电机将机械能转换成电能）或产生电磁转矩（即直流电机将电能转换成机械能），它主要由电枢铁芯、电枢绕组、换向器、转轴、风扇等组成。直流电机的结构如图9-1所示。

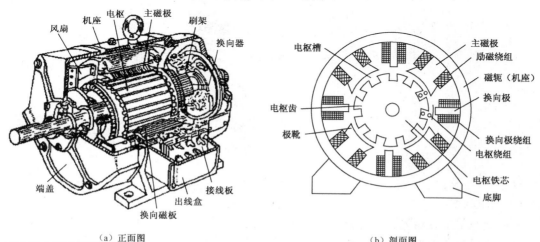

（a）正面图　　　　　　　　　　　　　　　（b）剖面图

图9-1　直流电机的结构

1．定子

1）主磁极

其作用是用来产生主磁场。在直流电机中，主磁场的方向是固定不变的，定子中没有铁损，无须采用硅钢片制造。因此，主磁极的铁芯通常由1～1.5 mm厚的低碳钢片叠加而成。在主磁极的铁芯上绕有励磁绕组，励磁绕组用绝缘铜线绕成。整个主磁极用螺杆固定在机座上，如图9-1（b）所示。

2）换向极

其作用是用来改善电枢电流的换向性能，使电机运行时电刷不产生有害的火花。与主磁极一样，换向极也由铁芯和绕组组成。

3）机座

机座分磁轭和底脚两部分，如图9-1（b）所示。磁轭的作用是用来固定主磁极和换向极，同时作为直流电机磁路的一部分。底脚的作用是将整个直流电机固定在地基上。机座一般由铸钢制造或用钢板焊接而成。

4）端盖

端盖上有轴承，转子在轴承中旋转，端盖固定在机座的两端，使直流电机组成一个整体。

5）电刷装置

用来引入或引出直流电压和直流电流。它由电刷、刷握、刷杆和刷杆座等组成，如图9-2所示。电刷放在刷握的刷盒内，用弹簧压紧，使电刷与换向器之间有良好的滑动接触，刷握固定在刷杆上，刷杆装在圆环形的刷杆座上，相互之间必须绝缘。刷杆座装在端盖或轴承内盖上，圆周位置可以调整，调好以后加以固定。

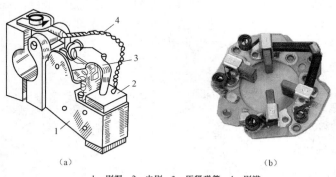

（a）   （b）

1—刷握；2—电刷；3—压紧弹簧；4—刷辫

图9-2　电刷装置

2．转子

1）电枢铁芯

电枢铁芯是主磁路的主要部分，同时用以嵌放电枢绕组。为了降低电机运行时电枢铁芯产生的涡流损耗和磁滞损耗，一般电枢铁芯采用0.35 mm或0.5 mm厚的硅钢片叠压而成，叠片之间相互绝缘。叠成的铁芯固定在转轴或转子支架上。铁芯的外圆开有电枢槽，槽内嵌

放电枢绕组。为了加强铁芯的冷却，其上有轴向通风孔，如图 9-1（b）所示。

2）电枢绕组

电枢绕组的作用是产生电磁转矩和感应电动势，是直流电机进行能量变换的关键部件。它由高强度漆包线或玻璃丝包扁铜线绕制而成，包上绝缘层后嵌放在电枢槽中，线圈与铁芯之间以及上、下两层线圈边之间都必须妥善绝缘。

3）换向器

换向器又称为整流子，对直流电机而言，换向器配以电刷，能将外加直流电源转换为电枢绕组中的交变电流，使电磁转矩的方向恒定不变。对直流发电机而言，换向器配以电刷，能将电枢绕组中感应产生的交变电动势转换为正、负电刷上引出的直流电动势。换向器是由许多换向片组成的圆柱体，换向片之间用云母片绝缘，如图 9-3 所示。

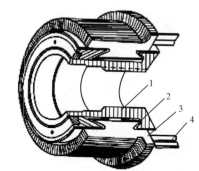

1—V形套筒；2—云母环；3—换向片；4—连接片

图 9-3　换向器的结构

9.1.2　直流电机的分类

直流电机的种类很多，分类方法也各不相同。按结构主要分为直流电机和直流发电机；按类型主要分为直流有刷电机和直流无刷电机。但通常按励磁方式来分类，因为励磁方式不同，其特性也不同。

1．他励直流电机

他励直流电机的励磁绕组与电枢绕组无连接关系，由外部直流电源对励磁绕组供电。永磁直流电机是用永久磁铁来产生磁场的，因此属于他励直流电机。

2．并励直流电机

并励直流电机是最常用的一种直流电机，其励磁绕组与电枢绕组相并联。并励发电机采用电机本身发出的端电压为励磁绕组供电；并励电机的励磁绕组与电枢共用同一电源，从性能上讲与他励直流电机相同。

3．串励直流电机

串励直流电机的励磁绕组与电枢绕组串联后，接于直流电源，这种直流电机的负载电流既是励磁电流也是电枢电流。

4．复励直流电机

复励直流电机有并励和串励两个励磁绕组。若串励绕组产生的磁通势与并励绕组产生的磁通势方向相同称为积复励，若两个磁通势方向相反，则称为差复励。

不同励磁方式的直流电机有着不同的特性。在一般情况下，直流电机的主要励磁方式是并励式、串励式和复励式，直流发电机的主要励磁方式是他励式、并励式和复励式。

电工基础与技能训练（第3版）

思考题 9-1

1. 换向极的作用是什么？
2. 简述转子中电枢铁芯的作用。
3. 查阅相关资料，总结直流电机的分类。

9.2 交流电机

用于实现机械能和交流电能相互转换的机械称为交流电机。

交流电机按功能通常分为交流发电机、交流电动机和同步调相机三大类，按品种分为同步电机、异步电机两大类。无论哪一种交流电机都既可作为发电机运行，也可作为电动机运行。同步电机具有效率高、过载能力强等优点，但制造工艺复杂、启动困难、运行维护复杂，所以多用于特殊场合，比如用作发电机或拖动大负载等。异步电机具有构造简单、价格便宜、工作可靠、坚固耐用、使用和维护方便等优点，因此得到了广泛的应用。下面介绍的交流电机指交流电动机。

9.2.1 三相异步电机的结构

三相异步电机主要由定子和转子两大部分组成，它们之间有空气隙。其结构如图 9-4（b）所示。

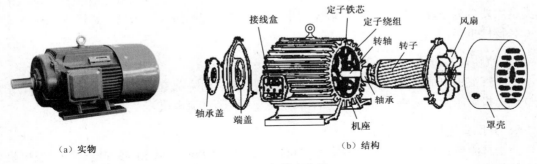

（a）实物   （b）结构

图 9-4 三相异步电机

1. 定子

定子是由定子铁芯、定子绕组和机座组成。机座用铸铁或铸钢制成，其作用是固定铁芯和绕组。定子铁芯由厚度为 0.35～0.5 mm 的相互绝缘的硅钢片叠加而成，以减小损耗。硅钢片内圆上有均匀分布的槽，其作用是嵌放对称的三相绕组，对称的三相定子绕组 U1—U2、V1—V2、W1—W2 按一定的规律嵌放在槽中。六条引线再引到机座外侧的接线盒上，就可以根据三相电源电压的不同，方便地接成星形或三角形，如图 9-5 所示。

2. 转子

转子是由转子铁芯、转子绕组和转轴组成。转子铁芯也是由厚度为 0.35～0.5 mm 的相互

230

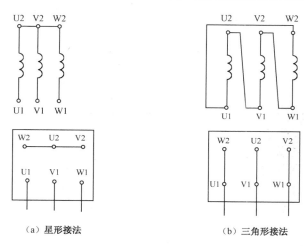

（a）星形接法　　　　　　　　　（b）三角形接法

图 9-5　三相定子绕组的连接方法

绝缘的硅钢片叠加而成的，硅钢片内圆上有均匀分布的槽，其作用是嵌放转子绕组，铁芯装在转轴上，轴上加机械负载。

　　根据构造的不同，转子可分为两种形式：鼠笼式转子和绕线式转子。

　　鼠笼式转子的绕组做成鼠笼状，就是指转子铁芯的槽中放铜条，其两端用端环连接，如图 9-6（a）所示；或者在槽中浇铸铝液，铸成一个鼠笼，如图 9-6（b）所示，这样便可以用相对便宜的铝代替铜，同时制造也快。

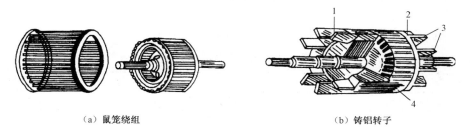

（a）鼠笼绕组　　　　　　　　　　　（b）铸铝转子

1—铝条；2—端环；3—风扇；4—转子铁芯

图 9-6　鼠笼式转子的结构

　　绕线式转子的绕组与定子绕组一样，也是三相的，如图 9-7 所示，连接方式一般为星形连接。每相的始端连接在三个铜制的相互绝缘的滑环上，滑环固定在转轴上。滑环上用弹簧压着碳质电刷，启动电阻和调速电阻借助于电刷与滑环和转子绕组相连接。

　　鼠笼式转子和绕线式转子只是在转子的构造上不同，工作原理是一样的。由于鼠笼式三相异步电机的构造简单、价格低廉、工作可靠、使用方便，因而是应用最为广泛的一种电机。

9.2.2　三相异步电机的技术数据

　　每台电机的机座上都装有一块铭牌，铭牌上标注着该电机的主要性能和技术数据，它是选择电机的主要依据。以 Y132M-4 型电机为例，其铭牌数据包括型号、功率、频率、电压、电流、接法、转速、绝缘等级、工作方式、功率因数、效率和质量等。Y132M-4 型电机铭牌如表 9-1 所示。

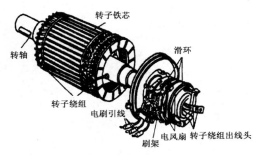

图 9-7　绕线式转子的结构

表 9-1　Y132M-4 型电动机铭牌数据

型号：Y132M-4	功率：7.5 kW	频率：50 Hz
电压：380 V	电流：15.4 A	接法：△
转速：1440 r/min	绝缘等级：B	工作方式：连续
功率因数：0.85	效率：87%	质量：55 kg

其具体含义介绍如下。

1. 型号

为适应不同用途和不同工作环境的需要，电机制造厂把电机制成各种系列，每个系列用不同的型号表示，如表 9-2 所示。

表 9-2　Y132M-4 型号说明

Y	132	M	4
三相异步电机	机座中心高/mm	机座长度代号	磁极数

注　机座长度代号：S—短机座，M—中机座，L—长机座。

异步电机的产品名称、代号及其主要用途如表 9-3 所示。

表 9-3　异步电机的产品名称、代号及其用途

产品名称	代号	主要用途
鼠笼式异步电机	Y	一般用途，如水泵、风扇、金属切割机床等
绕线式异步电机	YR	用于电源容量较小，不足以启动鼠笼式电机，或要求较大启动转矩及需要小范围调速的场合
鼠笼式防爆型异步电机	YB	用于有爆炸性气体的场合
起重冶金用鼠笼式异步电机	YZ	用于起重机械或冶金机械
起重冶金用绕线式异步电机	YZR	用于起重机械或冶金机械
高启动转矩鼠笼式异步电机	YQ	用于启动静止负载或惯性较大的机械，如压缩机等

关于型号的具体标志有一定的规则和标准，可查阅相关手册。

2. 电压

铭牌上所标注的电压值是指电机在额定运行时定子绕组上应加的线电压值。一般规定电机的电压不应高于或低于额定值的 5%。

若所加电压较额定电压高出许多，将使励磁电流大大增加，从而使定子铁芯过热。若所加电压低于额定电压时，会引起转速下降，电流增加。如果在满载或接近满载的情况下，电

流的增加将超过额定值，使绕组过热。

三相异步电机的额定电压有 380 V、3 000 V 及 6 000 V 等多种。

3．电流

铭牌上所标注的电流值是指电机在额定运行时定子绕组的线电流值。

当电机空载时，转子转速接近于旋转磁场的转速，两者之间相对转速很小，所以转子电流近似为零，这时定子电流几乎全为建立旋转磁场的励磁电流。当输出功率增大时，转子电流和定子电流都相应增大。

4．功率和效率

铭牌上所标注的功率值是指电机在规定的环境温度下，在额定运行时电极轴上输出的机械功率值。电机从电源取用的功率称为输入功率 P_1，效率 η 是输出功率 P_2 与输入功率 P_1 的比值，即 $\eta = \dfrac{P_2}{P_1}$。输出功率与输入功率不等，其差值等于电机本身的损耗功率，包括铜损、铁损及机械损耗等，故效率 $\eta < 1$。一般鼠笼式电机在额定运行时的效率约为 $72\% \sim 93\%$。

以 Y132M-4 型电机为例：

输入功率 $P_1 = \sqrt{3} U_1 I_1 \cos\varphi = \sqrt{3} \times 380 \times 15.4 \times 0.85 = 8.62\,\text{kW}$

输出功率 $P_2 = 7.5\,\text{kW}$

效率 $\eta = \dfrac{P_2}{P_1} = \dfrac{7.5}{8.62} \times 100\% = 87.0\%$。

5．功率因数

因为电机是电感性负载，定子相电流比相电压滞后一个 φ 角，$\cos\varphi$ 就是电机的功率因数。三相异步电机的功率因数较低，在额定负载时约为 $0.7 \sim 0.9$，而在轻载和空载时更低，空载时只有 $0.2 \sim 0.3$。

选择电机时应注意其容量，防止"大马拉小车"，并力求缩短空载时间。

6．转速

由于生产机械对转速的要求不同，故需要生产不同磁极数的异步电机，因此有不同的转速等级。转速即电机额定运行时的转子转速，单位为转/分（r/min），最常用的是四磁极的（$n_0 = 1500$ r/min）。

7．绝缘等级

绝缘等级是按电机绕组所用的绝缘材料在使用时允许的极限温度来分级的，所谓极限温度是指电机绝缘结构中最热点的最高允许温度。常用的绝缘材料允许的极限温度如表 9-4 所示。

表9-4　绝缘等级

绝缘等级	A	E	B	F	H	C
极限温度/℃	105	120	130	155	180	>180

8．工作方式

异步电机的工作方式分为八类，用字母 S1～S8 表示，对前三类介绍如下：

（1）S1 表示连续工作方式，允许在额定情况下连续长期运行，如水泵、通风机、机床等设备所用的异步电机。

（2）S2 表示短时工作方式，是指电机工作时间短（在运转期间，电机未达到允许温升）、停车时间长（足以使电机冷却到接近周围介质的温度）的工作方式，通常分 10、30、60、90 min 四种，如水坝闸门的启闭，机床中尾架、横梁的移动和夹紧等。

（3）S3 表示断续周期性工作方式，其周期由一个额定负载时间和一个停止时间组成，额定负载时间与整个周期之比称为负载持续率。标准持续率有 15%、25%、40%、60%几种，每个周期为 10 min，如吊车、起重机等。

> **？ 思考题 9-2**
>
> 1．简述鼠笼式转子和绕线式转子的区别。
> 2．已知Y225M-4型三相异步电机的额定功率为 45 kW，额定转速为 1 480 r/min，额定电压为 380 V，效率为 92.3%，功率因数为 0.88，电源频率f_1=50 Hz。试求其额定电流I_N。

9.3　控制电机

在各种自动控制系统和计算装置中，广泛使用许多具有特殊功能的小容量电机作为执行、监测和解算元件，这类电机统称为控制电机，其主要功能是转换和传递信号。控制电机根据在自动控制系统中所起的作用，基本上可划分为信号元件和功率元件两大类。把用来转换信号的都称为信号元件，比如直流测速电机、交流测速电机、自整角电机和旋转变压器等；把信号转换成输出功率或把电能转换成机械能的都称为功率元件，比如直流伺服电机、交流伺服电机、步进电机（简称步进电机）、低速同步电机等。

由于控制电机在自动控制系统中的重要作用，除了要求控制电机体积小、质量轻、耗电少，还必须具有高可靠性、高精度、快速响应等特点。

9.3.1　伺服电机

伺服电机又称为执行电机，在自动控制系统中它作为执行元件，具有服从控制信号的要求而动作的职能。在信号到来之前，转子静止不动；当信号到来时，转子立即转动；当信号消失时，转子自行停转。由于它的"伺服"性能，因此而得名。很显然，它的作用是把输入的电压信号转换为转轴上的角位移或角速度输出。改变控制电压的大小和方向，就可以改变伺服电机的转速和转动方向。伺服电机按其使用的电源性质不同，可分为直流伺服电机和交流伺服电机两大类。

1. 直流伺服电机

直流伺服电机即用直流电信号控制的伺服电机，它实际上是一台他励式直流电机，其励磁绕组由外加恒压的直流电源励磁或为永磁磁极。

直流伺服电机可分为有刷电机和无刷电机。

有刷电机成本低、结构简单、启动转矩大、调速范围宽、容易控制、维护起来方便（换碳刷）。但有刷电机容易产生电磁干扰，所以对环境有一定的要求，常用于对成本敏感的普通工业和民用场合。

无刷电机体积小、质量轻、出力大、响应快、速度高、惯量小、转动平滑、力矩稳定。其控制较为复杂，但容易实现智能化。无刷电机的电子换相方式灵活，可以方波换相或正弦波换相。其电机免维护、效率高、运行温度低、电磁辐射很小、寿命较长，故可用于各种环境。

2. 交流伺服电机

交流伺服电机主要由定子和转子两部分组成。定子的结构与旋转变压器的定子基本相同，在定子铁芯中也安放着空间互成 90° 电角度的两相绕组（其中一组为激磁绕组，另一组为控制绕组）。转子有两种基本结构形式：一种是笼形转子，与普通异步电机的笼形转子相似，只不过为了减少转子的转动惯量，在外形上做得细而长；另一种是非磁性空心杯形转子，此种转子的空气隙较大，所需励磁电流较大，因而功率因数和效率都低。此外，非磁性空心转子的结构和制造工艺复杂，体积和质量也较大，但它的转动惯量小、反应灵敏、运转平稳、调速范围大。所以，目前广泛应用的还是笼形转子，只有在要求运转非常平稳的某些特殊场合，才采用杯形转子。

交流伺服电机属于无刷电机，分为同步电机和异步电机，目前运动控制中一般都用同步电机，它的功率范围大，可以提供很大的功率。

20 世纪 80 年代以来，随着集成电路、电力电子技术和交流调速驱动技术的发展，永磁交流伺服驱动技术有了突出发展，各国著名的电气厂商相继推出各自的交流伺服电机和伺服驱动器系列产品，并不断完善和更新。交流伺服系统已成为当代高性能伺服驱动的主要发展方向，使原来的直流伺服技术面临被淘汰的危机。90 年代以后，世界各国已经商品化的交流伺服系统是采用全数字控制的正弦波电机伺服驱动，交流伺服驱动装置在传动领域的发展日新月异。永磁交流伺服电机同直流伺服电机比较，主要优点有：

（1）无电刷和换向器，因此工作可靠，对维护和保养要求低。

（2）定子绕组散热比较方便。

（3）惯量小，易于提高系统的快速性。

（4）适应于高速大力矩工作状态。

（5）同功率下有较小的体积和质量。

9.3.2　步进电机

步进电机是将电脉冲信号转变为角位移或直线位移的控制电机。在非超载的情况下，电机的转速、停止的位置只取决于脉冲信号的频率和脉冲数，而不受负载变化的影响。当步进驱动器接收到一个脉冲信号时，它就驱动步进电机按设定的方向转动一个固定的角度，称为

"步距角"，它的旋转以固定的角度一步一步地运行。可以通过控制脉冲个数来控制角位移量，从而达到准确定位的目的。同时可以通过控制脉冲频率来控制电机转动的速度和加速度，从而达到调速的目的。所以，步进电机又称为脉冲电机。步进电机的工作过程如图9-8所示。

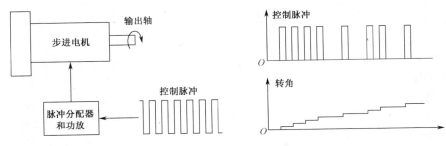

图9-8　步进电机的工作过程

步进电机和普通电机的区别主要就在于其脉冲驱动的形式，正由于这个特点，步进电机可以和现代数字控制技术相结合。在精度要求不是特别高的场合可以使用步进电机，以发挥其结构简单、可靠性高和成本低的特点，目前步进电机广泛应用在各种自动化控制系统中。其最大的应用是在数控机床的制造中，因为步进电机不需要A/D转换，能直接将数字脉冲信号转化成角位移，所以被称为理想的数控机床执行元件。除了在数控机床上的应用，同步电机也可以用在其他机械上，比如作为自动送料机中的马达、绘图仪、自动记录仪、监测仪表等。随着微电子和计算机技术的发展，步进电机的需求量与日俱增，在各个国民经济领域都有应用。

思考题 9-3

1. 总结伺服电机的应用场合。
2. 查阅相关资料，给出交流伺服电机的控制方式有哪些。
3. 简述步进电机的工作原理。

知识梳理与总结

本章主要介绍几种常用的电机，对其结构、分类和应用作了简单的阐述。

9.1　直流电机

直流电机是输出或输入为直流电能的旋转电机，它能实现直流电能和机械能互相转换。直流电机可分为直流电动机和直流发电机，直流发电机将机械能转换为电能，而直流电动机将电能转换为机械能。

直流发电机是工业用直流电的主要电源，广泛应用在电解、电镀等设备中，也可作为大型同步电机的励磁电机和直流电动机的电源；直流电动机广泛应用在电力牵引、轧钢机、起重设备、高炉送料，以及要求调速范围广的各种机床等设备中。

9.2　交流电机

交流电机是实现机械能和交流电能相互转换的机械，按功能通常分为交流发电机、交流电动机和同步调相机三大类；按品种分有同步电机、异步电机两大类。由于电机工作状态的

可逆性，同一台电机既可作发电机又可作电动机。同步电机效率高、过载能力强，但制造工艺复杂、启动困难、运行维护复杂，所以多用于特殊场合，比如用作发电机或拖动大负载等；异步电机构造简单、价格便宜、工作可靠、坚固耐用、使用和维护方便，因此得到了广泛应用。

每台电机的机座上都装有一块铭牌，铭牌数据包括型号、功率、频率、电压、电流、接法、转速、绝缘等级、工作方式、功率因数、效率和质量等，它是选择电机的主要依据。

9.3　控制电机

控制电机主要用来转换和传递信号，在自动控制系统中通常要求控制电机体积小、质量轻、耗电少、高可靠性、高精度、快速响应等特点，常用的控制电机有伺服电机和步进电机等。

（1）伺服电机：伺服电机又称为执行电机，在自动控制系统中它作为执行元件，具有服从控制信号的要求而动作的职能，其作用是把输入的电压信号转换为转轴上的角位移或角速度输出。改变控制电压的大小和方向，就可以改变伺服电机的转速和转动方向。按其使用电源性质的不同，伺服电机可分为直流伺服电机和交流伺服电机两大类，其中交流伺服电机的应用越来越广泛。

（2）步进电机：步进电机是将电脉冲信号转变为角位移或直线位移的控制电机，又称为脉冲电机。其通过控制脉冲个数来控制角位移量以实现准确定位，通过控制脉冲频率来控制电机转动的速度和加速度以实现调速。

步进电机通常用在精度要求不是特别高的场合，以发挥其结构简单、可靠性高和成本低的特点，典型的应用有数控机床的加工制造、自动送料机中的马达、绘图仪、自动记录仪、监测仪表等。

练习题 9

扫一扫看
本练习题
答案

9.1　为什么三相交流异步电机的定子、转子铁芯要用导磁性能良好的硅钢片制成？

9.2　鼠笼式异步电机和绕线式异步电机在结构上有何不同？

9.3　伺服电机的作用是什么？自动控制系统对伺服电机的性能有何要求？

9.4　改变交流伺服电机转向的方法有哪些？

9.5　步进电机的调速方法是什么？

第**10**章

常用低压电器

教学导航

教学重点	1. 了解低压电器的概念和分类； 2. 了解熔断器的概念和分类，理解其选择方法； 3. 了解常用主令电器的特点及其应用场合； 4. 理解交流接触器的结构、原理、技术指标和选用原则； 5. 理解继电器的原理、技术参数和选用原则； 6. 了解低压断路器的作用及选用原则； 7. 理解常用低压电器的组合应用方法
教学难点	常用低压电器的组合应用方法
参考学时	4学时

扫一扫下载本章教学课件

扫一扫看本章补充例题与答案

随着社会的发展和科技水平的提高，电能的需求量与日俱增，要正确、合理地利用电能，就必须用到控制电器。各类电器在电力输配电系统、电力传动系统和自动控制设备中得到了广泛应用。

按使用电器的电路额定电压的高低，电器分为高压电器和低压电器。本章主要讲述低压电器，介绍几种电力拖动控制系统中常用的控制电器和配电电器应用性知识。

10.1　低压电器的基本概念

低压电器通常指在交流额定电压 1200 V、直流额定电压 1500 V 以下的电路中起通断、保护、控制或调节作用的电器产品，它能根据外界的信号和要求，手动或自动地接通、断开电路，以实现对电路或非电对象的切换、控制、保护、检测、变换和调节。在通常情况下，低压电器可分为低压控制电器和低压配电电器。

低压控制电器主要用于电力拖动控制系统，系统对低压控制电器的主要要求是工作准确可靠、操作频率高、机械寿命和电气寿命长、尺寸小。低压控制电器能接通与分断过载电流，但不能分断短路电流。

低压配电电器在低压配电电路正常运行时起通断、转换电源或负载的作用。当电路出现过载、短路、欠压、失压、断相或漏电等不正常状态时，低压配电电器起到保护作用，自动断开故障电路。因而对低压配电电器的主要技术要求是在出现故障情况下通断能力强、工作可靠、具有多种保护方式、能做选择性保护、有足够的动稳定性和热稳定性等。低压配电电器主要有低压断路器、熔断器、刀开关、转换开关以及电网用保护继电器。

在电力拖动控制系统中，常用的低压电器及分类如图 10-1 所示。

图 10-1 中，按钮、刀开关属于手动电器；接触器、继电器、熔断器和行程开关属于自动电器。

低压电器的发展，取决于国民经济的发展和工业自动化发展的需要，以及新技术、

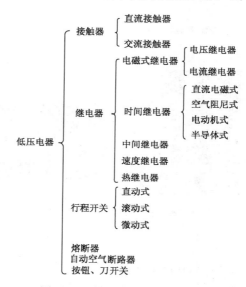

图 10-1　常用的低压电器及分类

新工艺、新材料研究与应用，目前低压电器正朝着高性能、高可靠性、小型化、数字化、模块化、组合化和零部件通用化的方向发展。

❓ **思考题 10-1**

1. 查阅相关资料，总结低压电器的应用有哪些。

2. 总结低压控制电器和低压配电电器的区别。

10.2 熔断器

熔断器也被称为保险丝，通常串接于被保护电路的首端，是保证电路安全运行的电器元件。熔断器是一种过电流保护器，广泛用于配电系统和控制系统，主要进行短路保护或严重过载保护，其图形符号如图10-2所示。

图 10-2　熔断器符号

熔断器通常可分为瓷插式熔断器、螺旋式熔断器、有填料式熔断器、无填料密封式熔断器、快速熔断器、自恢复熔断器等，其形状分别如图10-3所示。

（a）瓷插式熔断器

（b）螺旋式熔断器

（c）有填料式熔断器

（d）无填料密封式熔断器

（e）快速熔断器

（f）自恢复熔断器

图 10-3　常见的熔断器

熔断器熔体的额定电流 I_F，一般根据不同负载按下面的公式进行选择。

（1）电灯、电炉等电阻性负载：

$$I_F > I_L$$

（2）一般电机：

$$I_F \geqslant \left(\frac{1}{2.5} \sim \frac{1}{3} \right) I_{st}$$

（3）频繁启动的电机：

$$I_F \geqslant \left(\frac{1}{1.6} \sim \frac{1}{2} \right) I_{st}$$

在通常情况下，异步电机的启动电流 $I_{st}=(5\sim7)\times$额定电流。

思考题 10-2

1. 什么是熔断器？
2. 常用的熔断器有哪几种？
3. 查阅相关资料，简述熔断器的保护特性。

10.3　主令电器

主令电器主要用来切换控制电路，用以控制电力拖动系统的启动与停止以及改变系统的工作状态，如电机的正转与反转等。主令电器应用广泛、种类繁多，主要有按钮、行程开关、刀开关和主令控制器等。随着电子技术的发展及自动化程度的不断提高，主令电器向着无触点、高可靠性方向发展。

10.3.1　按钮

按钮，也称为按键，是一种常用的控制电器元件，常用来接通或断开控制电路（其中电流很小），从而达到控制电机或其他电气设备运行的目的。常见的按钮符号如图 10-4 所示。

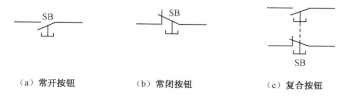

（a）常开按钮　　　（b）常闭按钮　　　（c）复合按钮

图 10-4　常见的按钮符号

当按下按钮时，常闭触点断开，常开触点闭合；当按钮释放时，在恢复弹簧的作用下使按钮复原。控制按钮有单式、复式和三连式。为了便于识别各个按钮的作用，避免误操作，通常在按钮上作出不同的标志或涂以不同的颜色，一般以红色表示停止，绿色或黑色表示启动。

电子产品大都要用到按钮这个最基本的人机接口工具，随着工业水平的提升与创新，按钮的外观越来越多样化，视觉效果也越来越丰富。

10.3.2　刀开关

刀开关俗称闸刀，是一种手动电器，用作电源隔离开关，用于不频繁地接通和断开电路。刀开关通常用来控制容量小于 7.5 kW 的电机，安装时手柄要朝上。

刀开关有很多种类，其中按刀的级数分为单极、双极和三极；按灭弧装置分为带灭弧装置和不带灭弧装置；按刀的转换方向分为单掷和双掷；按接线方式分为板前接线和板后接线；按操作方式分为手柄操作和远距离联杆操作；按有无熔断器分为带熔断器和不带熔断器。

常见的刀开关及其符号如图 10-5 所示。

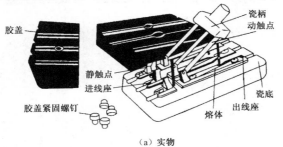

（a）实物   （b）图形符号

图 10-5 刀开关

10.3.3 行程开关

行程开关是限位开关的一种，它利用生产机械运动部件的碰撞使其触头动作来实现接通或分断控制电路，达到一定的控制目的。通常，这类开关被用来限制机械运动的位置或行程，使运动机械按一定位置或行程自动停止、反向运动、变速运动或自动往返运动等。

从结构上看，行程开关分为三部分：操作头、触点系统和外壳。操作头是开关的感应部分，它接受机械设备发出的行程位置信号，并将此信号传递到触点系统。触点系统是开关的执行部分，它将行程位置信号通过本身的转换动作，变换为电信号，输出到有关的控制回路，使之做出相应的反应。常见的行程开关及其符号如图 10-6 所示。

（a）实物   （b）图形符号

图 10-6 行程开关

行程开关按其结构可分为直动式、滚轮式、微动式，其结构如图 10-7 所示。

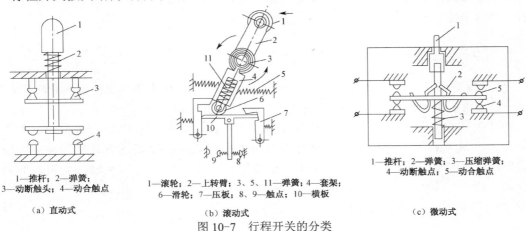

1—推杆；2—弹簧；
3—动断触头；4—动合触点

（a）直动式

1—滚轮；2—上转臂；3、5、11—弹簧；4—套架；
6—滑轮；7—压板；8、9—触点；10—横板

（b）滚动式

1—推杆；2—弹簧；3—压缩弹簧；
4—动断触点；5—动合触点

（c）微动式

图 10-7 行程开关的分类

行程开关广泛用于各类机床和起重机械，用以控制其行程或进行终端限位保护。在电梯的控制电路中，还利用行程开关来控制开关轿门的速度、自动开关门的限位，轿厢的上、下限位保护等。

> **? 思考题 10-3**
>
> 1. 查阅相关资料，列出主令电器的应用场合。
> 2. 结合实例，说明行程开关是如何应用的。

10.4　接触器

接触器是一种用于频繁接通或断开交直流主电路、大容量控制电路等大电流电路的自动切换电器。在功能上接触器除了能自动切换，还具有手动开关所缺乏的远距离操作功能和失压（或欠压）保护功能，但没有低压断路器所具有的过载和短路保护功能。接触器具有操作频率高、使用寿命长、工作可靠、性能稳定、成本低廉、维修简便等优点，主要用于控制电机、电热设备、电焊机、电容器组等，是电力拖动控制电路中应用最为广泛的控制电器之一。按主触点控制电流的性质不同，可分为直流接触器和交流接触器，本节主要介绍交流接触器。常见的交流接触器如图 10-8 所示。

图 10-8　常见的交流接触器

10.4.1　交流接触器的结构和工作原理

交流接触器的结构如图 10-9 所示。

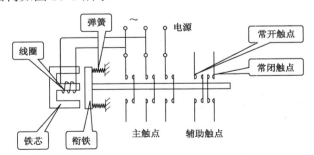

图 10-9　交流接触器的结构

交流接触器包括电磁机构（线圈、铁芯和衔铁）、主触点及灭弧系统、辅助触点及弹簧等部分。主触点根据其容量大小，有桥式触点和指形触点之分，电流 20 A 以上的交流接触器装有灭弧罩，有的还带有栅片或磁吹灭弧装置；辅助触点有常开（动合）触点和常闭（动开）触点之分，均为桥式双断口结构。辅助触点的容量较小，主要用在控制电路中起联锁作用，且不设灭弧装置，因此不能用来分合主电路。

交流接触器的工作原理如下：电磁机构的线圈通电后，在铁芯中产生磁通，在衔铁气隙处产生电磁吸力，使衔铁产生闭合动作，主触点在衔铁的带动下也闭合，于是接通了电路。同时，衔铁还带动辅助触点动作，使常开触点闭合，常闭触点打开。当线圈断电或电压显著降低时，吸力消失或减弱，衔铁在释放弹簧作用下打开，主、辅触点又恢复到原来状态。

交流接触器各部分的符号如图 10-10 所示。

（a）线圈　　　　（b）主触点　　　　（c）常开触点　　　　（d）常闭触点

图 10-10　交流接触器的符号

> **！注意**　属于同一器件的线圈和触点用相同的文字表示。

10.4.2　交流接触器的型号和主要技术指标

1．交流接触器的型号

我国生产的交流接触器常用的有 CJ0、CJ1、CJ10、CJ12、CJ20 等系列产品。在 CJ10 和 CJ12 系列产品中，所有受冲击的部件均采用了缓存装置，合理地减少了触点开距和行程，运动系统布局合理，结构紧凑，结构连接不用螺钉，维修方便。CJ30 可供远距离接通及分断电路使用，并适宜于频繁启动及控制交流电机。每种型号的交流接触器命名方式也不大相同，可参考具体型号的说明书。

2．交流接触器的主要技术指标

（1）额定电压：指主触点上的额定电压。常用的等级有：220 V、380 V、500 V。

（2）额定电流：指主触点的额定电流。常用的等级有：5 A、10 A、20 A、40 A、60 A、100 A、150 A、250 A、400 A、600 A。

（3）线圈的额定电压，常用的等级有：36 V、127 V、220 V、380 V。

（4）额定操作频率：指每小时接通次数。

10.4.3　交流接触器的选用原则

交流接触器的选用原则如下：

（1）根据电路中负载电流的种类选择接触器的类型；

（2）接触器的额定电压应大于或等于负载回路的额定电压；

（3）吸引线圈的额定电压应与所接控制电路的额定电压等级一致；

（4）额定电流应大于或等于被控主回路的额定电流。

❓ 思考题 10-4

　1．简述交流接触器的结构和工作原理。

　2．结合实际，举例说明交流接触器的应用。

10.5　继电器

　　在电气控制领域或产品中，凡是需要逻辑控制的场合，几乎都需要使用继电器。

　　继电器是一种根据特定形式的输入信号（如电压、电流、转速、时间、温度等）的变化而动作的自动控制电器。与接触器不同，继电器主要用于反应控制信号，其触点通常接在控制电路中，它实际上是用小电流来控制大电流运作的一种"自动开关"。一般来说，继电器由承受机构、中间机构和执行机构三部分组成。承受机构反映继电器的输入量，并传递给中间机构，将它与预定的量（即整定值）进行比较，当达到整定值时（过量或欠量），中间机构就使执行机构产生输出量，从而闭合或分断电路。

　　继电器通常可分为中间继电器、电压继电器、电流继电器、时间继电器（具有延时功能）、速度继电器、热继电器（做过载或过流保护）等。由于对继电器的需求千差万别，为了满足各种要求，各个厂家研制生产了各种用途、不同型号和大小的继电器。常见的继电器如图 10-11 所示，电流继电器的符号如图 10-12 所示。

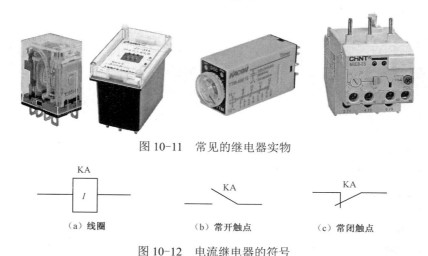

图 10-11　常见的继电器实物

　　(a) 线圈　　　　　　　(b) 常开触点　　　　　　　(c) 常闭触点

图 10-12　电流继电器的符号

10.5.1　继电器主要技术参数

1．额定工作电压

　　额定工作电压是指继电器正常工作时线圈所需要的电压。根据继电器的型号不同，可以是交流电压，也可以是直流电压。

2．直流电阻

直流电阻是指继电器中线圈的直流电阻，可以通过万用表测量。

3．吸合电流

吸合电流是指继电器能够产生吸合动作的最小电流。在正常使用时，给定的电流必须略大于吸合电流，这样继电器才能稳定地工作。而对于线圈所加的工作电压，一般不要超过额定工作电压的 1.5 倍，否则会产生较大的电流而把线圈烧毁。

4．释放电流

释放电流是指继电器产生释放动作的最大电流。当继电器吸合状态的电流减小到一定程度时，继电器就会恢复到未通电的释放状态，这时的电流远远小于吸合电流。

5．触点切换电压和电流

触点切换电压和电流是指继电器允许加载的电压和电流。它决定了继电器能控制的电压和电流大小，使用时不能超过此值，否则很容易损坏继电器的触点。

10.5.2　继电器的选用方法

1．了解必要的条件

（1）控制电路的电源电压，能提供的最大电流；
（2）被控制电路中的电压和电流；
（3）被控电路需要几组、什么形式的触点。在选用继电器时，一般控制电路的电源电压可作为选用继电器的依据。控制电路应能给继电器提供足够的工作电流，否则继电器吸合是不稳定的。

2．查阅有关资料

确定使用条件后，可查找相关资料，找出需要的继电器型号和规格；若手头已有继电器，可依据资料核对是否可以利用；最后考虑尺寸是否合适。

> ❓ **思考题 10-5**
> 1．继电器由哪几部分组成，每一部分的作用是什么？
> 2．查阅相关资料，举例说明中间继电器和速度继电器的应用有哪些。

10.6　低压断路器

低压断路器俗称自动空气开关，简称空开，是低压配电网中的主要电器开关之一，它不仅可以接通和分断正常负载电流、电机工作电流和过载电流，而且可以接通和分断短路电流。主要用在不频繁操作的低压配电线路或开关柜中作为电源开关使用，并对线路、电气设备及电机等施行保护，当它们发生严重过电流、过载、短路、断相、漏电等故障时，能自动切断

电路，起到保护作用，应用十分广泛。常用的低压断路器如图 10-13 所示。

低压断路器的选择原则：

（1）低压断路器的主要参数是额定电压、额定电流和允许切断的极限电流。

（2）在选用时，低压断路器的额定工作电压 U_N 和额定电流 I_N 应分别不低于线路、设备的正常额定工作电压和工作电流或计算电流。断路器的额定工作电压与通断能力及使用类别有关，同一台断路器产品可以有几个额定工作电压和相对应的通断能力及使用类别。

（3）低压断路器允许切断的极限电流应大于电路的最大短路电流。

图 10-13　常用的低压断路器

> **? 思考题 10-6**
>
> 　1. 低压断路器的作用是什么？
>
> 　2. 根据所见到的低压断路器，列举几个常见的品牌和型号。

10.7　低压电器的应用

前面几节内容介绍了熔断器、主令电器、交流接触器、继电器和低压断路器，下面举例说明对这几种常用低压电器的综合应用。

10.7.1　鼠笼式电机直接启动控制电路

鼠笼式电机直接启动控制电路如图 10-14 所示。

该控制电路中的器件分别为 Q（刀开关）、FU（熔断器）、KM（交流接触器）、FR（热继电器）、M（三相电机）、SB_1（停止按钮，常闭）、SB_2（启动按钮，常开）。

控制电路工作原理：合上刀开关后，电机暂时无法启动。控制电路接于两相电源，此时按下 SB_2，由于按钮 SB_1 和热继电器触点都是常闭状态，所以交流接触器线圈通电，其主触点和常开辅助触点都闭合。即使此时松开 SB_2，由于交流接触器辅助触点和 SB_2 的并联关系，线圈也能维持通电，这种情况称为自锁（状态自保持）。由于交流接触器主触点闭合，所以三相电机通电开始运转。因为热继电器的发热元件接入电机主电路，若电机过流或长时间过载，发热元件的双金属片被烤热，则热继电器常闭触点断开，交流接触器线圈失电，其主触点和辅助触点都断开，使三相电机停止运转。在主电路没有过流或过载情况下，如果想使电机停止，按下 SB_1，交流接触器线圈失电，其主触点和辅助触点都断开，则三相电机停止运转，同时取消自锁。

图 10-14 中，若去掉交流接触器辅助触点，则实现点动控制。点动控制主要用于试车、检修以及车床主轴的调整等。

10.7.2　鼠笼式电机顺序控制电路

鼠笼式电机顺序控制电路如图 10-15 所示。

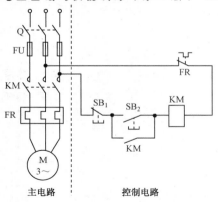

图 10-14　鼠笼式电机直接启动控制电路

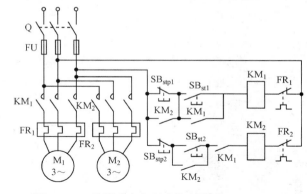

图 10-15　鼠笼式电机顺序控制电路

该控制电路中 SB_{st} 为启动按钮，SB_{stp} 为停止按钮。其控制顺序是：M_1 启动后 M_2 才能起动，M_2 停止后 M1 才能停止。

控制电路工作原理：合上刀开关后，由于两个交流接触器的线圈都未通电，故电机暂时无法启动。如果先按下 SB_{st2}，由于 KM_1 线圈未通电，其辅助触点无法闭合，而该辅助触点串联于 KM_2 线圈所在的回路中，对 KM_2 线圈的通电起到了限制作用。也就是说，在 KM_1 线圈通电前，KM_2 线圈是无法通电的。如果先按下 SB_{st1}，由于按钮 SB_{stp1} 和热继电器 FR_1 触点都是常闭状态，故 KM_1 线圈通电，其主触点和辅助触点都闭合，则 M_1 启动，KM_1 处于自锁状态。接着按下 SB_{st2}，由于 SB_{stp2}、热继电器 FR_2 触点和 KM_1 辅助触点都是闭合状态，所以 KM_2 线圈通电，其主触点和辅助触点都闭合，则 M_2 启动，KM_2 处于自锁状态。由于处于闭合状态的 KM_2 辅助触点与常闭按钮 SB_{stp1} 并联，即使此时按下 SB_{stp1}，依然无法使 KM_1 线圈失电，即 M_1 无法停止。也就是说，要使 M_1 停止，必须先使 M_2 停止。如果此时按下 SB_{stp2}，即 KM_2 线圈失电，其主触点和辅助触点都断开，M_2 停止。由于 KM_2 辅助触点已断开，对 SB_{stp1} 失去限制作用，此时按下 SB_{stp1}，则使 KM_1 线圈失电，其主触点和辅助触点都断开，M_1 停止。

有关行程控制和时间控制等电路，其原理类似，在此不一一举例，读者可举一反三，结合相关实例，自己分析。

知识梳理与总结

10.1　低压电器的基本概念

低压电器通常指在交流额定电压 1200 V、直流额定电压 1500 V 以下的电路中起通断、保护、控制或调节作用的电器产品，它能根据外界的信号和要求，手动或自动地接通、断开电路，以实现对电路或非电对象的切换、控制、保护、检测、变换和调节。在通常情况下，低压电器可分为低压控制电器和低压配电电器。

10.2　熔断器

熔断器也被称为保险丝，通常串接于被保护电路的首端，是保证电路安全运行的电器元件。熔断器是一种过电流保护器，广泛用于配电系统和控制系统，主要进行短路保护或严重过载保护。

10.3　主令电器

主令电器主要用来切换控制电路，用以控制电力拖动系统的启动与停止以及改变系统的工作状态，主要有按钮、行程开关、刀开关和主令控制器等。

（1）按钮：也称为按键，是一种常用的控制电器元件，用来接通或断开控制电路，以达到控制电机或其他电气设备运行的目的。

（2）刀开关：俗称闸刀，是一种手动电器，用作电源隔离开关，用于不频繁地接通和断开电路，通常用来控制容量小于 7.5 kW 的电机，安装时手柄要朝上。

（3）行程开关：是限位开关的一种，它利用生产机械运动部件的碰撞使其触头动作来实现接通或分断控制电路，达到一定的控制目的。通常，这类开关被用来限制机械运动的位置或行程，使运动机械按一定位置或行程自动停止、反向运动、变速运动或自动往返运动等。

10.4　接触器

接触器是一种用于频繁接通或断开交直流主电路、大容量控制电路等大电流电路的自动切换电器，是电力拖动控制电路中应用最为广泛的控制电器之一。按主触点控制电流的性质不同，可分为直流接触器和交流接触器。

10.5　继电器

继电器是一种根据特定形式的输入信号（如电压、电流、转速、时间、温度等）的变化而动作的自动控制电器。继电器主要用于反应控制信号，其触点通常接在控制电路中，它实际上是用小电流来控制大电流运作的一种"自动开关"。

10.6　低压断路器

低压断路器俗称自动空气开关，简称空开。它不仅可以接通和分断正常负载电流、电机工作电流和过载电流，而且可以接通和分断短路电流。主要用在不频繁操作的低压配电线路或开关柜中作为电源开关使用，并对线路、电气设备及电机等施行保护，当它们发生严重过电流、过载、短路、断相、漏电等故障时，能自动切断电路，起到保护作用，应用十分广泛。

10.7　低电电器的应用

练习题 10

扫一扫看
本练习题
答案

10.1　查阅相关资料，总结安装刀开关时的注意事项。

10.2　既然在电机的主电路中装有熔断器，为什么还要装热继电器？装有热继电器是否可以不装熔断器？为什么？

10.3　简述接触器和继电器的区别。

10.4　试总结各种继电器的符号、特点及应用范围。

10.5　鼠笼式电机正反转的控制电路如图 10-16 所示，图中 SB_{stF} 为正转按钮，SB_{stR} 为反转按钮，SB_{stp} 为停止按钮，试分析其工作原理，并指出该电路的缺陷，正、反转按钮能否同时按下？如果同时按下，会出现什么结果？

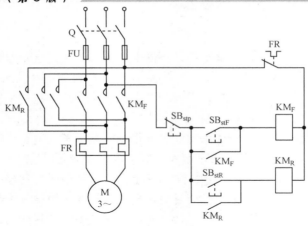

图 10-16

10.6　鼠笼式电机正反转控制电路如图 10-17 所示，各按钮的作用与题 10.5 相同。在同一时间内，两个接触器只允许一个通电工作的控制作用，称为"联锁"，试分析图 10-17（a）图中如何实现联锁控制？并指出该电路的缺陷。图 10-17（b）是对 10-17（a）图的改进，把正、反转常开按钮换成了复合按钮，该电路能克服 10-17（a）图的缺陷，试分析其工作原理。

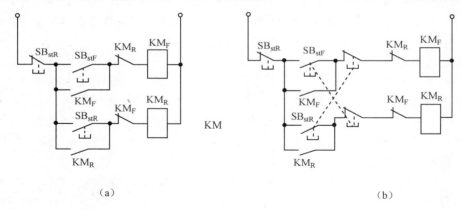

（a）　　　　　　　　　　　　　　　（b）

图 10-17

扫一扫看
本练习题
详解过程